现代检测技术及应用

主　编　姜　静　张　丽　李田泽
副主编　何建廷　刘鹏厚　陈秀端

西北工业大学出版社
西　安

【内容简介】 本书共13章，主要内容包括检测技术基础知识，电阻传感器，电容传感器，电感传感器，热电传感器，压电传感器，磁电式传感器，光电传感器，数字式传感器，气敏、湿敏传感器，红外，超声传感器，光纤传感器，软测量技术等内容。

本书涉及的知识面广、综合性强、内容丰富，不仅可作为自动化、电子信息工程、电气工程及其自动化、测控技术与仪器等专业的本科生以及职业技术相关专业的教材，也可作为检测技术与自动化装置、控制理论与控制工程、农业电气化与自动化等专业的研究生教材，同时，还可供相关领域的工程技术人员参考。

图书在版编目（CIP）数据

现代检测技术及应用 / 姜静，张丽，李田泽主编. — 西安：西北工业大学出版社，2022.10

ISBN 978-7-5612-8446-9

Ⅰ. ①现… Ⅱ. ①姜… ②张… ③李… Ⅲ. ①自动检测－高等学校－教材 Ⅳ. ①TP274

中国版本图书馆CIP数据核字(2022)第180213号

XIANDAI JIANCE JISHU JI YINGYONG

现代检测技术及应用

姜静 张丽 李田泽 主编

责任编辑：朱辰浩 装帧设计：吴志宇

责任校对：孙 倩

出版发行：西北工业大学出版社

通信地址：西安市友谊西路127号 邮编：710072

电 话：(029) 88493844，88491757

网 址：www.nwpup.com

印 刷 者：北京市兴怀印刷厂

开 本：787 mm×1 092 mm 1/16

印 张：14.5

字 数：355千字

版 次：2023年2月第1版 2023年2月第1次印刷

书 号：ISBN 978-7-5612-8446-9

定 价：49.00元

前言

自动检测已广泛应用于人们的社会生活、生产实践及科学研究等各个领域中，是人们认识自然探索世界必不可少的技术支撑，是高校大部分工科专业学生的必修专业基础课程。

全书分为 13 章，第 1 章为检测理论概述，介绍了检测技术的基础知识和基本特性，介绍了参数检测的一般方法和误差的分类，以及针对不同的误差可以采取哪些方法来有效减小误差对测量结果的影响以提高检测精度。第 2 章到第 12 章的内容分析了各种常用传感器的工作原理，内容包括电阻传感器、电容传感器、电感传感器、差动变压器、电涡流传感器、热电传感器、压电传感器、磁电传感器、光电传感器、数字传感器、光纤传感器等。介绍了怎样利用这些传感器实现对各种信号如压力、温度、位移、转速、液位、振动、速度、功率、湿度、浓度、厚度、高电压等参数的信息提取与转换，并配有大量的工作电路图和实例加以说明，在分析电路工作过程中用到的运算推导公式笔者进行了实际演算，力求结果准确。第 13 章介绍了软测量技术，软测量技术是通过系统建模来实现对参数的估计，13 章介绍了回归分析法、卡尔曼滤波、神经网络等系统建模方法。

现代检测技术是一门融合众多学科的技术，既包括自动控制、模电数电、电路分析等基本学科知识的掌握和运用，也涉及光电技术、现代控制理论及智能控制等学科领域。随着微电子、计算机和通信技术的发展，以及新材料的不断涌现，开发现代化的检测系统是检测技术的发展方向。

本书由姜静、张丽、李田泽担任主编，由何健廷、刘鹏厚、陈秀端担任副主编。

在本书的编写过程中，得到了山东理工大学自动化系杜钦君、边敦新老师的指导与帮助。得到了电气学院领导及同事们的大力支持。在此一并对他们表示诚挚的感谢！笔者在编写过程中，参考了许多书籍资料，对作者表示敬意与感谢！本教材得到了山东理工大学教材基金委的支持与资助，在此表示衷心的感谢！

笔者深感自身的水平、知识面有限，本书不足之处在所难免，诚望读者、同仁和专家不吝赐教，以利修正。

编　者

目录

第 1 章　检测技术基础知识

1.1　检测技术基本概念

传感器是将各种非电量（包括物理量、化学量、生物量等）按一定规律转换成便于处理和传输的另一种物理量（一般为电量）的装置。检测原理指传感器工作时所依据的物理效应、化学反应和生物反应等机理，各种功能材料则是传感技术发展的物质基础。

在工业生产中，人们为了了解生产过程的情况，需要经常对一些重要物理量进行测量，这时人们就要选择合适的测量装置，采用一定的检测方法进行测量。检测是人们借助于专门的设备，通过一定的方法，对被测对象收集信息、取得数据的过程。检测过程中所采用的技术就是检测技术，借助传感器可以得到被测物理量的相关信息。传感器是当今信息社会的重要技术工具，属于世界上最重要的科学技术之一，其代表了一个国家的工业现代化水平。传感器主要用于非电量（如温度、压力、流量、液位、速度、加速度、转速、位移、湿度等多种物理量）的测量。

在各种现代装备系统的设计和制造工作中，检测技术已发挥了重要的作用。检测系统的成本可以达到该装备系统总成本的 50%~70%，它是保证现代工程装备系统实际性能指标和正常工作的重要手段，是其先进性及实用性的重要标志。以电厂为例，为了实现安全高效供电，电厂除了实时监测电网电压、电流、功率因数及频率、谐波分量等电气量外，还要实时监测电机各部位的振动（振幅、速度、加速度）以及压力、温度、流量、液位等多种非电气量，并实时分析处理、判断决策、调节控制，以使系统处于最佳工作状态。如果检测系统不够完备，主汽温度测量值有+1%的测量偏差，则汽机高压缸效率减少 3.7%；若主汽流量测量值有-1%的测量偏差，则电站燃烧成本增加 1%。又如为了对工件进行精密机械加工，需要在加工过程中对各种参数（如位移量、角度、孔径等直接相关量以及振动、温度、刀具磨损等间接相关参数）进行实时监测，由计算机进行实时分析处理，然后由计算机实时地对执行机构给出进刀量、进刀速度等控制调节指令，才能保证预期高质量要求，否则得到的将是次品或废品。

随着新技术革命的到来，世界开始进入信息时代。在利用信息的过程中，首先要解决的就是获取准确可靠的信息。而传感器是获取自然和生产领域中信息的主要途径与手段。在现代工业生产，尤其是自动化生产过程中，需要各种传感器来监测和控制生产过程中的各个参数，使设备工作在正常状态或最佳状态，并使产品达到最好的质量。没有众多优良的传感器，现代化生产也就失去了基础。在基础学科研究中，传感器更具有突出的地位。在尖端科学技术的研究中，如超高温、超低温、超高压、超低压、超强磁场、超弱磁场等环境下，要检测极端微小的信息，也必须要借助配有相应高精度的传感器检测系统才能实现。许多基础科学研究的障碍，首先就在于对对象信息的获取存在困难，而一些新机理和高灵敏度的检测传感器的出现，往往会导致该领域内的突破。一些新型传感器的发展，往往是一些边缘学科开发的先驱。

传感器早已渗透到诸如工业生产、宇宙开发、海洋探测、环境保护、医学诊断、生物工程、文物保护等极其广泛的领域。从茫茫的太空到浩瀚的海洋，以及各种复杂的工程系统，几乎每一个现代化项目，都离不开各种各样的传感器的作用。

1.2 检测系统的组成

检测系统规模的大小与复杂程度与被测量的多少、被测量的性质及被测对象的特性都有着非常密切的关系。一个完整的检测过程一般包括信息的提取、转换、存储、传输、显示和分析处理等，如图 1-1 所示为检测系统的组成框图。

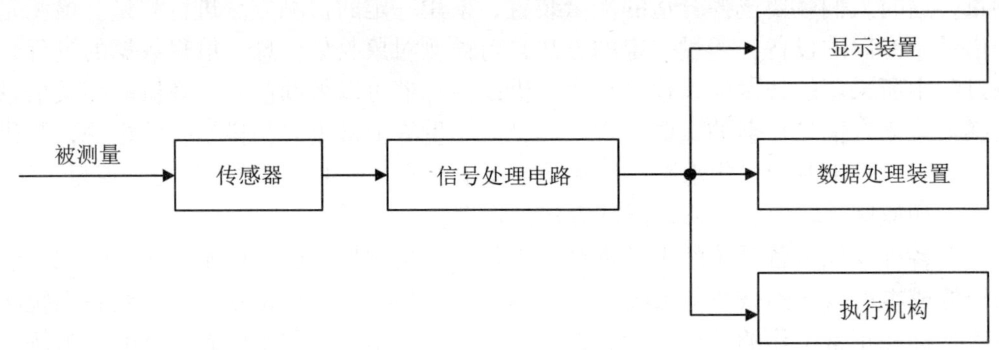

图 1-1 检测系统的组成框图

传感器是指将被测量（一般为非电量）转换为另一种与之有确定对应关系并便于测量的量（电量）的器件。传感器使检测系统与被测对象直接发生联系，它处于被测对象和检测系统的入口位置，是信息输入的主要窗口，它为检测系统提供必要的原始信息。它是整个检测系统极其重要的环节，其获得的信息正确与否，关系到整个检测系统的精度。

通常传感器输出的信号是微弱的，还不能满足显示记录装置或执行机构的要求。信号处理电路的作用就是将传感器的输出信号转换成具有一定功率的模拟电压（或电流）信号或数字信号，以推动后级的输出显示或记录设备、数据处理装置及执行机构。信号处理电路不仅能进行信号放大，还能进行阻抗匹配、微分、积分、线性化补偿等信号处理工作。随着半导体器件与集成技术在传感器中的应用，已经实现了将传感器的敏感元件与传导调理转换电路集成在同一芯片上的传感器模块和集成电路传感器。

显示装置有模拟显示、数字显示和图像显示三种。模拟显示是利用指针的偏转来表示被测量数值的大小，如毫伏表、毫安表等，其特点是读数方便、直观，结构简单，价格低廉，在检测系统中一直被大量使用，但这种显示方式的精度受标尺最小分度限制，而且读数时易引入主观误差。数字显示是指用数字形式来显示测量值，目前大多采用 LED 发光数码管或液晶显示屏等；这类检测仪器还可附加打印机，以打印记录测量数据，并易与计算机联机，使数据处理更加方便。图像显示是指用屏幕显示读数或被测参数变化的曲线，主要用于计算机自动检测系统中。

数据处理装置用来对检测结果进行处理（如 A/D 转换）、运算、分析，它利用计算机完成数据处理和控制执行机构的工作。执行机构通常是指各种继电器、电磁铁、电磁阀门、伺服电动机等在电路中起通断、控制、调节、保护等作用的电气设备。许多检测系统能输出与被测量有关的电流或电压信号，以驱动这些执行机构，从而为自动控制系统提供控制信号。

1.3　参数检测的一般方法

一个检测系统主要由敏感元件、变换（处理）和显示单元各部分组成，其中敏感元件是检测系统的关键，它决定被测量的可测范围、测量准确度和检测系统的使用条件等。

参数的检测是利用检测元件特有的物理、化学和生物等效应，把被测量的变化转换为检测元件某一物理（化学）量的变化。根据检测元件的不同，检测一般有以下几种方法。

（1）光学法。光学法是利用光作用于被测介质时，所产生的散射、透射、辐射、折射和反射规律与被测介质某一个或若干个参数有关这一性质，通常情况下通过光强度等光学参数的测量来获得被测参数的大小。

光强度一般用光敏元件来接收，光敏元件也称光电元件，主要有以下几种形式。

1）光敏电阻。这是一种基于光电导效应的光电元件，当光电元件中半导体光敏材料受到光照射时，其内部原子释放的电子留在物质内部而使物质的导电性增加，电阻值下降。

2）光电二极管。光电二极管在电路中处于反向偏置工作状态，当无光照时，处于截止状态，反向饱和电流（也称暗电流）极小；当受到光照时，光生载流子浓度大大增加，使通过 PN 结的反向饱和电流大大增加，光生反向饱和电流随入射光照度的变化而成比例地变化。

3）光电管。光电管是基于外光电效应工作的光电检测元件，当光照射在阴极时，电子从阴极逸出，在电场作用下，被阳极收集，形成电流，实现了光电信号的转换。

4）光电池。光电池是利用光生伏特效应制成的，当一定波长的光照射在 PN 结上时，就产生电子-空穴对，在 PN 结内电场作用下，空穴移向 P 区，电子移向 N 区，结果使 P 区带正电，N 区带负电，于是 P 区和 N 区之间产生了电压即光生电动势。

（2）力学法。力学法也称机械法。敏感元件把被测量转换成敏感元件的机械位移（变形）和振动频率等。这些元件通常称为弹性元件。常见的弹性元件有膜片、膜盒、弹簧管和波纹管等。它们的共同特点是可以将作用于弹性元件的压力或力转换为弹性元件的位移。

振动式检测元件是较为新型的机械式检测元件，它将被测量（如力、压力、密度等）的变化转换为谐振元件的固有频率的变化，利用谐振技术完成参数的检测，输出信号为振动频率信号。目前较为常用的有振弦式、振筒式检测元件。

（3）热学法。利用敏感元件的电参数随温度变化而变化的原理，通过检测敏感元件的电参数而实现对温度的测量。热电阻是利用导体的电阻率随温度变化这一物理现象来测量温度的。热电阻式检测元件分为金属热电阻和半导体热敏电阻两大类。大多数金属具有正的电阻温度系数，温度越高电阻值越大。半导体制成的热敏电阻大多具有负温度系数。单一导体中，由于导体两端温度不同而在导体中产生的电势称为温差电势。物体温度越高对外辐射的能量越大，非接触式温度检测仪表通过对物体辐射能量的检测来实现对温度的测量。根据半导体原理，晶体管 PN 结的伏安特性与温度有关。如令二极管的正向导通电流为常数，PN 结的正向电压随温度的升高而降低。

（4）电学法。电学法一般是利用敏感元件把被测量转换成电压、电阻、电容等电学参数的变化。有很多的物理效应都与电参数有关，利用这些效应可以制作敏感元件，常见的效应如下。

1）压阻效应。当半导体材料受到外力或应力作用时，其电阻率发生变化，从而引起电阻值的变化，利用该效应可以制成压敏电阻，用于力和压力的测量。

2）压电效应。当某些电介质沿一定方向受外力作用而变形时，在其特定的两个表面上产生异号电荷，电荷量的大小与所受到的力成正比，由此可制成力或压力敏感元件。

3）霍尔效应。一片状半导体材料，垂直放置于磁感应强度为 B 的磁场中，当有电流通过时，在垂直于电流和磁场的方向上将产生电动势，这种现象叫作霍尔效应。

（5）声学法。声学法大多是利用超声波在介质中的传播以及在介质间界面处的反射等性质进行参数的检测。利用声学法实施测量时通常需要一组超声波的发射和接收探头，根据超声波从发射到接收到反射回来的信号所需要的时间来实现测量。常见的有两种类型。

1）声波传播的距离一定，例如，利用两组超声波探头分别测出声波在流体中沿顺流和逆流方向传播的速度差来检测流体的流速，这就是超声波流量计的测量原理。

2）声波传播的速度一定，声波传播的距离发生变化时引起声波传播时间的改变。利用此方法可以实现位置（距离）的测量。超声波物位计就是基于上述原理制成的。

（6）射线法。放射线穿过介质时部分能量会被物质吸收，吸收程度与射线所穿过的物质层厚度、物质的密度等性质有关。利用射线法可实现物位检测，也可用来检测混合物中某一组分的浓度，检测系统由射线源和射线探测器等组成。

（7）生物反应法。生物效应是指生物活性物质能识别某种被测物质，并发生生物学反应，产生物理、化学现象，或产生新的化学物质。生物学反应包括酶反应、微生物反应和免疫反应等，利用生物效应制成的传感器能精确地识别某种物质的存在以及其浓度的大小，在医学诊断、环境监测等领域有着广泛的应用。

1.4　检测仪表的基本性能

根据输入信号是否随时间变化，检测装置的基本特性可分为静态特性和动态特性。如果检测系统的输入和输出不随时间而变化，输入和输出的各阶导数均为零，此时检测装置的输入输出曲线称为静态特性曲线，表示静态特性的参数主要有量程、灵敏度和分辨率等。

当对迅速变化的参数进行测量时，就必须考虑检测装置的动态特性。只有动态性能指标满足一定的快速性要求，输出的测量值才能正确反映输入被测量的变化，保证动态测量时不失真。以下是检测仪表常用的性能指标参数。

（1）测量范围和量程。每台检测仪表都有一个测量范围，仪表工作在这个范围内，可以保证仪表不会被损坏，而且仪表输出值的准确度符合要求。这个范围的最小值和最大值分别称为仪表的测量下限和测量上限。测量上限减去测量下限所得的数值称为仪表的量程，即量程=测量上限值-测量下限值。例如，一台温度检测仪表的测量上限值是 800℃，下限值是-100℃，则其测量范围为-100~800℃，量程为 900℃。

给出测量范围，可以知道测量上限、测量下限值及量程，若仅给出量程，无法判断出仪表的测量范围。仪表的量程在检测仪表中是一个非常重要的概念，它除了表示测量范围以外，还与它的准确度、准确度等级有关系，与仪表的选用也有关系。

（2）输入-输出特性。检测仪表的输入-输出特性主要包括仪表的灵敏度、死区、线性度和回差等。

1）灵敏度与分辨率。灵敏度 S 是检测仪表对被测量变化的灵敏程度，常以在被测量改变时，经过足够时间检测仪表输出值达到稳定状态后，仪表输出变化量 Δy 与引起此变化的输入变化量 Δx 之比表示，即

$$S=\frac{\Delta y}{\Delta x} \tag{1-1}$$

由于输入、输出变化量 Δx 和 Δy 均是有量纲的，所以 S 也是有量纲的。灵敏度实质上是个有量纲的放大倍数。灵敏度是仪表输入-输出特性曲线的斜率，灵敏度高的仪表表示在相同输入时具有较大的输出信号。对于线性的检测仪表，灵敏度 S 为恒定常数；而对于非线性的检测仪表，S 值与输入值 x 有关。

分辨率定义为仪表指示值可以响应与分辨的最小输入量的变化，它反映了仪表响应与分辨输入量微小变化的能力。灵敏度与分辨率是仪表性能的重要指标，灵敏度越高，分辨率越好。

2）死区。死区是指检测仪表输入量的变化不致引起输出量可察觉变化的有限区间。引起死区的原因主要有电路的偏置不当、机械传动中的摩擦和间隙等。在死区内，仪表的灵敏度为零。由于不灵敏区的存在，导致被测参数的有限变化不易被检测到。但是，有时却故意适当调大仪表的死区，以防止仪表的输出随输入量变化过大或过快。

3）线性度。各种检测仪表的输入-输出特性曲线最好具有线性特性，以便于信号间的转换和显示，有利于提高仪表的整体准确度。仪表的线性度是表示仪表的输入-输出特性曲线对相应理论直线的偏离程度，如图 1-2 所示。一般地，具有线性特性的检测仪表，往往由于各种因素的影响，使其实际的特性偏离线性，衡量实际特性偏离线性的程度用非线性误差来表示，它是实际值与理论值之间的绝对误差的最大值 Δ_{max} 与仪表量程之比的百分数，即

$$非线性误差=\frac{\Delta_{max}}{量程}\times 100\% \tag{1-2}$$

4）回差。回差也称变差，是指检测仪表在全量程范围内对于同一被测量在其上升和下降时对应输出值间的最大误差，如图 1-3 所示。由于特性曲线像环状一样，所以回差有时也称为“滞环”。回差的存在使得检测仪表在检测同一被测量时有不止一个的输出值，从而出现误差。回差实际反映为在仪表检验时所得的上升曲线和下降曲线不重合的现象。其原因可能是仪表内某些元件有能量的吸收，例如弹性变形的滞后现象、磁性元件的磁滞现象；或是仪表内传动结构的摩擦、间隙等造成的。

$$回差=\frac{\Delta'_{max}}{量程} \tag{1-3}$$

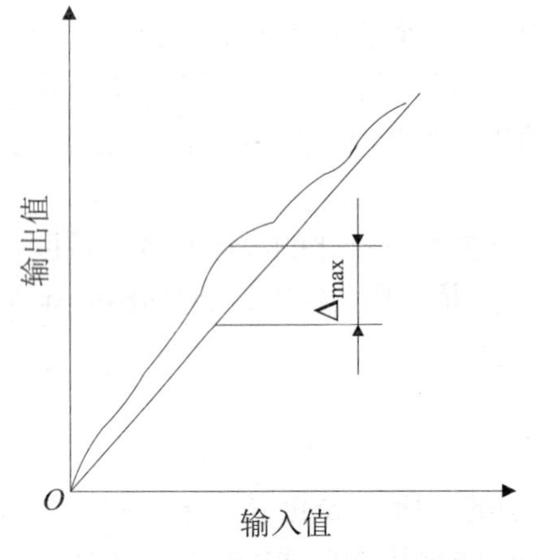

图 1-2　检测仪表的非线性误差

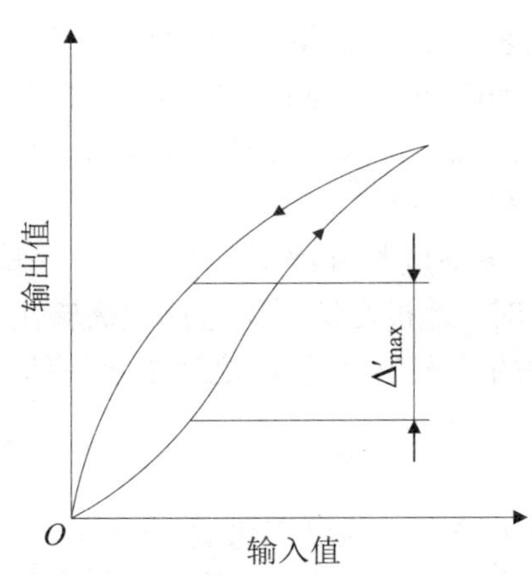

图 1-3　检测仪表的回差

5）漂移。在一定工作条件下，当保持输入信号不变时，输出信号随时间或温度的缓慢变化称为漂移。随着时间的漂移称为时漂，随着环境温度的漂移称为温漂。例如，弹性元件的时效、电子元件的老化、放大线路的温漂都可能产生漂移。漂移能够说明仪表工作的稳定性能，需要长时间运行的仪表，这个指标更为重要。

6）动态响应特性。当仪表输入从一稳态到另一稳态突然变化时，只有经过一定时间稳定之后，才有相应的输出响应。这是因为仪表的传感器响应输入量的变化需要时间，仪表各个环节信号的放大、传输和变换均需有一定的时间。

仪表的动态响应特性反映仪表输出值跟随被测量随时间变化的能力。一般用被测

量初始值为零作单位阶跃变化时，仪表输出值达到或接近稳定值的时间进行评价。如果规定仪表输出值变化量达到稳定值的 63.2%，所需要的时间称为仪表的响应时间，也称为仪表的时间常数，如图 1-4 中的 T。这个时间短说明仪表的动态响应特性好。

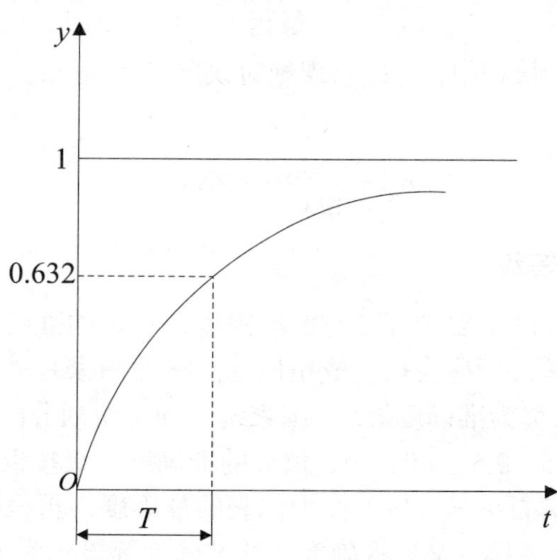

图 1-4　检测仪表的动态响应曲线

1.5　准确度等级

1．绝对误差

绝对误差是指仪表输出值与被测参数真值之间的差值，即

$$\Delta x = x - x_0 \tag{1-4}$$

式中：Δx 为绝对误差；x 为仪表的输出值；x_0 为被测参数的真值。由于真值不能得到，所以通常是用标准仪表（准确度等级更高的仪表）的测量结果作为约定真值。

2．相对误差

相对误差是指仪表的绝对误差与约定真值之比的百分数，即

$$\delta = \frac{\Delta x}{x_0} \times 100\% \tag{1-5}$$

式中：δ 为仪表的相对误差。

一般情况下，使用相对误差来说明不同测量结果的准确程度，即用来评定某一测量值的精确度，但不适用于衡量检测仪表本身的质量。因为同一台仪表可以用来测量许多不同真值的被测量，在整个测量范围内的相对误差不是一个定值。为了更合理地评价仪表的质量，采用了引用误差的概念。

3．引用误差

引用误差是指仪表的绝对误差与仪表量程之比的百分数，也用δ表示，即

$$\delta = \frac{\Delta x}{量程} \tag{1-6}$$

如果在测量仪表整个量程中，可能出现绝对误差最大值$\Delta x_{\max}$，则可得到最大引用误差为

$$\delta_{\mathrm{m}} = \frac{\Delta x_{\max}}{量程} \times 100\% \tag{1-7}$$

4．准确度与准确度等级

判定仪表测量精确性的主要指标是它的准确度，仪表的准确度通常用仪表最大引用误差来衡量，准确度常常也称为精度或精确度。按照国家有关标准的规定，仪表的准确度划分为若干等级，称为准确度等级。国家统一规定所划分的等级有…，0.05，0.1，0.25，0.35，0.5，1.0，1.5，2.5，4.0，…，仪表的准确度等级按以下方法确定，首先用仪表最大引用误差略去其百分号（%）作为仪表的准确度，再根据国家统一划分的准确度等级，选其中数值上最接近又比准确度大的准确度等级作为该仪表的准确度等级。准确度等级的数字越小，仪表的准确度越高，或者说仪表的测量误差越小。

【例题 1-1】某台测温仪表的测温范围为 200~700℃，校验该表时得到的最大绝对误差为 4℃，试确定该仪表的准确度等级。

解：该仪表的最大引用误差为

$$\delta_{\mathrm{m}} = \frac{4}{700-200} \times 100\% = 0.8\%$$

去掉“%”，数值为 0.8。但国家规定的精度等级中没有 0.8 级仪表，而且该仪表的误差超过了 0.5 级仪表所允许的最大误差，因此该仪表的精度等级为 1.0 级。

【例题 1-2】已知待测拉力为 70N，现有两只测力仪表，一只为 0.5 级，测量范围为 0~500N；另一只为 1.0 级，测量范围为 0~100N。问选用哪一只测力仪表较好？为什么？

解：用 0.5 级仪表测量时，可能出现的最大示值相对误差为

$$\delta_1 = \frac{500 \times 0.5\%}{70} \times 100\% \approx 3.57\%$$

用 1.0 级仪表测量时，可能出现的最大示值相对误差为

$$\delta_2 = \frac{100 \times 1\%}{70} \times 100\% \approx 1.43\%$$

由计算结果可以看出，选 1.0 级仪表比用 0.5 级仪表的示值相对误差更小，所以更合适。因此在选用仪表时要兼顾等级和量程。

1.6　测量误差的分类

用传感器测量的目的是得到被测参数的真值，但由于各种原因，如测量方法不尽完善、检测装置存在缺陷、环境因素和人为因素的不良影响等，在实际测量中得到的测量值与被测物理量的真值总存在着一定的差值，这个差值被称为测量误差。

根据测量数据中的误差所呈现的规律及产生的原因可将误差分为系统误差、随机误差和粗大误差。

1．系统误差

在相同的条件下，多次重复测量同一量时，保持恒定或遵循某种规律变化的误差称为系统误差。其误差的数值和符号不变的称为恒值系统误差，而按照一定规律变化的称为变值系统误差。变值系统误差又可分为线性、周期性和按复杂规律变化等多种类型。

2．随机误差

在相同的测量条件下，多次重复测量同一被测量时，误差绝对值和符号以不可预见的方式变化，这种误差称为随机误差。实践和理论证明，当没有起决定性影响的误差源存在时，随机误差几乎都服从正态分布规律。正态分布的曲线如图 1-5 所示。

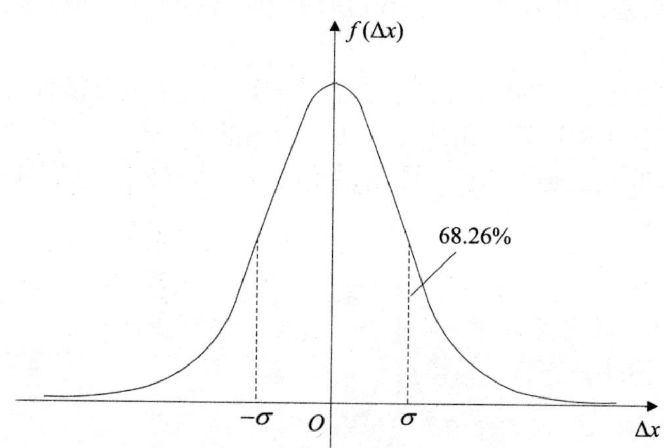

图 1-5　随机误差的正态分布曲线

图中的横坐标表示随机误差 $\Delta x = x - x_0$，纵坐标为误差 Δx 的出现概率，即概率密度 $f(\Delta x)$。正态分布随机误差的概率密度为

$$f(\Delta x) = \frac{1}{\sqrt{2\pi}\sigma} e^{-\frac{1}{2}\frac{\Delta x^2}{\sigma^2}} \tag{1-8}$$

式中：$\Delta x = x - x_0$ 为测量值与真值之间的误差；σ 为随机变量 x 的标准差，标准差 σ 的

计算公式为

$$\sigma=\sqrt{\frac{\sum_{i=1}^{n}(\Delta x_{\mathrm{i}})^{2}}{n}}=\sqrt{\frac{\sum_{i=1}^{n}(x_{\mathrm{i}}-x_{0})^{2}}{n}} \tag{1-9}$$

式中，n 为测量次数，且趋于无穷大；x_{i} 为第 i 次测量值，x_0 为真值。

标准差 σ 是一定测量条件下随机误差最常用的估计值。随机误差落在 $(-\sigma,\sigma)$ 区间的概率为 68.26%。区间 $(-\sigma,\sigma)$ 称为置信区间，相应的概率称为置信概率。显然，置信区间扩大，则置信概率提高。置信区间取 $(-2\sigma,2\sigma)$、$(-3\sigma,3\sigma)$ 时，相应的置信概率 $P(2\sigma)=95.44\%$ 、$P(3\sigma)=99.73\%$ 。由于在区间 $(-3\sigma,3\sigma)$ 的随机误差出现的概率已经达到 99.73%，可以说某次测量的误差基本上认为就落在这个区间，所以可用 3σ 作为极限误差。

在实际测量中，测量次数 n 为有限值而且真值 x_0 为未知，所以通常用测量列中被测量的 n 个测量值的算术平均值 $\bar{x}$ 替代真值 x_0，由此求得的标准差称为实验标准差，又称样本标准差，用 s 表示，即

$$s=\sqrt{\frac{\sum_{i=1}^{n}\left(x_{\mathrm{i}}-\bar{x}\right)^{2}}{n-1}}=\sqrt{\frac{\sum_{i=1}^{n}\left(\Delta x_{\mathrm{i}}\right)^{2}}{n-1}} \tag{1-10}$$

式中，Δx_{i} 称为残余误差，简称残差，是第 i 次测量值与算术平均值之差。这一公式称为贝塞尔公式。

实验标准差 s 是标准差 σ 的估计值，它表征了 x_{i} 在 $\bar{x}$ 上下的分散性。当 n 足够大时，实验标准差 s 与标准差 σ 相接近。由式（1-10）给出的实验标准差公式可知，每个测量值的变动越大，标准差也越大，说明测量误差的分散性越大，在图 1-6 中表现为分布曲线越平坦。

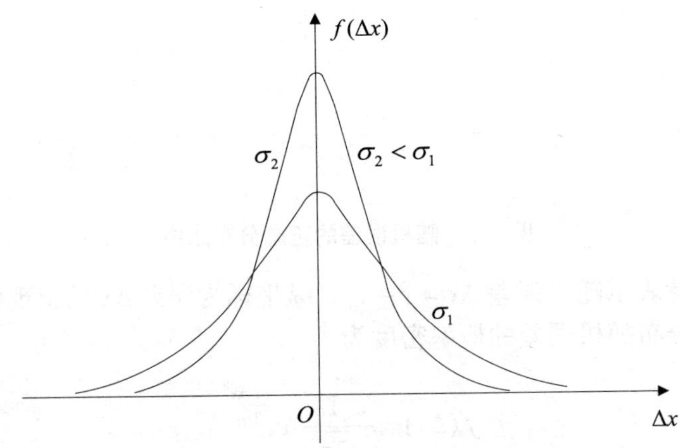

图 1-6　不同标准差下的正态分布曲线

3．粗大误差

明显偏离测量结果的误差称为粗大误差。含有粗大误差的测量值称为坏值或异常值。在实际测量中，由于粗大误差的误差数值特别大，容易从测量结果中发现，所以一经发现粗大误差，则可以认为该次测量无效，坏值应从测量结果中剔除，从而消除它对测量结果的影响

1.7　消除和减小误差的一般方法

为了提高检测仪表和检测系统的测量准确度，必须尽可能地消除和减小测量误差。系统误差、随机误差和粗大误差三类误差的特点各异，因而处理的方法也各不相同。

1．减小和消除系统误差的方法

消除系统误差最根本的方法是在测量前就找出产生系统误差的原因，这要求操作人员详细分析测量过程中可能产生系统误差的环节，并在测量前从产生根源上予以消除。而在测量过程中可以采取适当的测量方法和读数方法消除或削弱系统误差。

（1）替代法。替代法的实质是在不改变测量条件的基础上，用标准量值替代被测量，实现相同的测量效果，从而用标准量确定被测量的方法。替代法能有效地消除检测装置的系统误差。例如，等臂天平称重时，为了克服天平两臂不完全相等而引入的系统误差，可采用替代进行两次测量的方法。具体做法是首先将被测重物放入天平称物盘并调整使之平衡后，移去被测重物，添放标准砝码，使之重新平衡，此时替代被称重物的标准砝码质量即为被称重物质量。

（2）交换法。在测量中，将引起系统误差的某些条件（如被测量的位置等）相互交换，而保持其他条件不变，使产生系统误差的因素对测量结果起相反的作用，从而抵消系统误差。例如，等臂天平测量时，由于天平左右两臂长度的微小差别，会引起称量的恒值系统误差。如果被称物与砝码在天平左右秤盘上交换，称量两次，取两次测量平均值作为被称物的质量，这时测量结果中就不含有因天平不等臂引起的系统误差。

（3）对称测量法。这种方法用于消除线性变化的系统误差。下面通过利用电位差计和标准电阻 R_N，精确测量未知电阻 R_x 的例子来说明对称测量法的原理和测量过程。如图 1-7 所示，如果回路电流 I 恒定不变，只要测出 R_N 和 R_x 上的电压 U_N 和 U_x，即可得到 R_x 值

$$R_x = \frac{U_x}{U_N} R_N \tag{1-11}$$

但由于 U_N 和 U_x 的值不是在同一时刻测得的，而且电流 I 在测量过程中发生变化时，就引入了线性系统误差。在这里把电流的变化看作均匀地减小，与时间 t 为线性

关系。

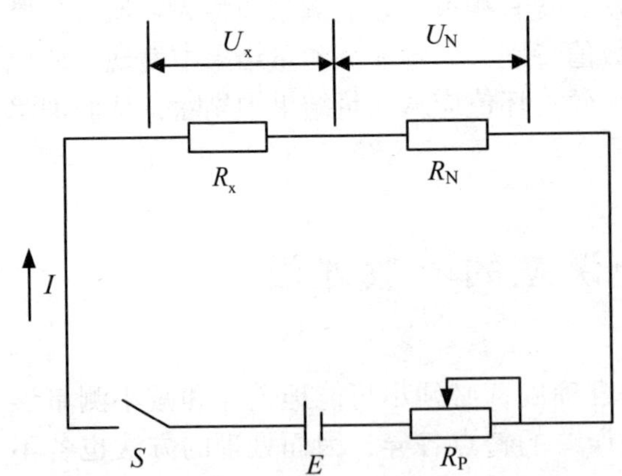

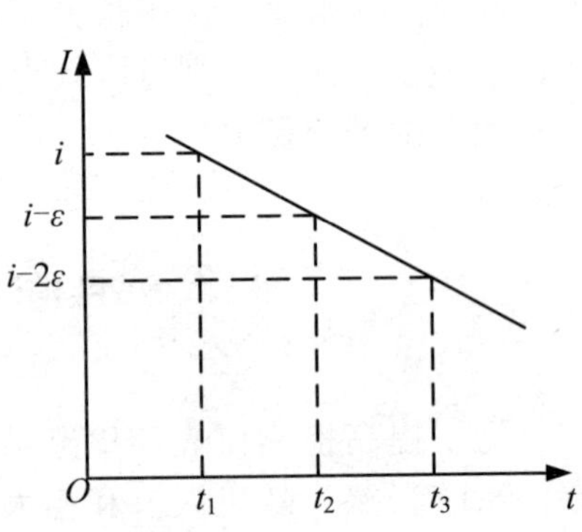

图 1-7　对称测量法

在 t_1、t_2 和 t_3 三个等间隔的时刻，按照 U_x、U_N、U_x 的顺序测量，时间间隔为 $t_2-t_1=t_3-t_2=\Delta t$，相应的电流变化量为 ε。

在 t_1 时刻，R_x 上的电压 $U_1=IR_x$

在 t_2 时刻，R_N 上的电压 $U_2=(I-\varepsilon)R_N$

在 t_3 时刻，R_x 上的电压 $U_3=(I-2\varepsilon)R_x$

解此方程组可得

$$R_x=\left(\frac{U_1+U_3}{2U_2}\right)R_N \tag{1-12}$$

这样按照等距测量法得到的 R_x 值，已不受测量过程中电流变化的影响，消除了因此而产生的线性系统误差。

在上述过程中，由于三次测量时间间隔相等，t_2 时刻的电流值恰好等于 t_1、t_3 时刻电流值的算术平均值。虽然在 t_2 时刻，只测了 R_N 上的电压 U_2，但 $(U_1+U_3)/2$ 正好相当于 t_2 时刻 R_x 上的电压。这样就自然消除了电流 I 线性变化的影响。

（4）补偿法。在测量过程中，由于某个条件的变化或仪器某个环节的非线性特性都可能引入变值系统误差。此时，可在测量系统中采取补偿措施，自动消除系统误差。例如，热电偶测温时，冷端温度的变化会引起变值系统误差。在测量系统中采用补偿电桥，就可以起到自动补偿作用。

2．减小随机误差的方法

产生随机误差的原因很多，如测量仪器中零部件配合的不稳定或有摩擦，仪器内部器件产生噪声等；温度及电源电压的频繁波动，电磁场干扰，地面振动等；由外界环境的偶发性变化引起，如外电场、磁场的突变，温度、湿度的变化等。随机误差由于其来源的不可完全预知性和不可克服性，是不可以消除的。但随机误差服从统计规律，它所具有的抵偿性，是它最本质的特征，所以随机误差的处理一般采取提高测量系统准确度、抑制干扰和统计处理等方法。

随机误差具有补偿性，大部分测量系统的误差分布符合正态规律。因此，可以估计随机误差影响的可能变化区间，即可以估计随机误差的上界值。通过对测量数据的统计平均，求取算术平均值和标准差，可精确地给出测量结果的范围。提高测量次数，可提高算术平均值和标准差的估计准确度，减小随机误差对测量结果的影响。

3．剔除粗大误差

粗大误差存在于个别的可疑数据中，它既违背统计规律，又不遵循确定性原则。其存在对测量结果产生严重影响。对这一类误差的处理，可用物理或统计的方法判断后剔除。

粗大误差一般是由操作人员的过失、测量环境（条件）的瞬间改变和突发的严重干扰等引起的，这时测得的检测值将严重偏离真实值，一般称为坏样本数据。对于某一测量列 x_1，x_2,…，x_n，计算出其算术平均值 $\bar{x}$ 和标准差 σ，若各测量值只含有随机误差，则根据随机误差的正态分布规律，其残余误差落在区间 $[-3\sigma,3\sigma]$ 的概率为 99.73%，即在 370 次测量中只有一次其残余误差的绝对值大于 3σ。因此，在测量列中，发现有大于 3σ 的残余误差的测量值，可以认为该测量值含有粗大误差，予以剔除。然后再对剩下的样本进行重新估算，如此重复几遍，直到没有坏样本数据为止，就可以将粗大误差完全消除。

1.8　无失真测量

在实际工程测量中，多数被测量是随时间变化的信号，表示为 $x(t)$，即 x 是时间 t 的函数，称为动态信号。因此，对测量动态信号的检测装置就有动态特性指标的要求，并以动态特性的描述来反映其测量动态信号的能力。一个理想的检测装置，其输出量 $y(t)$ 与输入量 $x(t)$ 随时间变化的规律应该相同。但实际上，它们只能在一定的频率范围内、一定的动态误差范围内保持一致。检测装置的动态特性是由其装置本身的固有属性决定的，用数学模型来描述主要有三种形式：时域中的微分方程，复频域中的传递函数，频域中的频率响应特性。三种数学模型分别是对装置动态特性的不同描述方法，或者说是从不同角度表达检测装置的动态特性。三者之间既有联系，又各有其特点，根据这三种表达形式之间的关系和已知条件，可以在已知其一后推导出另两种形式的模型。

检测装置的输出应该能如实反映输入的变化，只有这样测量的结果才是可信的，对于检测装置来说就是不失真测量。检测装置的最基本特性是线性特性，一般要求检测装置输入、输出特性为线性特性。但是，实际的装置总是存在非线性因素，如许多电子器件严格来说都是非线性的，至于间隙、迟滞这些非线性环节在检测装置中也是很常见的，由于检测装置存在非线性、静态特性变化以及动态特性的影响等问题，会使得输出与输入之间的信号波形产生一定的差异，当这差异超过允许的范围就是测量失真。当测量失真超过一定范围时，就会导致测量结果无效，就需要进行校正。所以了解产生失真的原因和明确不失真测量的条件是十分必要的。

一般情况下，系统的响应特性与激励波形不同，即说明信号在传输过程中产生了失真。失真有线性失真和非线性失真。线性失真是由线性系统引起的信号失真，这种失真包括两个方面，一是幅度失真，即系统对信号中的各频率分量幅度产生不同的加权，使输出响应中各频率分量的相对幅度产生变化；另一种是相位失真，即系统对信号中各频率分量产生的相移不与频率成正比，从而使输出响应中各频率分量在时间轴上的相对位置发生变化。相位失真和幅度失真不产生新的频率分量。非线性失真是由系统的非线性特性对所传输信号产生的失真，其特点是输出响应中产生了输入信号中所没有的新的频率成分，如二极管半波整流电路。

1.8.1 无失真传输系统特性

所谓无失真传输是指系统的输出信号与输入信号相比，只有幅度的大小和出现时间的先后不同，而没有波形上的变化。设输入信号为 $f(t)$，输出信号 $y(t)$ 应满足：

$$y(t)=Kf(t-t_d) \tag{1-13}$$

式中：K 及 t_d 均为常数。这样输出信号 $y(t)$ 的幅度是输入信号 $f(t)$ 的 K 倍，而且比输入信号在时间上延迟了 t_d 秒，波形的形状没有畸变。

1．无失真传输的频域条件

对式（1-13）两边取傅里叶变换得：

$$Y(j\omega)=KF(j\omega)e^{-j\omega t_d} \tag{1-14}$$

由于 $Y(j\omega)=G(j\omega)F(j\omega)$，可得无失真传输系统的频域特性函数为：

$$G(j\omega)=Ke^{-j\omega t_d}=|G(j\omega)|e^{j\varphi(\omega)} \tag{1-15}$$

由此可知

$$|G(j\omega)|=K \tag{1-16}$$

$$\varphi(\omega)=-\omega t_d \tag{1-17}$$

式（1-16）和（1-17）表明无失真传输系统在频域应满足两个条件：

（1）系统的幅频特性在整个频率范围内应为常数 K；

（2）系统的相频特性为过原点的直线。

从图 1-8（a）可以看出，无失真传输系统的幅频特性曲线是常数。由于信号通过系统时，输入信号各频率分量的振幅是与系统函数对应频率点的幅值相乘，幅频特性是常数，就意味着无失真传输系统对输入信号的所有频率分量的振幅放大同样的倍数。如果系统对输入信号各频率分量振幅放大倍数不同，就称为信号通过系统发生了幅度失真。

从图 1-8（b）也可以看出，无失真传输系统的相频特性曲线是一条过原点的直线。由于相频特性曲线体现了系统对输入信号各频率分量的相移情况，所以也就意味着无失真传输系统对输入各频率分量产生的相移与频率成正比，频率越大，产生的相移也越大。

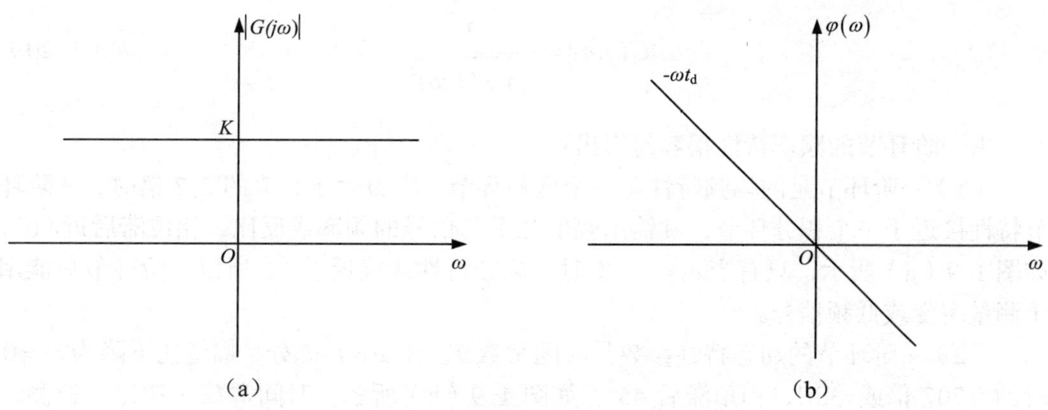

图 1-8 无失真传输系统频率特性

（a）幅频特性；（b）相频特性

2．无失真传输系统的时域条件

由式（1-13）可得系统的单位冲激响应为

$$g(t) = K\delta(t - t_d) \tag{1-18}$$

上式表明，无失真传输系统，其单位冲激响应仍为一个冲激函数，只是强度变为 K，并产生了 t_d 时间延迟。此式称为无失真传输系统的时域条件。

实际中，在所有频率 $-\infty < \omega < +\infty$ 上具有平坦的幅频特性和线性的相位特性的系统是不存在的。因为在实际应用中，任何带有信息的物理信号其频谱只占据一定的频率范围（信号频带）。因此，只要在所研究信号频带范围内满足幅频特性为常数，相频特性具有线性相位，就认为是无失真传输。

1.8.2 常见检测装置频率特性分析

要实现不失真测量，不仅要了解被测参数的幅值和频率范围等参数，也要掌握检测装置的特性。也就是说要对组建成的检测装置进行测试，才能真正掌握实际装置的特性。通常，组成检测装置的各功能部件多为一阶或二阶装置，而且由于高阶装置可理解或近似为由多个一阶或二阶环节组合而成的装置，因此熟悉一阶、二阶装置的数学模型及其特性十分重要。

1．一阶环节频率特性分析

一阶环节传递函数的一般形式为

$$G(s)=\frac{Y(s)}{X(s)}=\frac{1}{Ts+1} \quad (1\text{-}19)$$

将 $s=j\omega$ 代入上式，很容易得到一阶环节的幅频特性和相频特性。

一阶环节的幅频特性为

$$|G(j\omega)|=\frac{1}{\sqrt{1+(T\omega)^2}} \quad (1\text{-}20)$$

由一阶环节的频率特性很容易得出：

（1）一阶环节是的幅频特性是一个低通环节。当 ω 大于 $1/T$ 的 2-3 倍时，一阶环节特性接近于一个积分环节，其输出幅值几乎与信号的频率成反比，相位滞后近 90°。如图 1-9（a）所示，只有当 $\omega<<1/T$ 时，幅频特性才接近于 1。所以一阶环节只能用于测量缓变或低频信号。

（2）一阶环节的动态特性参数是时间常数 T。在 $\omega=1/T$ 处，幅值比下降为 $\omega=0$ 时的 0.707 倍或-3dB，相角滞后 45°，如图 1-9（b）所示。时间常数 T 决定了检测装置所适用的频率范围，T 越小，装置适用的频率范围就越大。

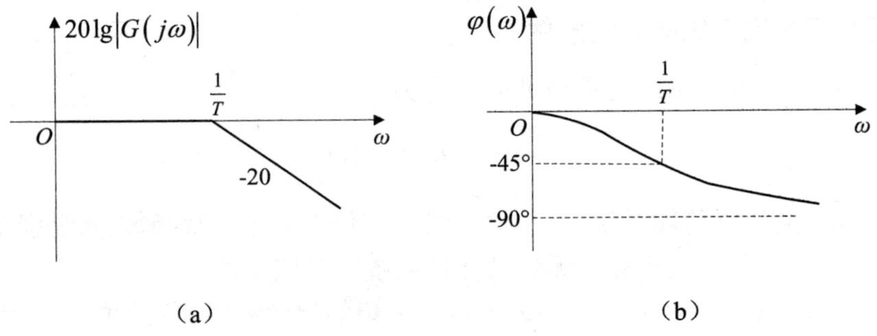

图 1-9 惯性环节的对数坐标图

（a）幅频特性；（b）相频特性

2．二阶环节频率特性分析

二阶环节传递函数的一般形式为

$$G(s)=\frac{Y(s)}{X(x)}=\frac{\omega_n^2}{s^2+2\xi\omega_n s+\omega_n^2} \quad (1\text{-}21)$$

将 $s=j\omega$ 代入式（1-21），得二阶环节的频率函数为

$$G(j\omega)=\frac{Y(j\omega)}{X(j\omega)}=\frac{\omega_n^2}{(\omega_n^2-\omega^2)+2j\xi\omega_n\omega}=\frac{1}{1-\left(\frac{\omega}{\omega_n}\right)^2+j2\xi\frac{\omega}{\omega_n}} \quad (1\text{-}22)$$

式中，ξ 为阻尼比；ω_n 为环节的固有频率。

由于 $G(j\omega)$ 是复数，故也可写成指数形式

$$G(j\omega)=\left|G(j\omega)\right|e^{j\varphi(\omega)}=\left|G(j\omega)\right|\angle\varphi(\omega) \tag{1-23}$$

对式（1-22）化简可得其模为

$$\left|G(j\omega)\right|=\frac{1}{\sqrt{\left[1-\left(\dfrac{\omega}{\omega_n}\right)^2\right]^2+4\xi^2\left(\dfrac{\omega}{\omega_n}\right)^2}} \tag{1-24}$$

其相角为

$$\varphi(j\omega)=-\arctan\frac{2\xi\dfrac{\omega}{\omega_n}}{1-\left(\dfrac{\omega}{\omega_n}\right)^2} \tag{1-25}$$

根据求极值的方法，由幅频特性 $\left|G(j\omega)\right|$ 对频率 ω 求导数，并令其等于零，可求得谐振角频率 ω_P 和谐振峰值 M_P。

$$\omega_P=\omega_n\sqrt{1-2\xi^2} \tag{1-26}$$

$$M_P=\frac{1}{2\xi\sqrt{1-\xi^2}} \tag{1-27}$$

由式（1-26）和（1-27）可知，在 $0<\xi<0.707$ 时，对数幅频特性出现谐振峰值 M_P，其大小与阻尼比 ξ 有关，当阻尼比 ξ 很小时，将产生很高的共振峰。根据二阶系统的幅频特性和相频特性，采用描点法绘制，幅值坐标用分贝数 $20\lg\left|G(j\omega)\right|$ 表示，频率坐标用对数表示，相位坐标用度表示，所得到的二阶环节的波德曲线簇如图 1-10 所示。

二阶环节是一个低通环节。从幅频特性曲线上看，当输入信号的频率 ω 小于检测装置固有频率的二分之一，即 $\omega<0.5\omega_n$，此时 $\left|G(j\omega)\right|\approx 1$，曲线基本呈水平状态，随着 ω 的增大，$\left|G(j\omega)\right|$ 先进入共振区而后进入衰减区。当 $\omega_n \ll \omega$ 时，$\left|G(j\omega)\right|$ 趋于 0。

特别值得注意，当阻尼比 ξ 为 0.7 左右时的特性，从幅频特性曲线上看，几乎无共振现象，而且其水平段最长。这意味着检测装置对这段频率范围内任意频率的信号，包括 $\omega=0$ 的直流信号的缩放能力是相同的，输出幅值不会因为信号频率的变化而有较大的变化。相频特性曲线几乎是一条斜直线，即各输出信号的滞后相角与其相应的频率成正比。这两点直接反映了检测装置动态特性的好坏，均为直线是一个检测装置所希望的。鉴于以上原因，为了获得尽可能宽的工作频率范围并兼顾具有良好的相频特性，在实际的检测装置中，一般取阻尼比 ξ 为 0.65 左右，并称之为最佳阻尼比。

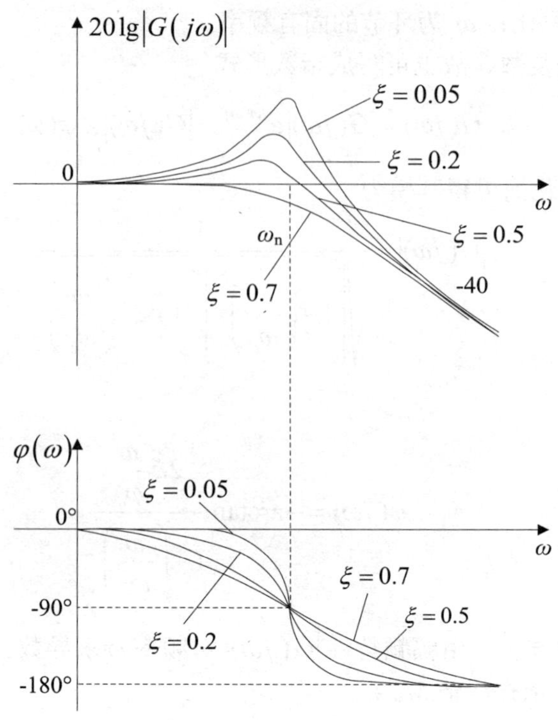

图 1-10　二阶振荡环节的波德图

1.9　非线性补偿方法

在检测系统中，无论检测结果采用什么形式的输出，其输入和输出都是线性对应的，例如数字显示值与显示单元的输入数字信号是线性对应的，A/D 转换器的输出数字信号与输入的模拟信号也是线性关系。检测仪表使用时，总是希望其输出信号与被测参数之间呈线性关系，由于检测仪表测量原理的限制和构成检测仪表各环节特性的不同等因素的影响，检测仪表的输出与被测参数之间往往存在着非线性关系，实际上，绝大多数的检测单元都存在一定的非线性，其主要原因是：一是许多传感器的转换呈非线性，如热电偶的输出热电势与温度的关系是非线性；二是检测电路的非线性，如直流单臂电桥的输出电压与桥臂电阻的变化率为非线性关系。如果这些输入信号与被测量不是线性关系，则会造成检测的非线性误差。因此，需要进行非线性补偿和校正，以使检测仪表的输出信号 y 与被测参数 x 之间是线性关系。

1．硬件法非线性补偿

在采用模拟检测电路时，往往采用以下办法减小或消除检测信号的非线性。

（1）缩小测量范围，即取非线性特性中的一段，用线性关系近似表示，比如铜热电阻，在 0~150℃范围内可近似认为其阻值与温度为线性关系。

（2）指示仪表采用非线性刻度。这种情况下大多适合指针式仪表，如有些指针式仪表按指数规律进行刻度。

（3）直接串联法。直接串联法即是在需要补偿的测量环节后面直接串联具有相反非线性特性的元件或非线性补偿器以达到非线性补偿的效果。开环非线性补偿的原理如图 1-11 所示，由于检测元件或传感器的非线性，当被测变量 x 被转换成电压量 U_1 时，它们之间为非线性关系，而放大器一般具有线性特性，故经放大后的 U_2 与 x 之间仍为非线性关系，因此，利用线性化器的非线性静特性来补偿检测元件或传感器的非线性，使 A/D 转换之前的 U_o 与 x 之间具有线性关系。

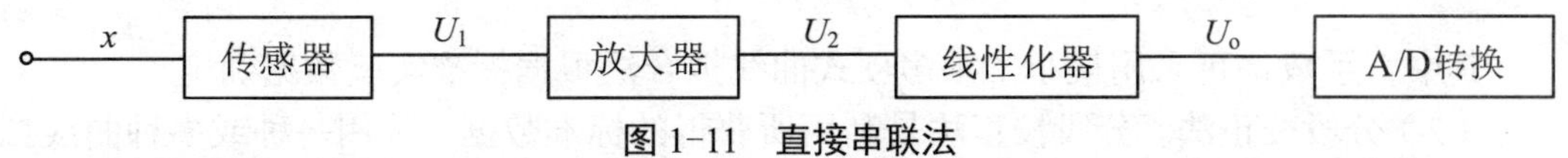

图 1-11　直接串联法

（4）非线性负反馈补偿。闭环线性化是利用反馈补偿原理，引入非线性的负反馈环节，用负反馈环节本身的非线性特性来补偿检测元件或传感器的非线性。如图 1-12 所示，某一检测仪表，由于测量原理的限制导致检测元件的输出呈现非线性。为实现非线性补偿，在系统中串联一个非线性负反馈环节，并使反馈通道具有与检测元件相同的非线性特性。在深度负反馈条件下，整个负反馈环节的特性主要由反馈通道的特性决定，因此负反馈环节的特性与检测元件的非线性关系相同，可有效地实现非线性补偿，最终使得检测仪表的输出信号 U_o 与输入信号 x 之间具有线性关系。

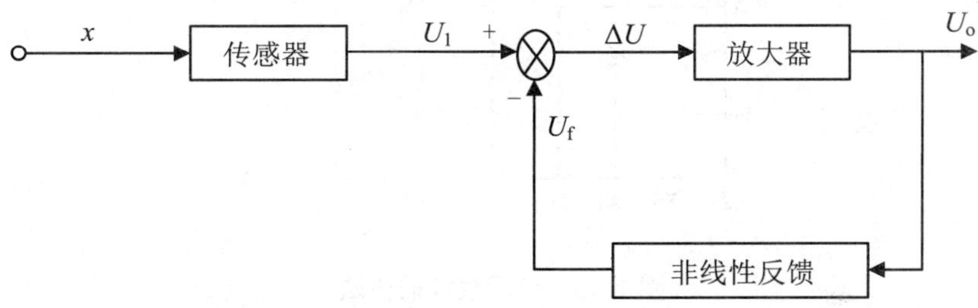

图 1-12　反馈非线性补偿

2．软件法非线性补偿

以上各种模拟电路的非线性处理方法，不仅增加系统的成本，线性处理的效果也不理想，而且无法处理一些复杂非线性特性的检测信号，但是，通过微处理器对检测信号进行软件的非线性处理，不仅灵活，而且方便。

软件线性化法是利用微计算机强大的存储和计算功能来实现非线性补偿的。该方法首先将需要进行补偿的非线性关系存储在微机中，然后根据具体的非线性特性进行相应的运算实现非线性补偿。若需要补偿的非线性存在明确的函数关系，则可编制相应的计算机程序通过运算来实现线性化。若需要补偿的非线性难以用明确的函数关系来表示则大多采用查表法来实现。查表法首先获得标准数据，然后利用标准数据采用各种曲线拟合技术构造出反映非线性特性的标准校正曲线（本质上为一个曲线拟合公式或多个拟合公式的组合），并将其存储在微机内。实际测量时，利用标准校正曲线的一一对应关系，通过相应的运算以查表的方式实现非线性补偿。依据获得标准校正曲线所采用的曲线拟合方式的不同，查表法可分为整段校正法、分段校正法和抛物线插值法等几种形式。

（1）整段校正法。整段校正法是利用所获得标准数据，采用某种曲线拟合技术一次性地构造出整段标准校正曲线（即一个曲线拟合公式），并进而实现非线性补偿，多项式是工程常采用的标准校正曲线函数，其具体表达式为：

$$P(x)=a_1+a_2x+\cdots+a_m x^m \tag{1-28}$$

其中，系数 a_i 可采用最小二乘多项式曲线拟合法根据标准实验数据确定。

（2）分段校正法。分段校正法是利用所获得的标准数据，采用一种或多种曲线拟合技术逐段构造不同范围的拟合曲线并组合成整段标准校正曲线以实现非线性补偿。图 1-13 所示为用线性插值法对热电偶进行非线性补偿的示意图。图中 x 代表热电偶输出电压，y 代表被测温度。

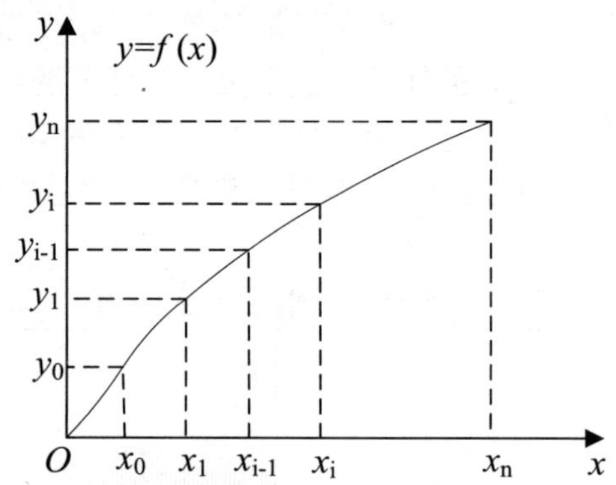

图 1-13　分段线性插值法

首先将传感器的非线性曲线 $y=f(x)$ 按精度要求分成 n 段，当 n 足够大时，每一小段均可看成是直线，则可用 n 段折线代替 $y=f(x)$，然后将分段基点 x_i、y_i 值 $(i=1,2,\ldots,\ n)$ 标出，排列成表格，见表 1-1。分段数越多，精度越高，但占内存也越多，计算时间也越长。

表 1-1　线性插值数据表

y	$y_0\ y_1\ y_2\cdots\ y_i\cdots\ y_n$
x	$x_0\ x_1\ x_2\cdots\ x_i\cdots\ x_n$

由于各段均用直线代替曲线，因此计算机很容易根据采样值 x 的大小进行查表搜索。首先找出采样值所在的区段，然后利用线性插补公式计算出所对应的 y 值。

设 x 在 x_i 与 x_{i-1} 之间，则插补公式为

$$y=y_{i-1}+K_{i-1}(x-x_{i-1}) \tag{1-29}$$

式中：$K_{i-1}=(y_i-y_{i-1})/(x_i-x_{i-1})$ 为第 i 段曲线的斜率。

（3）二次抛物线插值法。线性插值法仅仅利用两个节点上的信息，精度较低，仅适用于输入输出特性曲线弯度不大的场合，如热电偶的特性、差压式流量计特性等。对于弯曲很大的特性曲线，用线性插值法必将带来很大的误差 Δy，如图 1-14 所示。若增加分段的数目，虽然可减少误差，但占用很多内存单元，且计算速度也减慢。采用二次抛物线插值法即可解决这一矛盾。

抛物线插值法的基本原理是通过特性曲线上的三个点作一抛物线，用它代替曲线。如图 1-15 所示，有一特性曲线 $y=f(x)$，用抛物线来逼近它，抛物线方程一般形式为

$$y=k_0+k_1x+k_2x^2 \tag{1-30}$$

式中：k_0、k_1、k_2 为待定系数，由曲线 $y=f(x)$ 的三个点 A、B、C 的三元一次方程组联解求得。

为了使计算简便，可采用另外一种形式

$$y=m_0+m_1(x-x_0)+m_2(x-x_0)(x-x_1) \tag{1-31}$$

式中，m_0、m_1、m_2 为待定系数，由 A、B、C 三点的值决定，当令 $x=x_0$、$y=y_0$，则 $y_0=m_0$；令 $x=x_1$、$y=y_1$，得 m_1；令 $x=x_2$、$y=y_2$，得 m_2。

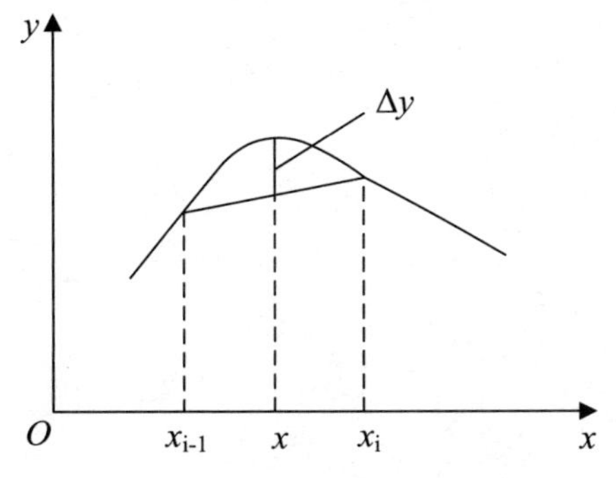

图 1-14　线性插值误差

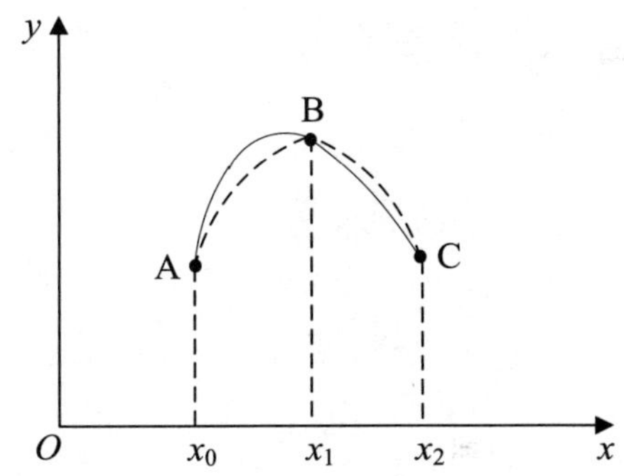

图 1-15　二次抛物线插值法

采用硬件法，电路成本高，但速度快；采用软件法，可大大简化电路，但都要花费一定的程序运行时间。因此在实时控制系统中，如果系统处理的问题很多，控制的实时性很强，应采用硬件处理。但一般情况下，当时间足够时，应尽量采用软件方法。总之，对于传感器的非线性补偿，应根据系统的具体情况来决定，有时也可采用硬件和软件兼用的方法。

思考题与习题

1. 仪表的量程和仪表的测量范围是同一个概念吗？为什么？

2．仪表的准确度等级是如何规定的？请列出常用的一些等级。

3．某弹簧管压力表的测量范围为 0~1.6MPa，准确度等级为 2.5 级，校验时在某点出现的最大绝对误差为 0.05MPa，问这块仪表是否合格？为什么？

4．有一块压力表，其正向可测到 0.6MPa，负向可测到−0.1MPa。现只校验正向部分，其最大误差发生在 0.3MPa 处，即上行和下行时，标准压力表的指示值分别为 0.305MPa 和 0.295MPa。问该压力表是否符合准确度等级为 1.5 级的要求？

5．什么是仪表的非线性误差？

6．什么是仪表的回差？为什么会产生回差？

7．什么是仪表的时间常数？

8．为什么测量系统要进行非线性补偿？常见的非线性补偿方法由哪些？

9．检测系统满足什么条件可以进行信号无失真传输？

第 2 章　电阻传感器

电阻式传感器是把非电阻物理量（如力、压力、位移、加速度、扭矩等）转换为电阻变化的一种传感器。电阻式传感器主要包括电阻应变式传感器、电位器式传感器。本章简要介绍电位器式传感器的工作原理，着重阐述电阻应变式传感器的结构、原理。

2.1　电位器式传感器

电位器式传感器主要用来测量位移，通过其他敏感元件（如膜片、膜盒、弹簧管等）将非电量的变化量变换成与之有一定关系的电阻值的变化，通过对电阻值的测量达到对非电量测量的目的。由于电位器传感器具有结构简单、性能稳定、价格便宜、输出功率大等特点，所以在很多场合中都有使用。其缺点是分辨率不高，易磨损。

2.1.1　电位器式传感器的工作原理

绕线电位器式传感器的核心是绕线电位器。图 2-1 为常用电位器式传感器的结构原理图，该类传感器主要由触点机构和电阻器两部分组成。在电源电压U_i确定以后，电刷沿着电阻器移动，输出电压就产生相应变化，这样，电位器就将输入的位移量 x 转换成相应的电压U_o输出。

如图 2-1（a）所示为线性位移传感器，它的骨架截面积处处相等，且由材料均匀的导线按照等节距绕制而成，此时电位器单位长度上的电阻值处处相等，x_{max}是其总长度，总电阻为R_{max}，当电刷行程为x时，对应于电刷移动量x的电阻值R_x为

$$R_x = \frac{x}{x_{max}} R_{max} \tag{2-1}$$

若把它作为分压器使用，且假定加在电位器 A、B 之间电压为 U_{max}，则输出电压为

$$U_x = \frac{R_x}{R_{max}} U_{max} \tag{2-2}$$

如图 2-1（b）所示为电位器式角度传感器。若将其作电阻器使用，则电阻与

角度的关系为 $R_a = \frac{a}{a_{max}} R_{max}$，若作为分压器使用，则有 $U_a = \frac{a}{a_{max}} U_{max}$。

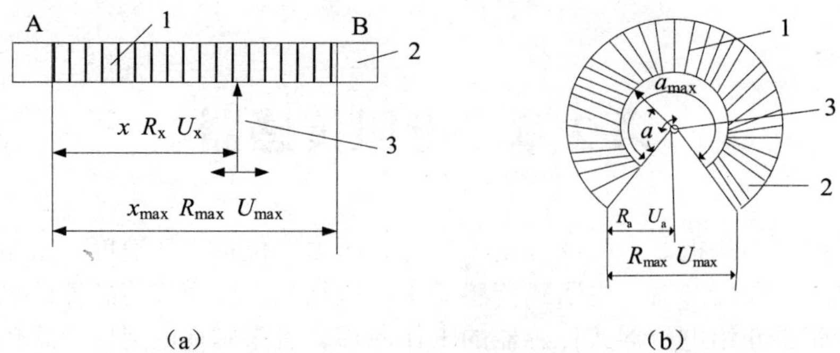

图 2-1　绕线电位器式传感器示意图

（a）线性位移式；（b）角度式

1—电阻丝；2—骨架；3—滑臂

如图 2-1（a）所示为线性绕线电位器示意图。因为

$$R_{max} = 2\frac{\rho}{S}(b+h)n \tag{2-3}$$

$$x_{max} = nl \tag{2-4}$$

所以其电阻灵敏度为

$$K_R = \frac{R_{max}}{x_{max}} = \frac{2\rho(b+h)}{Sl} \tag{2-5}$$

电压灵敏度为

$$K_u = \frac{U_{max}}{x_{max}} = \frac{2\rho(b+h)}{Sl}I \tag{2-6}$$

式中：ρ 为导线电阻率；S 为导线横截面面积；n 为绕线电位器总匝数；h、b 分别为骨架的高与宽；l 为绕线节距。

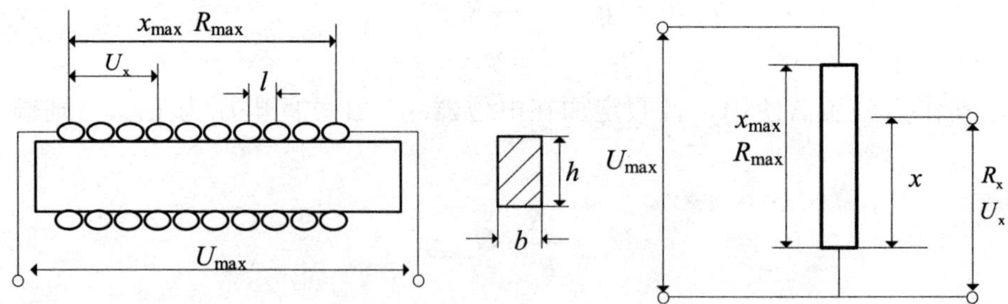

图 2-2　线性绕线电位器示意图

由式（2-5）和式（2-6）可以看出：线性绕线电位器的电阻灵敏度和电压灵敏度除了与电阻率 ρ 有关，还与骨架尺寸 h 和 b 、导线截面积 S 、绕线节距 l 等参数有关；

电压灵敏度与流过电位器的电流 I 的大小也有关系。

2.1.2 电位器函数转换器

在检测系统中，当控制器的控制规律、控制阀特性和传动机构等部分为非线性特性时，为了使整个系统的特性为线性，往往要求检测环节具有与之相反的非线性特性，此时，非线性的电位器就可派上用场。

非线性电位器是指其输出电压（或电阻）与电刷行程之间具有非线性函数关系的一种电位器，也称为函数电位器。常用的非线性绕线电位器有变骨架式、变节距式、分路电阻式及电位给定式等几种形式。

变骨架式电位器具有结构简单、可以实现多种函数特性等优点，其结构及其输出电阻的 R_x 阶梯特性如图 2-3 所示，可以看出，当电刷行程相同时，输出电阻阶跃值并不相同。

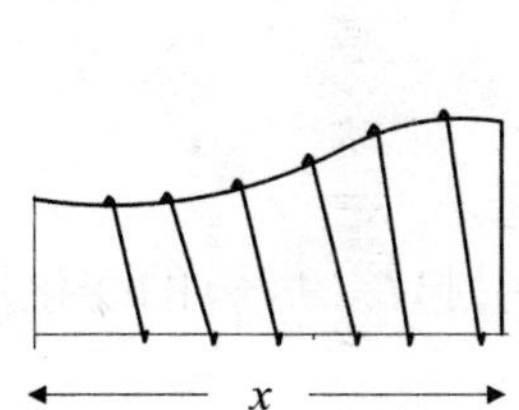

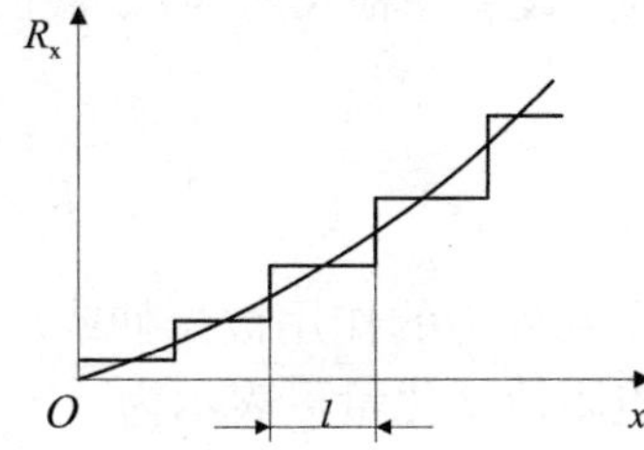

图 2-3　变骨架电位器的结构和阶梯特性

变节距式电位器的结构及其阶梯特性如图 2-4 所示，其特点是输出电压的各个阶跃值近似相等，与线性绕线式电位器的阶梯误差特性类似，但是其行程分辨率（使电位器产生一个电压阶跃所需的电刷行程与整个行程之比的百分数）是变化的，这点与线性电位器不同。

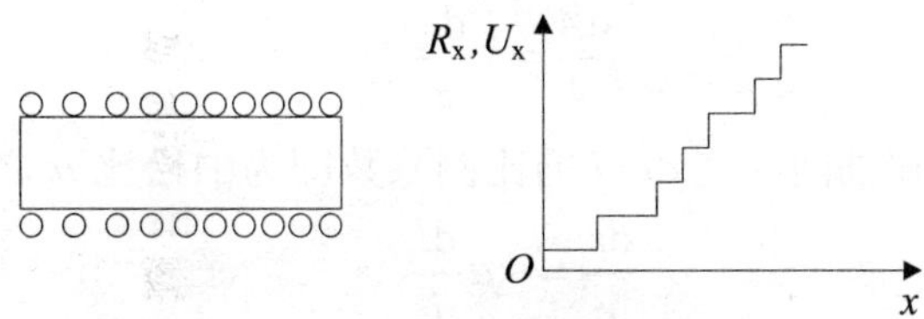

图 2-4　变节距式电位器的结构及其阶梯特性

电位器式传感器的优点包括：①结构简单，尺寸小，质量轻；②可以实现输出-输入间任意的函数关系；③输出信号较大，一般不用对输出信号进行放大。

电位器可直接用来测量位移，被测位移直接作用于电位器的电刷上，引起电位器输出电阻或输出电压发生变化。电位器还可作为变换元件与弹性敏感元件一起构成电位器式传感器，用于测量力、力矩、压力等物理量。被测的力、力矩、压力等物理量作用于弹性敏感元件，使之发生变形而产生相应的位移，该位移再作用于电位器的电刷上，引起电位器输出电阻或输出电压发生变化，从而将被测量的变化转换为电阻或电压等电量的变化。

2.2 电阻应变式传感器

电阻应变式传感器是将被测量的力（压力、荷重、扭力等）通过它所产生的弹性变形转换成电阻变化的敏感元件。这种应变式传感器的基本构成有三部分：一是弹性元件，将被测物理量转换成弹性形变；二是电阻应变片；三是测量线路。

目前应用最广的电阻应变片有金属应变片和半导体应变片两种。

2.2.1 电阻应变效应

金属导体的电阻随着它所受机械变形（伸缩应变）大小而变化的现象，称为金属的电阻应变效应。设有一根长度为l、截面积为A、电阻率为ρ的金属电阻丝，其电阻值为

$$R=\rho\frac{l}{A} \tag{2-7}$$

若电阻丝受到外力的作用被拉伸或压缩，则会引起l、A、ρ的变化从而引起电阻值R的变化，电阻值变化量可表示为

$$\mathrm{d}R=\frac{\rho}{A}\mathrm{d}l-\frac{\rho l}{A^2}\mathrm{d}A+\frac{l}{A}\mathrm{d}\rho \tag{2-8}$$

相对变化量为

$$\frac{\mathrm{d}R}{R}=\frac{\mathrm{d}l}{l}-\frac{\mathrm{d}A}{A}+\frac{\mathrm{d}\rho}{\rho} \tag{2-9}$$

由于$A=\pi r^2$，$\mathrm{d}A=2\pi r\mathrm{d}r$，$r$为金属电阻丝半径，则

$$\frac{\mathrm{d}A}{A}=2\frac{\mathrm{d}r}{r} \tag{2-10}$$

电阻丝径向应变$\mathrm{d}r/r$和轴向应变$\mathrm{d}l/l$的比例系数即为泊松比μ，因此

$$\frac{\mathrm{d}r}{r}=-\mu\frac{\mathrm{d}l}{l} \tag{2-11}$$

式中：负号表示两种应变的方向相反。

将式（2-10）和式（2-11）式代入（2-9）得

$$\frac{\mathrm{d}R}{R}=\frac{\mathrm{d}l}{l}(1+2\mu)+\frac{\mathrm{d}\rho}{\rho}=\left(1+2\mu+\frac{\mathrm{d}\rho/\rho}{\mathrm{d}l/l}\right)\frac{\mathrm{d}l}{l}=K\varepsilon \tag{2-12}$$

式中：$K=\frac{\mathrm{d}R/R}{\mathrm{d}l/l}=1+2\mu+\frac{\mathrm{d}\rho/\rho}{\mathrm{d}l/l}$为应变灵敏系数；$\varepsilon=\mathrm{d}l/l$为轴向应变值。

应变片的灵敏系数是由两个因素决定的：一个是$1+2\mu$，它与电阻丝受力后所产

生的几何尺寸改变有关，对某种材料来说是常数；另一项为 $\frac{\mathrm{d}\rho/\rho}{\varepsilon}$，即电阻丝受力后产生的应变所引起的电阻率的变化，这种现象称为压阻效应。对于大多数的金属应变片，材料的电阻率 ρ 受应变 ε 的影响很少，$1+2\mu$ 对 K 起主要作用；而半导体材料电阻率的改变起主导作用，半导体应变片的灵敏系数比金属应变片高 50~80 倍。

对于大多数金属材料，泊松比 μ 的取值范围一般在 0.3~0.5 之间，因此 K 的数值一般在 1.6~2 之间。式（2-12）表明金属丝的电阻相对变化与轴向应变成正比，这就是所谓的电阻应变效应。该式是电阻应变片测量应变的理论基础。

【例 2-1】有一金属电阻应变片，其应变灵敏系数 $K=2.5\mathrm{m}^{-1}$，$R_\mathrm{x}=120\Omega$，当工作时其应变为 $1\,200\mu\mathrm{m}$，试问相应的电阻值变化多少？

解：根据应变系数的公式 $\frac{\Delta R}{R_\mathrm{x}}=K\varepsilon$，有

$$\Delta R=K\varepsilon R_\mathrm{x}=120\times1\,200\times10^{-6}\times2.5=0.36(\Omega)$$

因此承受应变时电阻值变化 0.36Ω，从计算结果可以看出电阻值的相对变化量还是比较小的。

理想情况下，应变片电阻相对变化与所承受的轴向应变成正比，即灵敏系数为常数，这种情况只能在一定范围内才能保持（见图 2-5），当构件表面的应变超过某一数值时，它们的比例关系不再保持。应变片的应变极限是指在规定的使用条件下，指示应变与与真实应变的相对误差不超过规定值（一般为 10%）时的最大真实应变值 $\varepsilon_{\mathrm{lim}}$，若规定值为 10%，则指示应变值为真实应变值的 90%时的真实应变值即为应变极限。当应变片承受超过极限应变时，测得的值就不真实，应变极限是测量应变片的测量范围和过载能力的指标。

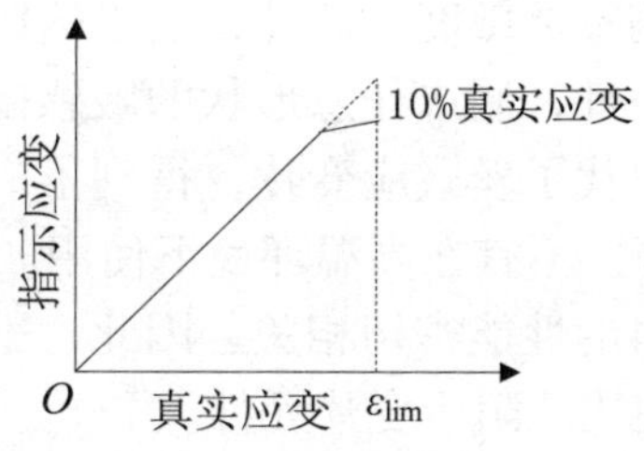

图 2-5 应变片的应变极限

2.2.2 金属应变片

电阻应变片的基本结构如图 2-6 所示。粘贴在绝缘基片上的敏感栅实际上是一个栅状的电阻元件，它是电阻应变片的测量敏感部分；栅的两端焊接有丝状或带状的引

出导线；敏感栅上面粘贴有覆盖层，起保护作用。

金属应变片敏感栅一般可分为丝式和箔式。金属丝式应变片的敏感栅由直径为0.015～0.05mm 的金属丝密密排列成栅状形式而成。当用应变片组成应变测量电路时，应变片的金属丝两端存在一定的电压。为了避免金属丝中流过的电流过大而产生发热和熔断等现象，电阻值不能太小，要求金属丝有一定的长度。但在测量构件的应变时，为测得“一点”的真实应变，又要求尽可能缩短应变片的长度。因此，应变片中的金属丝一般做成栅状，称为敏感栅。在图 2-6（a）中，l 称为应变片的标距（或工作基长），b 称为应变片的基宽，$l \times b$ 称为应变片的使用面积。应变片的规格一般以使用面积和电阻值来表示（如 $3 \times 10\mathrm{mm}^2$,120Ω）。

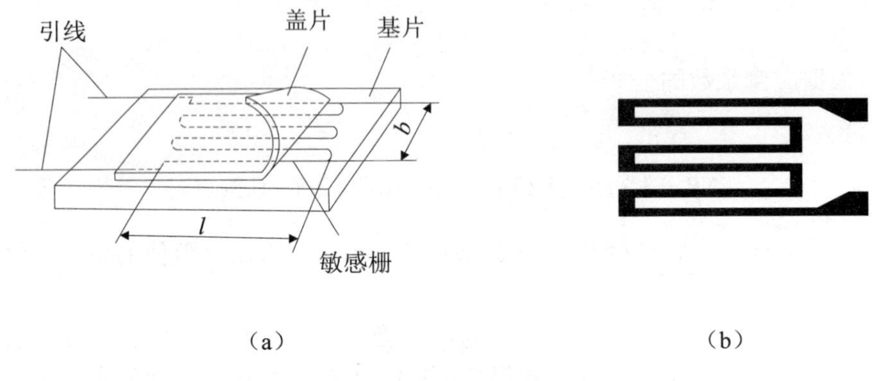

图 2-6 金属应变片

（a）丝式应变片；（b）箔式应变片

金属箔式应变片的工作原理与金属丝式应变片完全相同，只不过它的电阻敏感元件不是金属丝栅，而是通过丝相制版、光刻、腐蚀等工艺制作而成的一种很薄的金属箔栅，其形状如图 2-6（b）所示，箔栅的端部较宽，横向效应相应减小，从而提高了应变测量精度。箔栅的表面积大，散热条件好，故允许通过较大的电流，可以得到较强的输出信号，从而提高了测量灵敏度。此外，由于箔栅采用了半导体器件的制造工艺，所以可根据具体的测量条件，制成任意形状的敏感栅，以适应不同的要求。金属箔式应变片在许多的场合下取代了丝式应变片，得到了广泛应用。其缺点是制造工艺复杂，引出线的焊点采用锡焊，不宜在高温环境下使用。

应变片的特性与所用材料的性能密切相关。因此，了解应变片各部分所用材料及其性能，有助于正确选择和使用电阻应变片元件。

（1）敏感栅材料。对敏感栅所用材料的一般要求是灵敏系数要大；线性范围宽；电阻率高且稳定，电阻温度系数的数值要小，分散性小；机械强度高，焊接性能好，易加工；抗氧化，耐腐蚀，蠕变和机械滞后小。此外，还要求与引出线的焊接方便。

（2）基片和粘贴。基片与覆盖层的材料主要是薄纸和有机聚合物制成的胶质膜，特殊的也用石棉、云母等，以满足抗潮湿、绝缘性能好、线膨胀系数小且稳定、易于粘贴等要求。

应变片通常用粘贴剂粘贴到试件上。粘贴剂所形成的胶层要将试件的应变真实地传递给应变片，并且具有高度的稳定性。因此要求粘贴剂的粘接力强、固化收缩小、膨胀系数和试件相近、耐湿性好、化学性能稳定，以及有良好的电气绝缘性能。在粘贴时，必须遵循正确的粘贴工艺，保证粘贴质量，这些与测量精度关系很大。

（3）引出线的连接。引出导线与电阻丝焊接时产生的应力易使电阻丝折断。因此，除注意选择引线材料，还要重视连接方式。如采用双引线、多点焊接，或将应变电阻丝套入镍制空心管子内，挤压管子成为牢固连接。引出线多用紫铜，为便于焊接，可在表面镀锡或镀银等。

（4）应变片的保护。在常温下的保护主要是防潮湿，应变片会因受潮而使绝缘电阻降低导致测量灵敏度降低、零漂增大等，因此防潮保护是正常测量所必需的。常用中性凡士林、石蜡、环氧树脂防潮剂等进行密封保护。

应变片的主要特性如下所示：

1．横向效应

将丝式应变片粘贴在单向拉伸构件上，应变片的敏感栅与构件一起变形，应变片的电阻值也会随之改变，这种改变不仅是轴向（即纵向）变形引起的，而且也是由应变片弯曲部分的横向变形引起的。横向缩短作用引起的电阻值的减小量对于轴向伸长作用引起的电阻值的增加量起着抵消的作用，这样，直的线材绕成敏感栅后，即使总长度相同，应变状态一样，应变敏感栅的电阻变化仍要小一些，致使应变片灵敏系数降低，这种现象称作横向效应。在实际情况中，弯曲半径越大，横向效应也越大，则它对测量带来的误差越大。

2．温度特性

安装在可以自由膨胀的试件上的应变片，在试件不受外力作用时，由于环境温度的变化，使应变片的输出值随之变化的现象，这种现象称为温度效应。其原因主要有两个：一是电阻丝的电阻温度系数在起作用；二是电阻丝材料与试件材料的线膨胀系数不同，则当温度变化时，由于敏感栅与构件的伸长（或缩短）量不相等，在敏感栅上就会受到附加的拉伸（或压缩），从而会引起敏感栅电阻值的变化，要消除温度效应而引起的误差，可采用桥式测量电路进行补偿。

3．零漂和蠕变

零漂和蠕变用来衡量应变片的时间稳定性。粘贴在试件表面上的应变片在不承受任何载荷的条件下，在恒定的温度环境中，指示应变值随时间变化的特性，称为应变片的零漂。粘贴在试件表面上的应变片，在恒定的载荷作用和恒定的温度环境中，指示应变值随时间变化的特性称为应变片的蠕变。

4．最大工作电流

允许电流是指应变片不因电流产生的热量而影响测量准确度所允许通过的最大电流，它与应变片的尺寸、线栅材料、黏合剂、构件材料和尺寸及环境有关。虽然增大工作电流能增大应变片的输出信号，提高测量灵敏度，但同时也使应变片温度升高，灵敏系数发生变化，零漂和蠕变值明显增加，严重时甚至会烧坏敏感栅。因此，使用时不要超过最大工作电流。

2.2.3 测量电桥与温度补偿

通常应变片的测量电路采用应变电桥，应变片作为电桥的部分或全部桥臂电阻，能把应变片电阻值的微小变化转化成输出电压的变化。应变电桥的原理图如图 2-7 所示，它是以应变片或电阻元件作为电桥桥臂。在室温下不承受应力时，一般选择 $R_1 = R_2 = R_3 = R_4 = R$ 。

应变片在电桥中的接法常有以下三种形式。

（1）半桥单臂接法。将一个工作片和一个温度补偿片分别接入两个相邻桥臂，另两个桥臂接固定电阻[见图 2-7（a）]，R_1 为电阻应变片，应变片的初始电阻为 R，应变片受力产生的电阻变化 $\Delta R_1 = \Delta R$ ，由于 $\Delta R < R$ ，则输出电压为

$$U_o = \left(\frac{1}{2} - \frac{R}{2R + \Delta R}\right)E = \frac{\Delta R / R}{4 + 2\Delta R / R}E \approx \frac{\Delta R / R}{4}E \tag{2-13}$$

由式（2-13）可知，输出电压与电阻变化量 $\Delta R / R$ 为近似线性关系，存在非线性误差。

（2）半桥双臂接法。将两个完全相同的工作应变片贴在弹性元件的不同部位，使得在外力作用下，其中一片受压，一片受拉，然后把这两片接在电桥的相邻桥臂上，另两个桥臂接固定电阻[见图 2-7（b）]，应变片受力产生的电阻变化为 $\Delta R_1 = \Delta R$ ，$\Delta R_2 = -\Delta R$ 。半桥双臂电桥其输出电压为

$$U_o = \left(\frac{1}{2} - \frac{R - \Delta R}{2R}\right)E = \frac{\Delta R/R}{2}E \tag{2-14}$$

可见，电桥输出电压 U_o 与 $\Delta R / R$ 为线性关系，没有非线性误差，且电桥电压灵敏度是单臂电桥时的两倍。温度升降将使相邻两桥臂的阻值同时增减，不影响平衡。在外力作用时，相邻两桥臂的阻值会一增一减，灵敏度会更高，这种方法既有温度补偿效果，又提高了灵敏度。

在实际应用中，常采用差动电桥来减小非线性误差，满足测量的要求。

（3）全桥接法。电桥四个桥臂全部接入工作片[见图 2-7（c）]，两个受拉应变，两个受压应变，$\Delta R_1 = \Delta R_3 = \Delta R$ ，$\Delta R_2 = \Delta R_4 = -\Delta R$ 。此时，输出电压为

$$U_o = \left(\frac{R + \Delta R}{2R} - \frac{R - \Delta R}{2R}\right)E = \frac{\Delta R}{R}E \tag{2-15}$$

电压灵敏度为单臂电桥工作时的 4 倍，且没有非线性误差。

接入到同一电桥各桥臂的应变片（工作片或温度补偿片）的电阻值、灵敏系数和电阻温度系数均应相同，只有温度变化无应变时，电桥无输出信号。

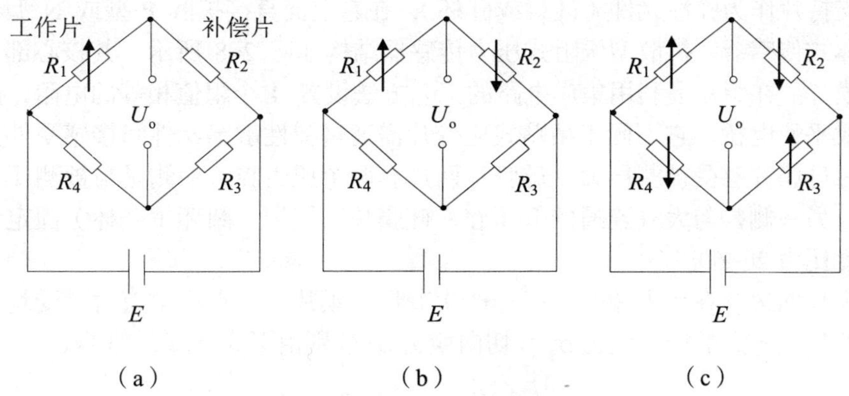

图 2-7　电阻应变片测量电桥

（a）半桥单臂接法；（b）半桥双臂接法；（c）全桥接法

2.2.4 半导体应变片与压阻传感器

半导体应变片具有以下突出优点：灵敏系数高，可测微小应变，机械迟滞小，横向效应小，体积小。它的主要缺点：一是温度稳定性差，二是灵敏系数的非线性大，因此在使用时需采用温度补偿和非线性补偿措施。

当对半导体应变片施加以应力 σ 时，则电阻率的相对变化为

$$\frac{\mathrm{d}\rho}{\rho} = \pi\sigma = \pi E\varepsilon \tag{2-16}$$

式中：π 为压阻系数，与半导体种类以及应力方向和晶轴方向之间的夹角有关；E 为材料的弹性模量；ε 为在应力 σ 作用下所产生的应变。

将式（2-16）代入式（2-12），可得

$$\frac{\mathrm{d}R}{R} = (1+2\mu)\varepsilon + \pi E\varepsilon = (1+2\mu+\pi E)\varepsilon = K\varepsilon \tag{2-17}$$

略去影响相对较小的前两项，则半导体应变片的灵敏系数可表示为

$$K \approx \pi E \tag{2-18}$$

由于 π 和 E 与晶向有关，所以灵敏系数 K 也是与晶向有关的系数。

最常用的半导体应变片材料有硅和锗，在其中掺杂可形成 P 型或 N 型半导体，P 型半导体的 π 及 K 是正值而 N 型半导体的 π 及 K 为负值。

半导体应变片主要有三种类型：体型、薄膜型和扩散型。体型半导体应变片是将半导体材料按所需晶向切割成片或条粘贴在弹性元件上使用。薄膜型半导体应变片是用真空蒸镀的方法将锗敷在绝缘的支持片上形成的。薄膜厚度一般在 0.1μm 以下，也可将薄膜直接蒸镀在传感器的弹性元件上，从而去掉了粘贴工艺，提高了稳定性。扩散型半导体应变片是在电阻率很大的单晶硅支持片上直接扩散一层 P 型或 N 型杂质，形成一层极薄的 P 型或 N 型导电层，然后在它上面装上电极即成为半导体应变片。有

时用硅支持片作为弹性元件（硅梁或硅杯），在它上面直接扩散 P 型或 N 型半导体，制成整体式传感器。扩散型压阻式压力传感器结构如图 2-8 所示，其核心部分是一块圆形硅膜片。在膜片上利用集成电路的工艺方法设置 4 个阻值相等的电阻，用低阻导线连接成平衡电桥。它不同于粘贴式应变片需通过弹性敏感元件间接感受外力，而是直接通过硅膜片感受被测压力。硅膜片两边有两个压力腔，一侧是与被测压力连通的高压腔，另一侧是与大气连通的低压腔，硅膜片四周用一圆环（硅杯）固定，膜片直径与厚度比为 20~60。

当膜片两边存在压力差时，膜片产生变形，膜片上各点产生应力。受均匀压力的圆形硅膜片上各点的径向应力 σ_r 和切向应力 σ_t 分别由下式计算，即

$$\sigma_r = \frac{3p}{8h^2}\left[(1+\mu)r_0^2 - (3+\mu)r^2\right] \tag{2-19}$$

$$\sigma_t = \frac{3p}{8h^2}\left[(1+\mu)r_0^2 - (1+3\mu)r^2\right] \tag{2-20}$$

式中：p 为被测压力；r_0、r、h 分别为膜片的工作面（自由变形部分）半径、受力点半径、厚度；μ 为材料泊松比（硅取 $\mu = 0.35$）。

由式（2-19）和（2-20）可知，硅膜片上由压力 p 产生的应力是不均匀的，具有正应力区和负应力区。当 $r = 0.635r_0$ 时，$\sigma_r = 0$；$r < 0.635r_0$ 时，$\sigma_r > 0$ 为拉应力；$r > 0.635r_0$ 时，$\sigma_r < 0$ 为压应力。当 $r = 0.812r_0$ 时，$\sigma_t = 0$，仅有 σ_r 存在，且 $\sigma_r < 0$。根据以上分析，在膜片上布置如图 2-9 所示的 4 个等值电阻，相对于膜片中心对称。其中两个电阻 R_1、R_3 处于 $r < 0.635r_0$ 位置，位于拉应力区，而另两个电阻 R_2、R_4 处于 $r > 0.635r_0$ 位置，位于压应力区。只要位置合适，可满足 $\Delta R_1/R_1 = \Delta R_3/R_3 = -\Delta R_2/R_2 = -\Delta R_4/R_4$。当膜片两侧存在压力差时，膜片上各点产生应力，4 个电阻在应力的作用下，阻值发生变化，电桥失去平衡，输出相应的电压。此电压与膜片两边的压力差成正比。测量电桥如图 2-7（c）所示，全桥连接既提高了灵敏度，又起到了温度补偿作用。

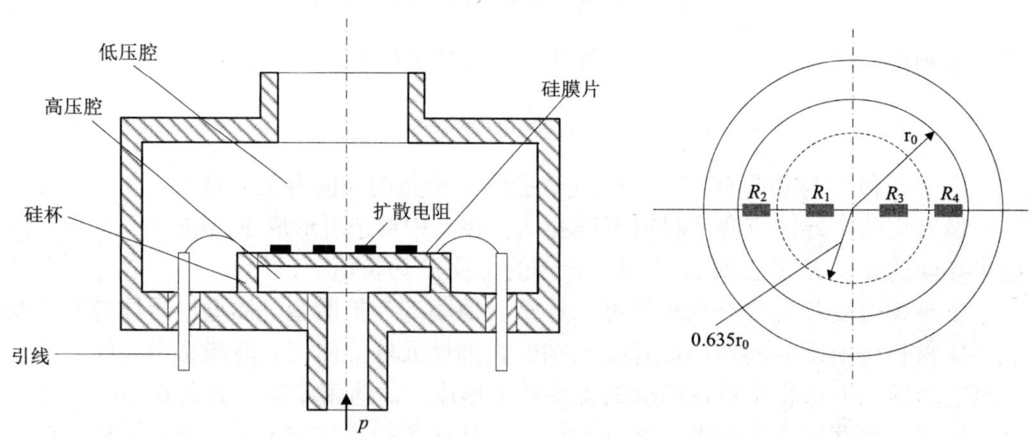

图 2-8　扩散硅压力传感器结构图

图 2-9　扩散电阻在硅膜片上的分布

2.2.5 扩散硅压阻传感器的应用

压阻式加速度传感器如图 2-10 所示，在硅悬臂梁的自由端装有敏感质量块，在梁的根部扩散四个性能一致的压敏电阻，四个压敏电阻连成全桥电路。当悬臂梁自由端的质量块受到加速度作用时，悬臂梁受到力矩的作用产生应力，该应力使扩散电阻阻值发生变化，从而电桥输出与外界的加速度成正比的电压值。

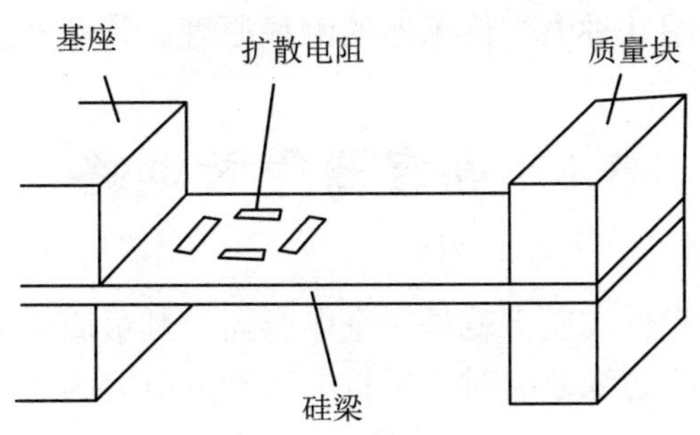

图 2-10 压阻式加速度传感器

扩散硅型压力传感器与其他形式的压力传感器相比有许多优点：由于 4 个应变电阻是从同一硅片上直接扩散而成，工艺一致性好，温度引起的电阻值漂移可以相互抵消，硅膜片本身弹性好，所以该传感器温漂、迟滞、蠕变等都很小，动态响应快；而且由于半导体的压阻系数很高，所以传感器的灵敏度较高；随着半导体技术和集成电路制作工艺不断发展和成熟，其硅膜片上集成了信号处理和温度补偿等电路，因此压阻式传感器的综合性能好。由于固态压阻式传感器具有频率响应高、体积小、精度高、灵敏度高等优点，在航空、航海、石油、化工、动力机械、兵器工业以及医学等方面得到了广泛的应用。

思考题与习题

1. 说明电阻应变片的组成和种类，金属和半导体材料应变效应有什么不同?
2. 什么是横向效应？其对电阻应变式传感器的测量结果有何影响?
3. 试述应变片温度误差的概念、原因和补偿方法。
4. 画出半桥单臂、半桥双臂和全桥测量电桥，并计算出这三种电桥电路的输出。

第 3 章　电容传感器

电容式传感器是利用电容变换元件将被测元件参数转换成电容量的变化来实现测量的。近年来，随着微电子技术的发展，电容式传感器在自动检测技术中具有其独特的优点。本章将重点介绍几种电容传感器的测量原理、特性及应用。

3.1　电容器等效电路

电容传感器的变换元件实质上就是一个电容器，其最简单的形式便是如图 3-1 所示的平板电容器。当忽略边缘效应时，平板电容器的电容为

$$C=\varepsilon\frac{S}{d}=\varepsilon_0\varepsilon_{\rm r}\frac{S}{d} \qquad (3-1)$$

式中：S 为极板相互遮盖面积；d 为极板间距离；$\varepsilon_{\rm r}$ 为极板间介质相对真空的相对介电常数；ε_0 为真空介电常数（$8.85\times10^{-12}\,{\rm F/m}$）；$\varepsilon$ 为极板间介质的介电常数。

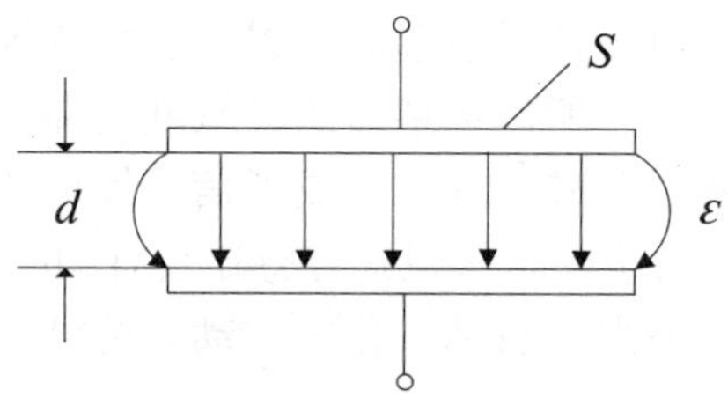

图 3-1　平板电容器

由此可知，当电容器参数 $\varepsilon_{\rm r}$、S 和 d 中任一个发生变化时，电容量 C 也就随之变化。因此，电容器根据其工作原理可分为三种类型，即变极距式、变面积式和变介电常数式。变极距式和变面积式可反映位移等机械量或压力等过程参数的变化，变介电常数式可反映液位高度、材料温度和组分含量等的变化。保持电容器参数 $\varepsilon_{\rm r}$、S 和 d 中的两个参数不变，使另外一个参数随被测量的变化而改变，则可通过测量电容的变化值，间接知道被测参数的大小。

在一般情况下，电容式检测元件可视为一个纯电容。但在高频率或高温高湿条件下，电容损耗、电感效应、极板间等效电阻必须考虑，此时电容的等效电路如图 3-2 所示。图中：C 为传感器电容；$R_{\rm p}$ 为并联损耗电阻，它代表极板间的泄漏电阻和极板间的介质损耗等；$R_{\rm s}$ 称串联损耗电阻，包括引线电阻、极板电阻和支架电阻；L 由电容器本身的自身电感和引线电感组成，与电容器的结构形式及引线长度有关。

对于任一谐振频率以下的频率，由于 L 的存在，检测元件的的有效电容 $C_{\rm e}$ 在忽略 $R_{\rm P}$、$R_{\rm s}$ 的影响时，可表示为

$$C_e = \frac{C}{1-\omega^2 LC} \tag{3-2}$$

其有效电容的相对变化量为

$$\frac{\Delta C_e}{C_e} = \frac{\Delta C}{C}\left(\frac{1}{1-\omega^2 LC}\right) \tag{3-3}$$

电容传感器测量时必须与校准时处于同样的条件下，其电源频率与引线长度不能改变。

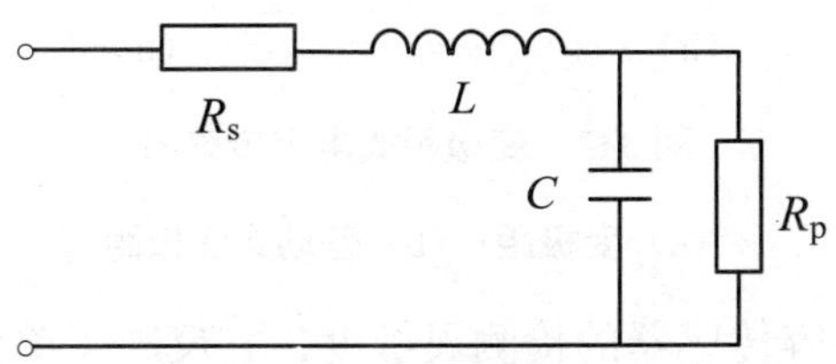

图 3-2　电容传感器的等效电路

3.2　电容器的结构及特性

1．变极距式电容器

如图 3-3（a）所示，当动极板受被测量变化引起移动时，就改变了电容器两极板之间的距离，从而使电容量发生变化。设动极板未动时的电容量为 $C_0 = \frac{\varepsilon S}{d_0}$，当极板间距由 d_0 减小 $\Delta d(\Delta d << d_0)$ 时，相应的电容量变为

$$C = C_0 + \Delta C = \frac{\varepsilon S}{d_0 - \Delta d} = C_0\left(\frac{1}{1-\Delta d/d_0}\right) \tag{3-4}$$

$$\frac{\Delta C}{C_0} = \frac{\Delta d/d_0}{1-\frac{\Delta d}{d_0}} \tag{3-5}$$

当 $\Delta d << d_0$ 时，将式（3-5）按幂级数展开，则有

$$\frac{\Delta C}{C_0} = \frac{\Delta d}{d_0}\left[1+\frac{\Delta d}{d_0}+\left(\frac{\Delta d}{d_0}\right)^2+\cdots\right] \tag{3-6}$$

由式（3-6）可以看出，输出信号电容的相对变化值 $\Delta C / C_0$ 与输入信号位移的相对变化量 $\Delta d / d_0$ 之间为非线性关系，但由于一般 $\Delta d << d_0$，则式（3-6）可略去高次项，可得

$$\frac{\Delta C}{C_0} \approx \frac{\Delta d}{d_0} \tag{3-7}$$

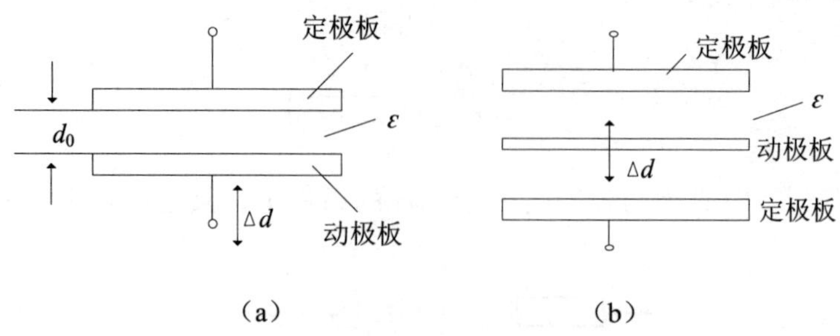

图 3-3　变极距式电容传感器

(a) 变极距；(b) 差动式变极距

设 K_C 为变极距式电容传感器的检测灵敏度，它反映了单位位移变化量 Δd 所能引起的电容的变化量 ΔC，则有

$$K_C = \frac{\Delta C}{\Delta d} \approx \frac{C_0}{d_0} = \frac{\varepsilon S}{{d_0}^2} \tag{3-8}$$

可以看出，变极距式电容传感器的灵敏度与初始极板间距 d_0 的二次方成反比，提高灵敏度希望 d_0 越小越好，但 d_0 过小，容易引起电容器击穿或极板间短路。

图 3-3（b）是一个差动变极距式电容位移检测元件结构，在两个固定极板之间设置可移动极板，使固定极板对与中间可移动极板成对称结构，当可移动极板位移变化 Δd 时会使其中一个电容器的电容量增加，另一个电容器的电容量减小，即

$$C_1 = C_0\left[1 + \frac{\Delta d}{d_0} + \left(\frac{\Delta d}{d_0}\right)^2 + \cdots\right],\quad C_2 = C_0\left[1 - \frac{\Delta d}{d_0} + \left(\frac{\Delta d}{d_0}\right)^2 - \cdots\right] \tag{3-9}$$

则电容总的变化为

$$\Delta C = C_1 - C_2 = C_0\left[2\left(\frac{\Delta d}{d_0}\right) + 2\left(\frac{\Delta d}{d_0}\right)^3 + 2\left(\frac{\Delta d}{d_0}\right)^5 + \cdots\right] \tag{3-10}$$

其相对变化可近似为

$$\frac{\Delta C}{C_0} \approx 2\frac{\Delta d}{d_0} \tag{3-11}$$

灵敏度为

$$K_C = \frac{\Delta C}{\Delta d} \approx 2\frac{C_0}{d_0} \tag{3-12}$$

差动式电容检测提高了灵敏度，明显改善了线性特性，另外当温度变化时上下电

容器的值同时发生变化，可以有效地改善温度等环境因素给测量带来的影响，因此在实际应用中差动式更为常见。

【例 3-1】已知两极板电容传感器如图 3-3（a）所示，其极板面积为 S，两极板间介质为空气，极板间距 1mm，当极距减少 0.1mm 时，求其电容变化量 $\Delta C = C - C_0$ 和相对变化率 $\Delta C / C_0$。若参数不变，将其改为差动结构，如图 3-3（b）所示，当极距变化 0.1mm 时，假设 C_1 的极板间距减小而 C_2 的极板间距增大，求其电容量的差 $C_1 - C_2$ 和相对变化率 $(C_1 - C_2)/C_0$。

解：当极板间距 1mm 时，电容量为

$$C_0 = \frac{\varepsilon_0 S}{d} = \frac{8.85 \times 10^{-12} S}{1 \times 10^{-3}} \approx 8.85 \times 10^{-9} S$$

当极距减少 0.1mm 时，电容量为

$$C = \frac{\varepsilon_0 S}{d - \Delta d} = \frac{8.85 \times 10^{-12} S}{0.9 \times 10^{-3}} \approx 9.83 \times 10^{-9} S$$

电容变化量为

$$\Delta C = C - C_0 = (9.83 - 8.85) \times 10^{-9} S = 0.98 \times 10^{-9} S$$

电容相对变化率为

$$\frac{\Delta C}{C_0} = \frac{0.98 \times 10^{-9} S}{8.85 \times 10^{-9} S} \approx 11\%$$

改为差动结构后，有

$$C_1 = 9.83 \times 10^{-9} S$$

$$C_2 = \frac{8.85 \times 10^{-12} S}{1.1 \times 10^{-3}} \approx 8.05 \times 10^{-9} S$$

电容变化量为

$$\Delta C = (9.83 - 8.05) \times 10^{-9} S = 1.78 \times 10^{-9} S$$

电容相对变化率为

$$\frac{\Delta C}{C_0} = \frac{1.78 \times 10^{-9} S}{8.85 \times 10^{-9} S} \approx 20.1\%$$

从计算结果可以看出，采用差动式结构可以明显提高灵敏度。

2．变面积式电容器

变面积式电容器是通过改变两个极板相互遮盖面积的大小进行工作的。常用的结构形式如图 3-4 所示。这类传感器适于测量线性位移和角位移。

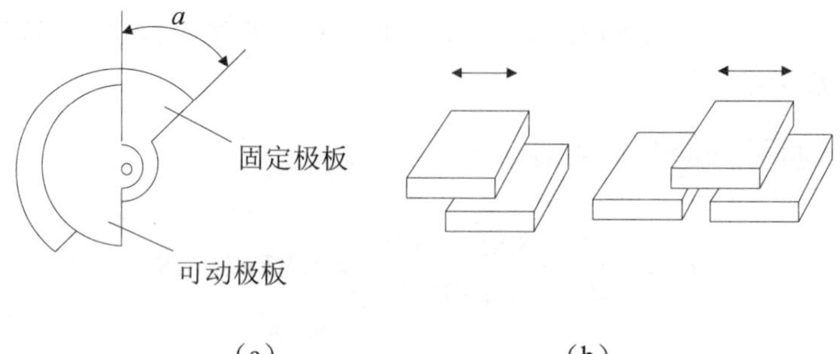

图 3-4　变面积式电容传感器

（a）测量角位移；（b）测量直线位移

如图 3-4（a）所示，电容器的电容值为

$$C=\frac{\varepsilon S\left(1-\dfrac{a}{\pi}\right)}{d}=C_0\left(1-\frac{a}{\pi}\right) \tag{3-13}$$

变面积式电容元件的输入-输出关系是线性的，在实际应用中，为了提高传感器的灵敏度，常常采用如图 3-4（b）所示的差动结构。

3．变介电常数式电容器

当两极板间介质的介电常数发生变化时，变介电常数式电容器的电容也会发生改变。引起两极板间介质介电常数变化的因素、可以是介质含水量、介质厚度或高度、介质组分含量的变化。因此其可用来测量含水量、物位以及介质高度等物理参数。

温度影响电容式检测元件的输出主要有两个方面。

（1）温度变化能引起电容式检测元件各组成部分的几何尺寸的变化，使电容极板间隙或面积发生改变，从而导致电容的变化，产生附加误差，减少温度引起的这种误差的方法是元件要选用温度系数小并且稳定的材料，如近年来采用在陶瓷、石英等材料上喷镀金、银的工艺。

（2）温度的变化还能引起极板间介质的介电常数的变化，直接影响电容值，带来测量误差。特别是当介质为液体时这种影响会很大。该误差一般是在转换电路中采用补偿的措施加以消除。

电容传感器有如下一些特点：①结构简单。②低功耗。由于检测元件的电容量很小，故容抗很高，损耗小，因而仅需很低的输入能量。③动态特性好。电容式检测元件具有较高的固有频率和良好的动态特性，可在数兆赫的频率下运行。④可进行非接触式测量，工作适应性强，能在恶劣的环境下工作。

设计电容式传感器需要注意分布电容的存在。电容式传感器的初始电容量很小，一般在 100pF 左右，而连接传感器与电子线路的引线电缆电容、电子线路的杂散电容以及传感器内极板与周围导体构成的电容等所形成的寄生电容却较大（如 1m 长的连接电缆所带来的分布电容往往在 100pF 数量级，与传感器的电容相当或更大）。这些电容来源广且不稳定，可能是随机变化的，不仅降低了传感器的灵敏度，而且使得电容式传感器工作很不稳定，影响测量精度，甚至无法工作，因此必须设法消除杂散电容或寄生电容对传感器的影响。实际的测量环境中任何两个彼此隔离的导体之间都有电容，这些杂散电容对电容测量值的影响在有些情况下会比较明显。

消除寄生电容的方法如下。

（1）通过减小极距、增加极板面积来增加传感器的初始电容。

（2）注意接地和屏蔽，缩短引线电缆，尽量将测量电路与传感器放置在一起，并装在传感器屏蔽盒内。

（3）驱动电缆技术。当环境温度较高，不能将测量电路和传感器放在一起时，可采用驱动电缆技术，如图 3-5 所示。在传感器与前级测量放大电路之间用双屏蔽层电缆连接，内屏蔽层与信号传输线（电缆芯线）通过电压跟随器保持等电位，从而消除芯线与屏蔽层之间的电容，此时内外层之间的电容变成了驱动放大器的负载。驱动放大器是一个输入阻抗很高、具有容性负载、放大倍数为 1 的同向放大器。由于屏蔽线上有随传感器输出信号变化而变化的电压，因此称之为驱动电缆。采用这种技术可以使引线电缆长达 10m。外屏蔽层接大地或接传感器地，用来防止外界电场的干扰。

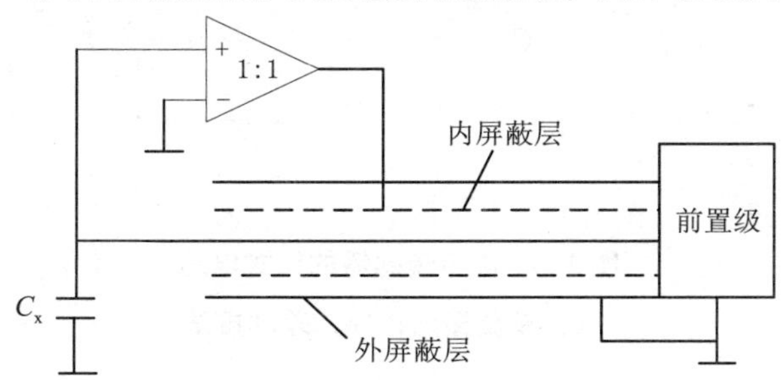

图 3-5　驱动电缆原理示意图

3.3　电容测量电路

3.3.1 变压器电桥（桥式电路）

图 3-6（a）为单臂接法的桥式测量电路，高频电源经变压器接到电桥的一个对角线上，电容 C_1、C_2、C_3、C_x 构成电容桥的四臂，C_x 为电容传感器电容值，当电桥平衡时，有 $C_1C_3=C_2C_x$。当 C_x 改变时，输出 $\dot{U}_o \neq 0$，即有输出电压。

在图 3-6（b）的电路中，变压器电桥采用差动接法，C_1 和 C_2 以差动形式接入相邻两个桥臂，另外两个桥臂为变压器的二次线圈，C_1 和 C_2 的容抗分别用 Z_1 和 Z_2 表示，

$Z_1 = Z_2 = Z$。若 Z_1 产生增量 ΔZ，Z_2 产生反向增量 $-\Delta Z$，则有

$$\dot{I} = \frac{\dot{U}}{Z_1 + Z_2} = \frac{\dot{U}}{2Z} \tag{3-14}$$

当输出为开路时，电桥输出电压为

$$\dot{U}_o = \frac{\dot{U}}{2} - \dot{I} Z_1 = \left(\frac{1}{2} - \frac{Z + \Delta Z}{2Z}\right)\dot{U} = -\frac{\dot{U}}{2}\frac{\Delta Z}{Z} \tag{3-15}$$

若 Z_1 产生反向增量 $-\Delta Z$，Z_2 产生增量 ΔZ 则有

$$\dot{U}_o = \frac{\dot{U}}{2} - \dot{I} Z_1 = \left(\frac{1}{2} - \frac{Z - \Delta Z}{2Z}\right)\dot{U} = \frac{\dot{U}}{2}\frac{\Delta Z}{Z} \tag{3-16}$$

由式（3-15）和式（3-16）可知，差动接法的变压器电桥不但可以测量电容的变化大小，还可以测量电容的变化方向。

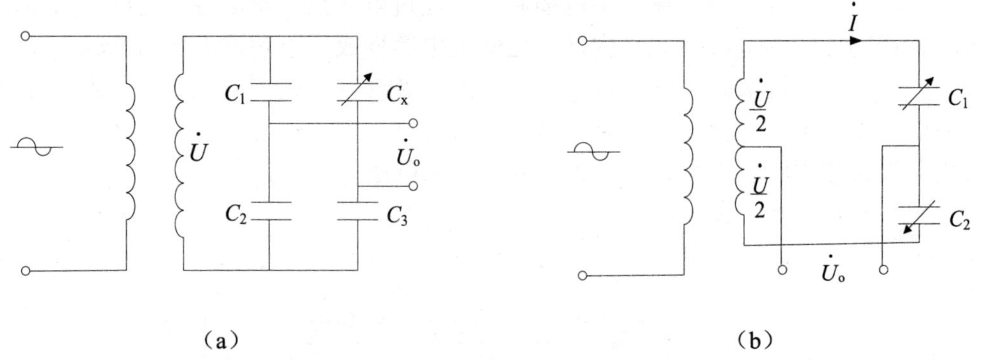

（a）　　　　（b）

图 3-6　电容传感器的桥式电路

（a）单臂接法；（b）差动接法

3.3.2 运算放大器式电路

运算放大器式电路如图 3-7 所示，这种电路的最大特点是能够克服变间隙电容式传感器的非线性而使其输出电压与输入位移（间距变化）为线性关系。图中 C_x 为传感器电容。

由 $\dot{U}_+ = 0$，$\dot{I} = 0$，则有

$$\left.\begin{aligned} \dot{U}_i &= \frac{1}{j\omega C_0}\dot{I}_o \\ \dot{U}_o &= \frac{1}{j\omega C_x}\dot{I}_x \\ \dot{I}_o &= -\dot{I}_x \end{aligned}\right\} \tag{3-17}$$

可得

$$\dot{U}_{\mathrm{o}} = -\dot{U}_{\mathrm{i}}\frac{C_0}{C_{\mathrm{x}}} \tag{3-18}$$

而$C_{\mathrm{x}} = \dfrac{\varepsilon S}{d}$，可得

$$\dot{U}_{\mathrm{o}} = -\dot{U}_{\mathrm{i}}\frac{C_0}{\varepsilon S}d \tag{3-19}$$

由式（3-19）可知，输出电压与极板间距 d 成线性关系，这就从原理上解决了变间隙电容式传感器特性的非线性问题。

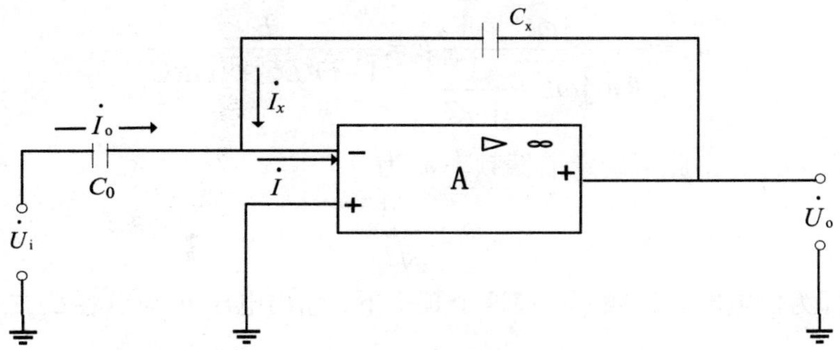

图 3-7　运算放大器检测电容电路

3.3.3 调频电路

如图 3-8 所示，调频电路就是将电容式传感器作为调频振荡器的 LC 谐振回路中的电容，当被测量使电容量 C_{x} 发生变化后，振荡器输出的振荡频率就发生变化，即调频振荡器的输出信号是一个受被测量调制的调频波。通过鉴频器将频率的变化 Δf 转换为电压振幅的变化 Δu ，再经放大后就可以进行显示或记录。

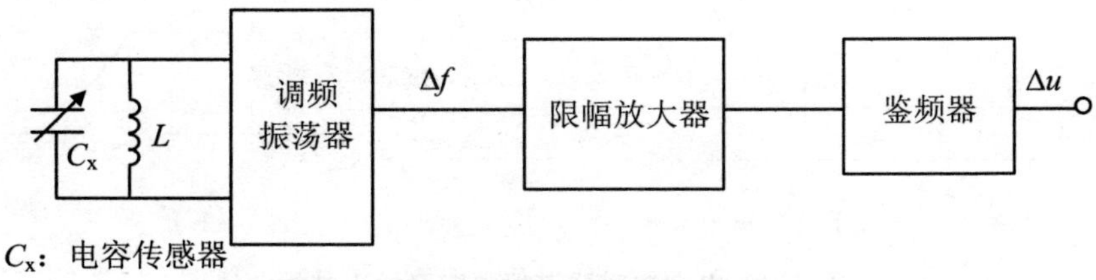

图 3-8　检测电容调频电路组成框图

调频振荡器的振荡频率为

$$f = \frac{1}{2\pi\sqrt{LC}} = \frac{1}{2\pi\sqrt{L\left(C_{\mathrm{x}} \pm \Delta C\right)}} \tag{3-20}$$

式中：L 为谐振回路的电感；C_{x} 为传感器电容；ΔC 为被测量变化导致传感器电容的

变化量。

由此可知，频率的变化Δf与电容的变化ΔC之间存在非线性。调频电路具有测量灵敏度高、输出为频率信号、易于使用数字计算机进行测量等优点，但是在应用中需要消除非线性误差以及环境温度、连接电缆分布寄生电容等干扰的影响。

3.3.4 谐振电路

谐振电路如图 3-9（a）所示，高频电源给由L、C_1、C_x构成的谐振电路供电，取被测电容C_x两端的电压经放大器放大及变换后输出，根据图中的等效电路，可以求得电容器两端的电压$\dot{u}_c$为

$$\dot{u}_c=\frac{\frac{1}{j\omega C}}{R+j\omega L+\frac{1}{j\omega C}}\dot{E}=\frac{\dot{E}}{1-\omega^2 LC+j\omega RC} \tag{3-21}$$

式中：$C=C_1+C_x$，由此可确定谐振频率ω_r为

$$\omega_r=\frac{1}{\sqrt{LC}} \tag{3-22}$$

该频率即为供电电源的频率。在这个频率下，输出电压u_c与电容C_x之间的特性曲线如图 3-9（b）所示。改变调谐电容C_1，使输出电压u_c为谐振电压u_{c_m}的一半，这时电路在特性曲线的 N 点上，该点称为工作点，是特性曲线右半直线段的中间处，这样就保证了输出u_c与电容变化量ΔC的线性关系。如果被测量在测量范围内使ΔC的变化值不超过特性曲线的右半段直线区，则能确保输出与被测量间的单值线性关系。

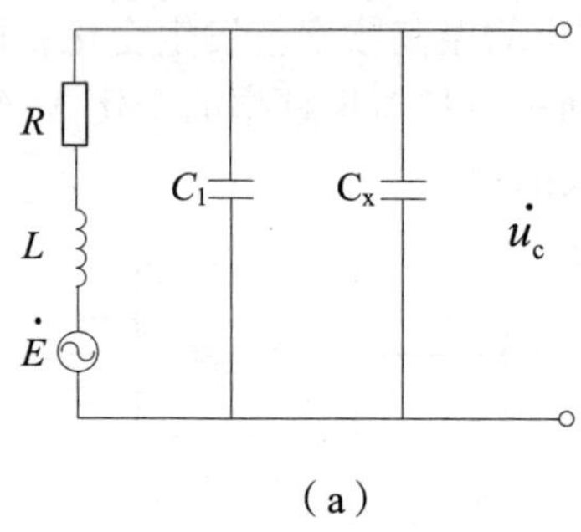

（a）

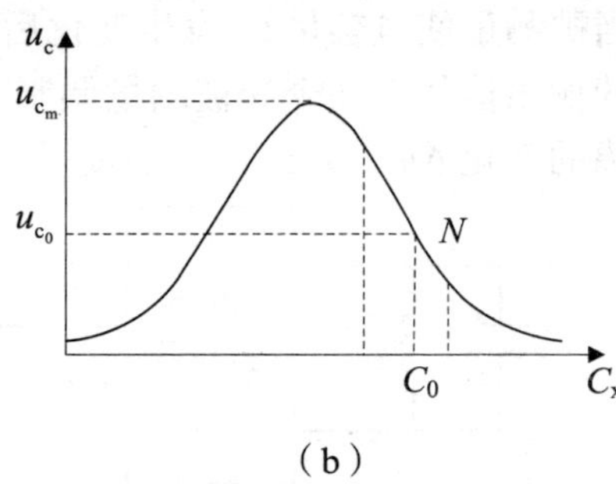

（b）

图 3-9　电容传感器谐振电路及输出特性曲线

（a）谐振电路；（b）输出特性曲线

3.3.5 脉冲宽度调制电路

如图 3-10 所示为脉冲宽度调制电路原理图。图中C_1、C_2为两个作为检测元件的电容，并且有$C_1=C_0+\Delta C$，$C_2=C_0-\Delta C$。双稳态触发器的两个输出端Q及$\bar{Q}$产生反相的方波脉冲电压。当Q端为高电平时，u_A经R_1对C_1充电，使u_M升高。充电过程可用

下式进行描述：

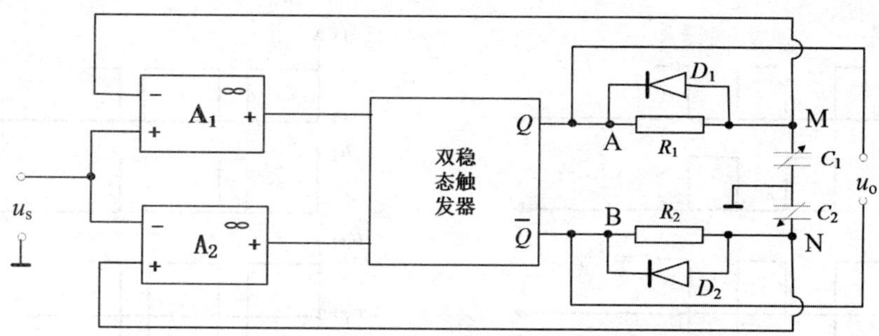

图 3-10　差动脉冲调宽电路

$$u_M = u_A\left(1 - e^{-\frac{t}{T_1}}\right) \tag{3-23}$$

当忽略双稳态触发器的输出电阻，并认为二极管 D_1 反向电阻无穷大时，则式（3-23）中的充电时间常数 $T_1 = R_1C_1$。若 $t << T_1$，则有

$$u_M = \frac{u_A}{T_1}t \tag{3-24}$$

式（3-24）表明，若 C_1 越大，T_1 也越大，则 u_M 对 t 的斜率就越小，说明充电过程慢。当 $u_M > u_s$ 时，比较器 A_1 产生脉冲使双稳态触发器翻转，Q 端变为低电平，$\overline{Q}$ 端变成高电平。这时 C_1 上的电压经 D_1 迅速放电趋近零，而 $\overline{Q}$ 端的高电平开始向 C_2 充电，其中时间常数变为 $T_2 = R_2C_2$。当 C_2 上的电压 u_N 超过参考电压 u_s，即 $u_N > u_s$ 时，比较器 A_2 产生脉冲使双稳态触发器重新变为初始状态。如此周而复始，Q 和 $\overline{Q}$ 端（即 A、B 两点间）便可输出方波。

由上述的分析可知，若取 $R_1 = R_2$，则当 $C_1 = C_2 = C_0$ 时，$T_1 = T_2$，两个电容器的充电过程完全一样，A、B 间的电压 u_{AB} 为对称的方波，其直流分量为零。图 3-11（a）给出了 $C_1 = C_2$ 时各点的波形情况。若 $C_1 > C_2$（$C_1 = C_0 + C$，$C_2 = C_0 - \Delta C$），则 C_1 的充电过程的时间常数 T_1 就要延长，而 C_2 的充电过程的时间常数 T_2 就要缩短，这时 u_{AB} 的方波将不对称，各点的波形如图 3-11（b）所示。u_{AB} 的直流分量将大于零，其直流输出为

$$u_o = (u_{AB})_{DC} = \frac{T_1u_{Am} - T_2u_{Bm}}{T_1 + T_2} = \frac{R_1C_1u_{Am} - R_2C_2u_{Bm}}{R_1C_1 + R_2C_2} \tag{3-25}$$

式中：u_{Am}、u_{Bm} 为 u_A、u_B 的幅值，当 $u_{Am} = u_{Bm} = u_m$，$R_1 = R_2$ 时，则式（3-25）可写为

$$u_o = \frac{C_1 - C_2}{C_1 + C_2}u_m = \frac{\Delta C}{C_0}u_m \tag{3-26}$$

式（3-26）表明，直流输出电压 u_o 正比于电容 C_1 与 C_2 的差值，其极性可正可负。

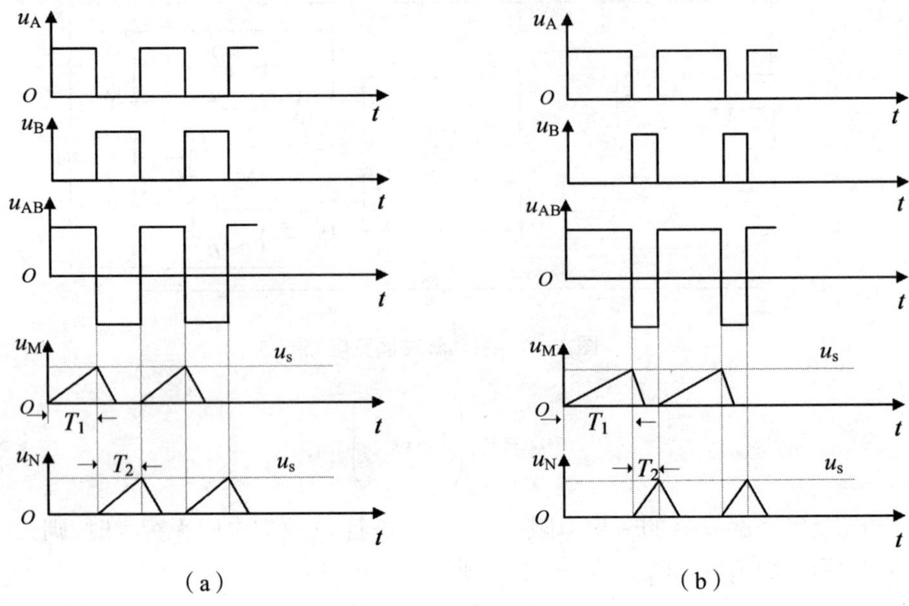

图 3-11　脉冲宽度调制电路电压波形图

（a）$C_1 = C_2$；（b）$C_1 > C_2$

3.3.6 二极管双 T 型电桥电路

双 T 型电桥电路如图 3-12 所示，实现对差动电容传感器的两个电容之差的检测。电路要求电源为对称方波高频电源，幅值为 U_E。C_1、C_2 为差动电容传感器的两个电容，VD_1 和 VD_2 为特性一致的二极管。由戴维南定理可得高频电源正负半周等效电路如图 3-13 所示。

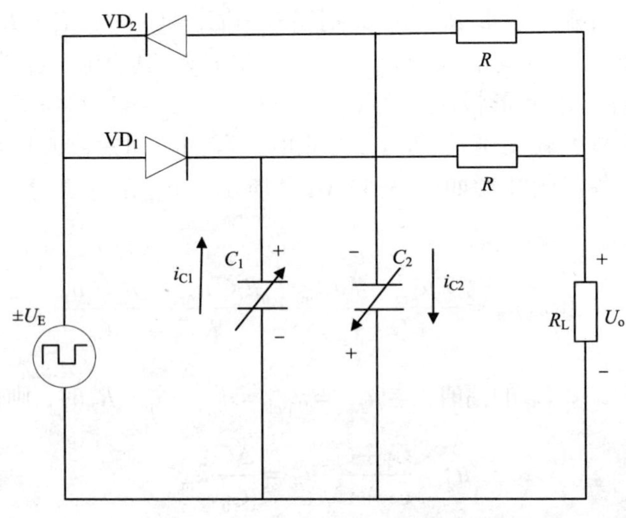

图 3-12　双 T 型电桥电路

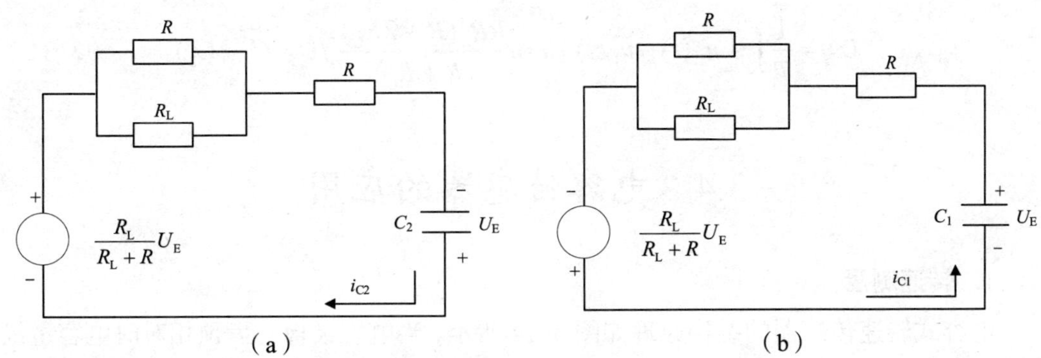

图 3-13　正负半周等效电路

(a) 正半周等效电路；(b) 负半周等效电路

在图 3-13（a）的正半周等效电路中，电源为正半周，二极管 VD_1 导通，VD_2 截止，C_1 瞬间充电至 U_E，根据戴维南等效电路原理，C_2 的二端口网络电路等效成一阶动态电路。根据一阶动态电路时域分析的三要素法，可得到 R_L 的电压为：

$$u_L(t)=u_L(\infty)+\left[u_L(0)-u_L(\infty)\right]e^{-\frac{t}{\tau_1}} \tag{3-27}$$

$$u_L(t)=\frac{U_E+\frac{R_L}{R+R_L}U_E}{R+\frac{RR_L}{R+R_L}}\times\frac{RR_L}{R+R_L}\times e^{-\frac{t}{\tau_1}} \tag{3-28}$$

式中：$\frac{R_L}{R+R_L}U_E$ 为 C_2 二端口开路电压，$\tau_1=\left(R+\frac{RR_L}{R+R_L}\right)C_2=\frac{R(R+2R_L)}{R+R_L}C_2$

同理，在图 3-13（b）的负半周等效电路中，U_E 上负下正，VD_1 截止，VD_2 导通，电容 C_2 瞬间充电到 U_E，根据等效电路原理，C_1 的二端口网络电路等效成一阶动态电路。同样的分析方法得到 R_L 的电压为

$$u'_L(t)=u'_L(\infty)+\left[u'_L(0)-u'_L(\infty)\right]e^{-\frac{t}{\tau_2}} \tag{3-29}$$

$$u'_L(t)=\frac{U_E+\frac{R_L}{R+R_L}U_E}{R+\frac{RR_L}{R+R_L}}\times\frac{RR_L}{R+R_L}\times e^{-\frac{t}{\tau_2}} \tag{3-30}$$

式中：$\frac{R_L}{R+R_L}U_E$ 为 C_1 二端口开路电压，$\tau_2=\left(R+\frac{RR_L}{R+R_L}\right)C_1=\frac{R(R+2R_L)}{R+R_L}C_1$

当 τ_1 和 $\tau_2<<\frac{T}{2}$ 时，可得负载 R_L 上得到平均电压为

$$U_{\mathrm{L}}=\frac{1}{T}\int_{0}^{\frac{T}{2}}\left[u_{\mathrm{L}}(t)-u_{\mathrm{L}}^{'}(t)\right]\mathrm{d}t=\frac{RR_{\mathrm{L}}(R+2R_{\mathrm{L}})}{(R+R_{\mathrm{L}})}fU_{\mathrm{E}}(C_{1}-C_{2}) \tag{3-31}$$

3.4 电容传感器的应用

1. 转速测量

电容式转速传感器的结构原理如图 3-14 所示，当电容极板与齿顶相对时电容量最大，而当电容极板与齿轮相对时电容量最小。当齿轮旋转时，电容量发生周期性变化，通过电路即可得到脉冲信号，频率计显示的频率代表转速大小。设齿轮数为 Z，由计数器得到的频率为 f，则转速为

$$n=60f/Z(\mathrm{r/min}) \tag{3-32}$$

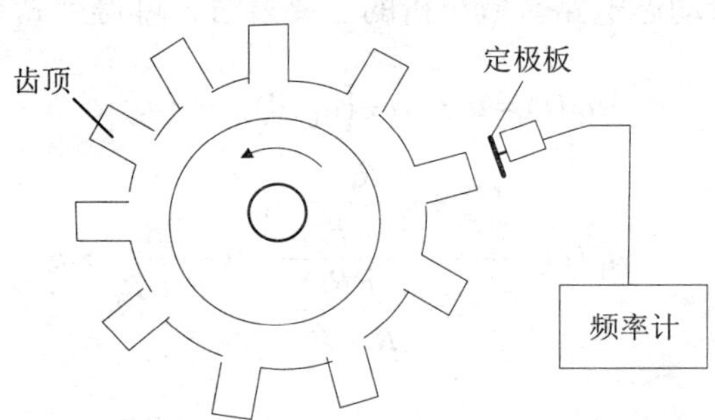

图 3-14 电容式转速传感器的结构原理

2. 电容式物位计

电容式物位计是利用敏感元件（电容器）直接把物位变化转换为电容量的变化，常见的电容器结构为圆筒形，其检测原理如图 3-15 所示。它是由两个长度为 L、半径分别为 R 和 r 的圆筒形金属导体组成的，当两个圆筒间充以介电常数为 ε_1 的气体时，则该圆筒组成的电容器的电容量为

$$C_0=\frac{2\pi\varepsilon_1 L}{\mathrm{In}\dfrac{R}{r}} \tag{3-33}$$

如果两圆筒形电极间的一部分被介电常数为 ε_2 的非导电液体所浸没，设被浸没的电极长度为 H，此时的电容量为

$$C=C_1+C_2=\frac{2\pi\varepsilon_1(L-H)}{\mathrm{In}\dfrac{R}{r}}+\frac{2\pi\varepsilon_2 H}{\mathrm{In}\dfrac{R}{r}} \tag{3-34}$$

经整理后可得

$$\Delta C = C - C_0 = \frac{2\pi(\varepsilon_2 - \varepsilon_1)}{\ln\frac{R}{r}} H \tag{3-35}$$

可以得出，当圆筒形电容器的几何尺寸 L、R 和 r 保持不变，且介电常数也不变时，电容器电容增量与电极被介电常数为 ε_2 的介质所浸没的高度 H 成正比关系。另外，两种介质的介电常数的差值 $\varepsilon_2 - \varepsilon_1$ 越大，则 ΔC 也越大，说明相对灵敏度越高。

从原理上讲，圆筒形电容器既可用于非导电液体的液位检测，也可用于固体颗粒的料位检测。如果被测介质为导电性液体，上述圆筒形电极将被导电的液体所短路，因此，对于导电液体的液位检测，电极要用绝缘物（如聚乙烯）覆盖作为中间介质，而液体和外圆筒一起作为外电极，如图 3-16 所示。由此构成的等效电容 C 如图 3-17 所示，图中的电容 C_{11}、C_{12} 和 C_2 分别为

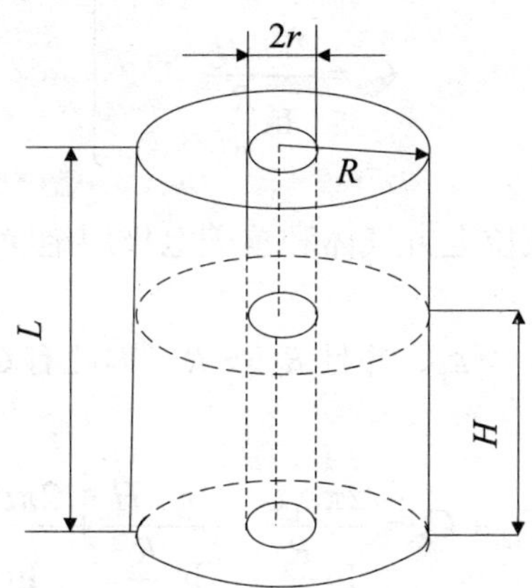

图 3-15　电容式物位计检测原理

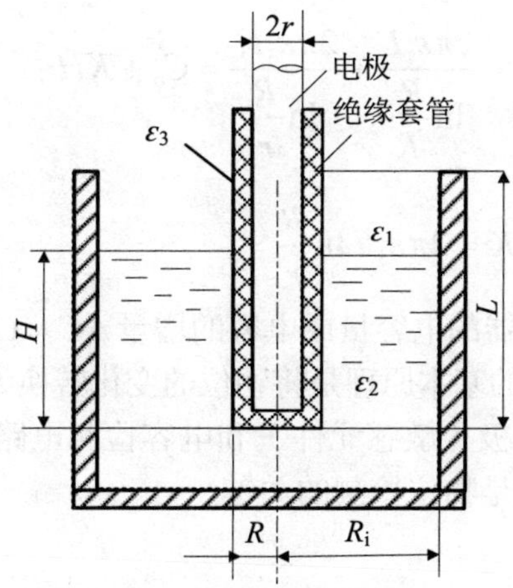

图 3-16　导电液体液位测量示意图

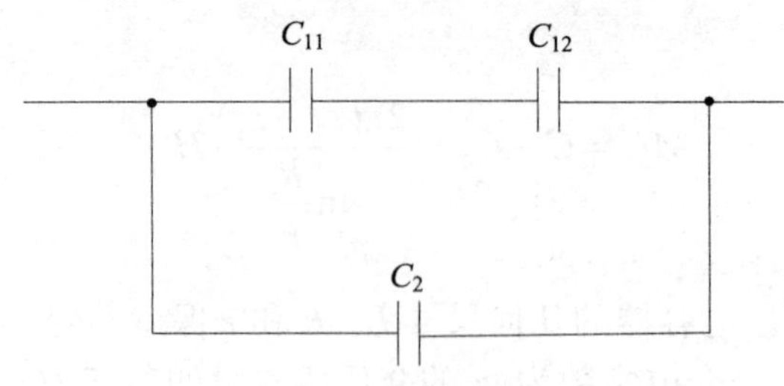

图 3-17　等效电路

$$\left.\begin{aligned} C_{11} &= \frac{2\pi\varepsilon_3(L-H)}{\ln\dfrac{R}{r}} \\ C_{12} &= \frac{2\pi\varepsilon_1(L-H)}{\ln\dfrac{R_i}{R}} \\ C_2 &= \frac{2\pi\varepsilon_3 H}{\ln\dfrac{R}{r}} \end{aligned}\right\} \tag{3-36}$$

式中：ε_1、ε_3分别为被测液位上方气体和覆盖电极用绝缘物的介电常数；R_i为容器的内半径。

由于在一般情况下，$\varepsilon_3 >> \varepsilon_1$，并且$R_i >> R$，因此有$C_{12} << C_{11}$，则图 3-17 的等效电容可写为

$$C = C_{12} + C_2 = \frac{2\pi\varepsilon_1 L}{\ln\dfrac{R_i}{R}} - \frac{2\pi\varepsilon_1 H}{\ln\dfrac{R_i}{R}} + \frac{2\pi\varepsilon_3 H}{\ln\dfrac{R}{r}} \tag{3-37}$$

显然，式（3-37）的第 2 项远比第 3 项小得多，可忽略不计，故有

$$C = \frac{2\pi\varepsilon_1 L}{\ln\dfrac{R_i}{R}} + \frac{2\pi\varepsilon_3 H}{\ln\dfrac{R}{r}} = C_0' + KH \tag{3-38}$$

式中：$C_0' = 2\pi\varepsilon_1 L / \ln\dfrac{R_i}{R}$；$K = 2\pi\varepsilon_3 / \ln\dfrac{R}{r}$。

式（3-38）表明：电容器的电容量或电容的增量$\Delta C = C - C_0'$随液位的升高而线性增加。因此，电容式物位计的基本原理是将物位的变化转换为电容器电容量的改变。

电容式物位计主要由电极（敏感元件）和电容检测电路组成。由于电容的变化量较小，所以准确检测电容量是物位检测的关键。

3．电容测厚仪

电容测厚仪是用来测量金属带材在轧制过程中的厚度，它的变换器就是电容式厚

度传感器，其工作原理如图 3-18 所示。在被测带材的上下两边各设置一块面积相等、与带材距离相同的极板，这样极板与带材就形成两个电容（带材也作为一个极板）。把两块极板用导线连结起来，就成为一个极板，而带材则是电容器的另一极板，其总电容 $C = C_1 + C_2$。

金属带材在轧制过程中不断向前送进，如果带材厚度发生变化，将引起它上下两个极板间距变化，即引起电容量的变化，如果总电容 C 作为交流电桥的一个臂，电容的变化 ΔC 引起电桥不平衡输出，经过放大、检波、滤波，最后在仪表上显示出带材的厚度。这种测厚仪的优点是带材的振动不影响测量精度。

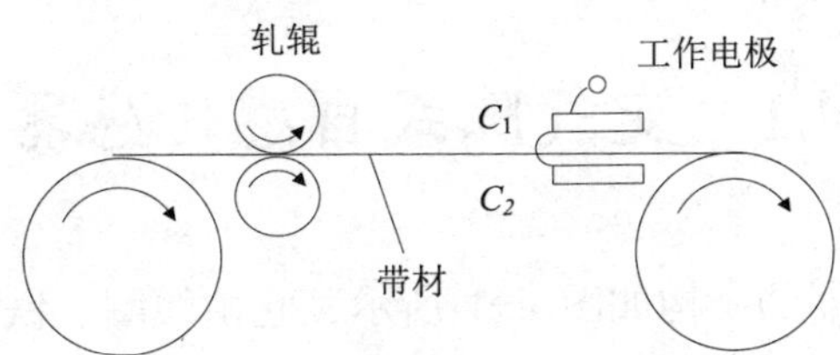

图 3-18 电容式测厚仪工作原理

4. 电缆芯偏心测量

图 3-19 给出了测量电缆芯的偏心的原理图，在实际应用中是采用两对极筒（图中只画出一对），分别测出在 x 方向和 y 方向的偏移量，再经过计算就可以得出偏心值。

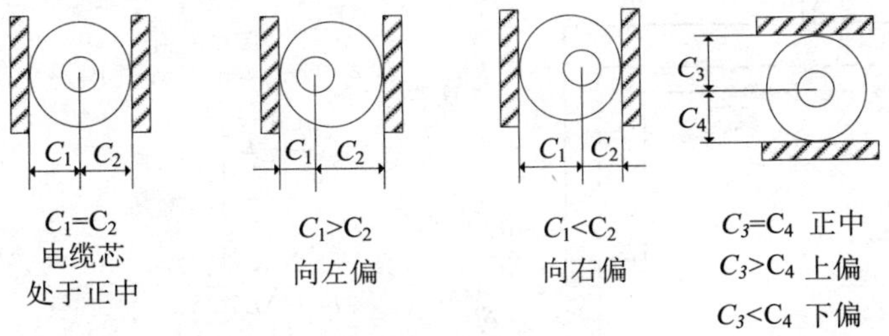

图 3-19 电缆芯偏心测量原理图

思考题与习题

1. 根据工作原理电容传感器分为几种类型？每种类型各有什么特点？各适用于测量什么参数？
2. 为什么差动式电容传感器灵敏度高？测量精度高？
3. 怎样降低温度对电容传感器测量精度的影响？
4. 试讨论电容式检测元件如何消除寄生电容的影响。
5. 分析脉冲调宽电路检测电容的工作原理，写出输出电压 u_o 的表达式。
6. 分析双 T 型电桥电路测量两个电容之差的工作原理。
7. 为什么电容传感器的电源频率和连接电缆长度不能随意改变？
8. 画出电容式物位计测量导电液体高度的等效电路，并分析其工作原理。

第 4 章　电感传感器

电感传感器是建立在电磁感应基础上，利用线圈电感或互感的改变来实现非电量电测的。它可以把输入的物理量（如位移、振动、压力、流量、比重等参数）转换为线圈的自感系数 L 和互感系数 M 的变化，而 L 和 M 的变化在电路中又转换为电压或电流的变化，即将非电量转换成电信号输出。

4.1　变气隙式自感传感器

变气隙式自感传感器的结构如图 4-1 所示，它由线圈、铁芯和衔铁三部分组成。铁芯和衔铁都是由导磁材料制成的，如硅钢片或坡莫合金。在铁芯和活动衔铁之间有气隙，气隙长度为 δ_0。传感器的运动部分与衔铁相连，当衔铁移动时，气隙长度发生变化，从而使磁路的磁阻变化，导致电感线圈的电感值改变（见图 4-2），然后通过测量电路测出其变化量，由此判别被测位移量的大小。

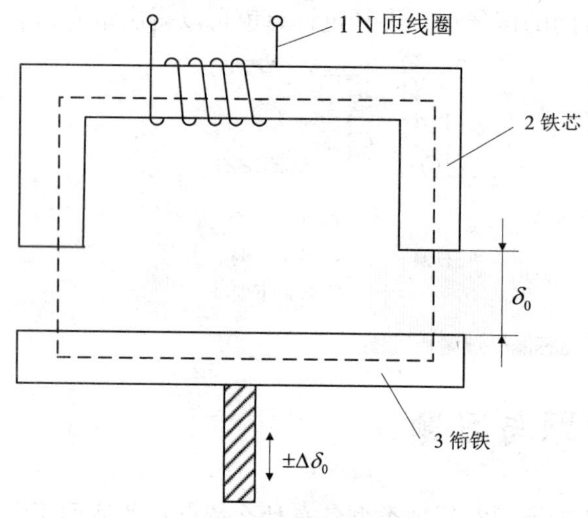

图 4-1　变气隙自感传感器

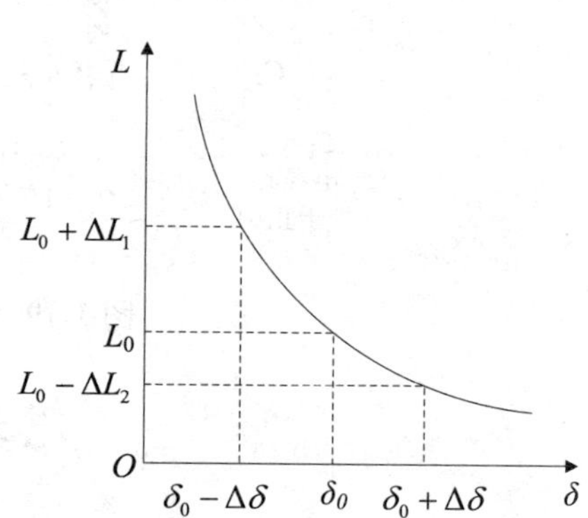

图 4-2　变气隙自感传感器的输出特性

当气隙长度为 δ_0 时，线圈的电感值为

$$L=\frac{N^2}{R_m} \tag{4-1}$$

式中：N 为线圈匝数；R_m 为磁路的总磁阻，且

$$R_m=R_1+R_2+R_\delta \tag{4-2}$$

其中：R_1、R_2 为铁芯和衔铁的磁阻；R_δ 为空气气隙磁阻，且

$$R_1=\frac{l_1}{\mu_1 A_1} \tag{4-3}$$

$$R_2=\frac{l_2}{\mu_2 A_2} \tag{4-4}$$

$$R_\delta=\frac{2\delta_0}{\mu_0 A} \tag{4-5}$$

式中：l_1 和 l_2 是铁芯和衔铁的磁路长度（m）；μ_1、μ_2 是铁芯材料和衔铁材料的磁导率（H/m）；μ_0 是空气的磁导率，$\mu_0=4\pi\times10^{-7}\,\mathrm{H/m}$；$A_1$ 和 A_2 分别是铁芯和衔铁的横截面面积（m^2）；A 是气隙横截面面积（m^2）。

由于 $(R_1+R_2)<<R_\delta$，所以常常忽略 R_1 和 R_2，则线圈电感为

$$L\approx\frac{N^2}{R_\delta}=\frac{\mu_0 A N^2}{2\delta_0} \tag{4-6}$$

由式（4-6）可知，当线圈匝数 N 确定后，只要改变 δ_0 和 A 均可引起电感的变化。因此，自感式传感器可分为变气隙长度 δ_0 和变气隙面积 A 的传感器，使用最广泛的是变气隙长度传感器。

当被测量带动衔铁移动，使气隙长度减小为 $\delta=\delta_0-\Delta\delta$ 时，电感变化量为

$$\Delta L=\frac{N^2\mu_0 A}{2(\delta_0-\Delta\delta)}-\frac{N^2\mu_0 A}{2\delta_0}=L\frac{\dfrac{\Delta\delta}{\delta_0}}{1-\dfrac{\Delta\delta}{\delta_0}} \tag{4-7}$$

由式（4-7）可知，ΔL 与 $\Delta\delta$ 之间为非线性关系。当 $\Delta\delta/\delta_0<<1$ 时，式（4-7）可按级数展开得

$$\frac{\Delta L}{L}=\frac{\Delta\delta}{\delta_0}+\left(\frac{\Delta\delta}{\delta_0}\right)^2+\left(\frac{\Delta\delta}{\delta_0}\right)^3+\left(\frac{\Delta\delta}{\delta_0}\right)^4+\cdots \tag{4-8}$$

当气隙长度增加为 $\delta=\delta_0+\Delta\delta$ 时，可得

$$\frac{\Delta L}{L}=-\frac{\Delta\delta}{\delta_0}+\left(\frac{\Delta\delta}{\delta_0}\right)^2-\left(\frac{\Delta\delta}{\delta_0}\right)^3+\left(\frac{\Delta\delta}{\delta_0}\right)^4-\cdots \tag{4-9}$$

对比式（4-8）、式（4-9）可知，当衔铁上移和下移相同位移 $\Delta\delta$ 时，电感 L 的变化大小不一样。两式中右边的第 1 项为线性项，其余项为非线性项，当 $\Delta\delta$ 较小时，可忽略此非线性项，此时可近似认为衔铁上移和下移的灵敏度系数相同。定义变气隙长度型自感式传感器的灵敏度系数为

$$K_{\delta}=\frac{\frac{\Delta L}{L}}{\Delta\delta}\approx\frac{1}{\delta_0} \tag{4-10}$$

随着$\Delta\delta$的增大，变气隙长度传感器的非线性误差也会增大，由此可见，变气隙式电感传感器的测量范围与灵敏度及线性度相矛盾。因此，使得变气隙长度传感器的工作区域很小，只能用于微小位移的测量。一般取δ_0为 0.1~0.5mm，$\Delta\delta$为 0.1~0.2δ_0。

图 4-1 所示的单线圈结构一般只用于某些特殊的场合。在实际工作中，为了提高测量灵敏度和减小非线性误差，通常采用差动式结构，如图 4-3（a）所示。差动式变气隙型电感传感器由两个相同的线圈和磁路组成，当位于中间的衔铁移动时，上下两个线圈的电感，一个增加而另一个减少，形成差动形式，等效电路如图 4-3（b）所示。

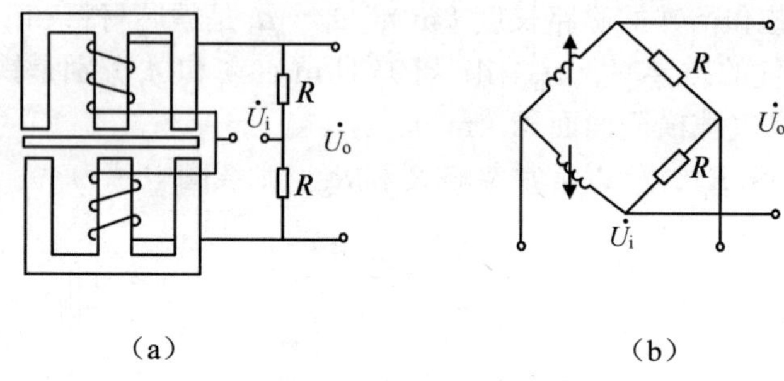

（a）　　（b）

图 4-3　差动式变气隙型电感传感器

（a）结构示意图；（b）电路图

差动式电感传感器的电感相对变化量与灵敏度系数为

$$\frac{\Delta L}{L_0}=\frac{\Delta L_1-\Delta L_2}{L_0}\approx\frac{2\Delta\delta}{\delta_0} \tag{4-11}$$

$$K_{\delta}=\frac{\frac{\Delta L}{L_0}}{\Delta\delta}\approx\frac{2}{\delta_0} \tag{4-12}$$

差动式电感比单线圈电感传感器的灵敏度提高了一倍，并且减小了非线性误差。此外，差动结构中的两个电感线圈参数近乎相同，若放置在相同的工作条件下，则温度波动和电源变化等干扰因素对两个线圈的影响可以在很大程度上互相抵消，从而具有较强的抗干扰能力，因而差动自感式传感器在实际工程中得到了广泛应用。变气隙型电感传感器的最大优点是灵敏度高，能测出 0.1μm 甚至更小的机械位移变化，其主要缺点是线性范围小、自由行程小、制造装配困难、互换性差，电感式传感器自身频率响应低，不适用于快速动态的测量中，因而限制了它的应用。

4.2　电感测量电路

变间隙型电感传感器将被测参数的变化转换为传感器线圈的电感量变化。转换电路的作用是将电感量的变化转换为电压（或电流）信号，以便进一步放大和处理。转换电路的基本形式是交流电桥，此外也可以采用谐振电路等。

1．测量电桥

图 4-4 所示的交流电桥是目前应用较多的一种基本测量电路。图中，电桥的两臂为电源变压器次级线圈的两个副半边，另两臂是差动式电感传感器的两个线圈。考虑到传感器线圈不仅具有电感，而且线圈导线具有一定的电阻，所以用 Z_1 和 Z_2 来表示电感传感器两个线圈的阻抗。

当负载阻抗无穷大时输出电压为

$$\dot{U}_o=\frac{\dot{U}}{2}-\frac{Z_1}{Z_1+Z_2}\dot{U}=\frac{\dot{U}}{2}\frac{Z_2-Z_1}{Z_1+Z_2} \tag{4-13}$$

由于是差动工作方式，当衔铁下移时，$Z_1=Z-\Delta Z$，$Z_2=Z+\Delta Z$，则有

$$\dot{U}_o=\frac{\dot{U}}{2}\frac{\Delta Z}{Z} \tag{4-14}$$

同理，当衔铁上移时，则有

$$\dot{U}_o=-\frac{\dot{U}}{2}\frac{\Delta Z}{Z} \tag{4-15}$$

由式（4-14）和（4-15）可见，当衔铁偏离中间位置，上升或下降同样大小的位移时，可获得大小相等、方向相反（即相位差 180°）的输出电压。输出电压反映了传感器线圈阻抗的变化，由于是交流信号，所以还要经过适当电路处理才能判别衔铁位移的大小及方向。

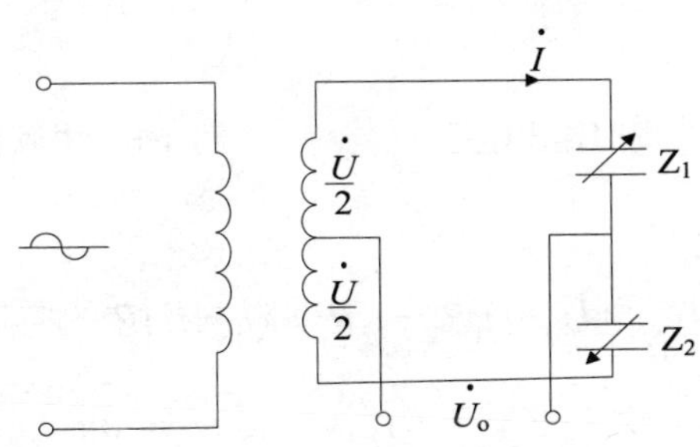

图 4-4　变压器式电桥

2．相敏整流电路

交流电桥电路虽然可以将传感器线圈电感变化量（亦即被测位移变化量）转换为相应的电压信号，但是由于输出电压是交流信号，所以尽管随着衔铁位移方向的不同，输出电压也有正负号之分，而用示波器去观察它们的波形时，结果却是一样的，为了判别信号的相位，亦即为了分辨衔铁的运动方向，需要采用相敏整流电路（又称相敏检波器）。

相敏整流电路可以有多种不同的形式，下面以图 4-5 所示电路为例讨论其工作原理。图中，差动式电感传感器的两个线圈（Z_1 和 Z_2）以及两个平衡电阻 R_1 和 R_2（$R_1 = R_2 = R$）组成一个测量电桥，二极管 $D_1 \sim D_4$ 构成了相敏整流器，电桥的一个对角线 AB 接有交流电源，另一对角线 CD 接有电压表以测量输出电压。

下面分别讨论电源电压为正半周和负半周时，衔铁向上移动或向下移动位移所引起的输出电压的极性。

（1）如图 4-5 所示，在电源电压正半周期时，A 点电位高于 B 点电位，D_1、D_4 导通，D_2、D_3 截止。支路中流过 Z_1 的电流为 i_1（i_1 流经 Z_1 和 R_1），流过 Z_2 的电流为 i_2（i_2 流经 Z_2 和 R_2），因为 $R_1 = R_2 = R$，i_1 和 i_2 的大小由 Z_1 和 Z_2 的大小决定。

如图 4-5 所示，有

$$U_o = i_1 R_1 - i_2 R_2 = (i_1 - i_2)R \tag{4-16}$$

当衔铁在中间位置时，$Z_1 = Z_2 = Z$，$i_1 = i_2$，可得 $U_o = 0$；

当衔铁上移时，$Z_1 > Z_2$，$i_1 < i_2$，可得 $U_o < 0$；

当衔铁下移时，$Z_1 < Z_2$，$i_1 > i_2$，可得 $U_o > 0$。

（2）如图 4-6 所示，在电源电压负半周期时，A 点电位低于 B 点电位，D_2、D_3 导通，D_1、D_4 截止。和正半周相同，流过 Z_1 的电流为 i_1（i_1 流经 Z_1 和 R_2），流过 Z_2 的电流为 i_2（i_2 流经 Z_2 和 R_1）。

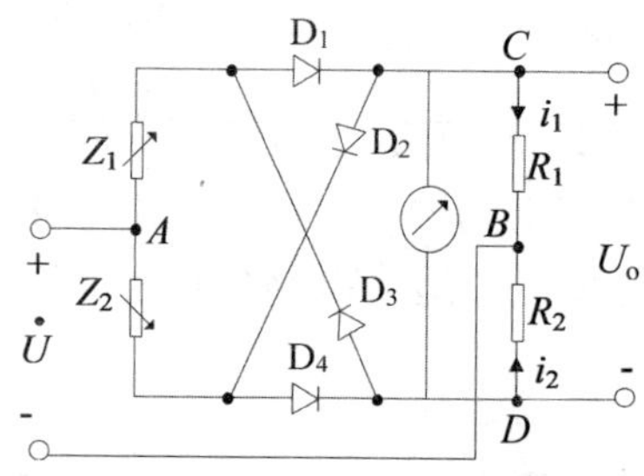

图 4-5　电源正半周时输出电压

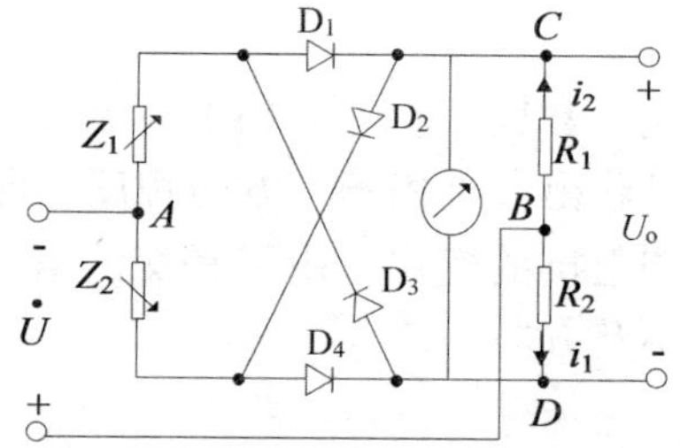

图 4-6　电源负半周时输出电压

容易得出

$$U_o = i_1 R_2 - i_2 R_1 = (i_1 - i_2)R \tag{4-17}$$

当衔铁在中间位置时，$Z_1 = Z_2$，$i_1 = i_2$，可得 $U_o = 0$；

当衔铁上移时，$Z_1 > Z_2$，$i_1 < i_2$，可得 $U_o < 0$；

当衔铁下移时，$Z_1 < Z_2$，$i_1 > i_2$，可得$U_o > 0$。

通过以上分析，不难得出以下结论：

无论电源电压处于正半周期还是负半周期，当衔铁处于中间位置时，则$U_o = 0$；当衔铁自中间位置向上移动时，均有$U_o < 0$；而当衔铁自中间位置向下移动时，均有$U_o > 0$；于是，根据输出电压U_o的极性，即可判别传感器衔铁（测杆）的位移方向，如图 4-7 所示。图 4-7 中的虚线表示输出电压与衔铁位移之间的实际特性，实线为理想特性曲线。

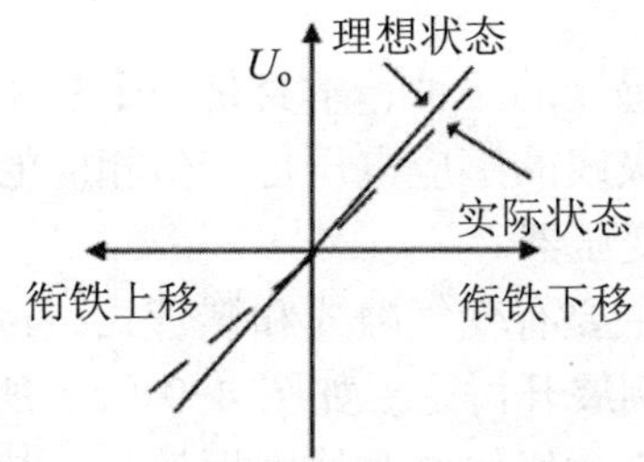

图 4-7　差动变压器相敏检波输出特性曲线

3. 零点残余电压及其补偿

当传感器的衔铁处于中间位置时，若两线圈绕制得十分对称，其电阻r相等，电感L也相等，则桥路的输出电压应等于零，但实际上却很难达到交流电桥的绝对平衡。当衔铁处于中间位置时，输出电压并不为零，而有零点残余电压存在。如果零点残余电压的数值过大，则将使非线性误差增大，甚至造成放大器末级趋于饱和，使仪器不能正常工作。因此零点残余电压的大小是判别电感传感器质量的重要指标之一。零点残余电压的产生，主要是出于两电感线圈绕制的不均匀、上下磁路的不对称以及上下磁性材料的特性不一致等原因所造成的传感器两电感线圈的等效参数不对称。此外，如果激励电压包含高次谐波成分又不能完全抵消，也将在输出端产生零点残余电压。

减小零位误差的主要措施是：①在设计制造时采取措施，保证两电感线圈的对称；②减少电源中的谐波成分，减小电感传感器的激磁电流，使之工作在磁化曲线的线性段；③采用相敏整流电路作为测量电路；④在测量电桥中可接入可调电位器，当电桥有起始不平衡电压时，可以调节电位器，使电桥达到平衡条件。

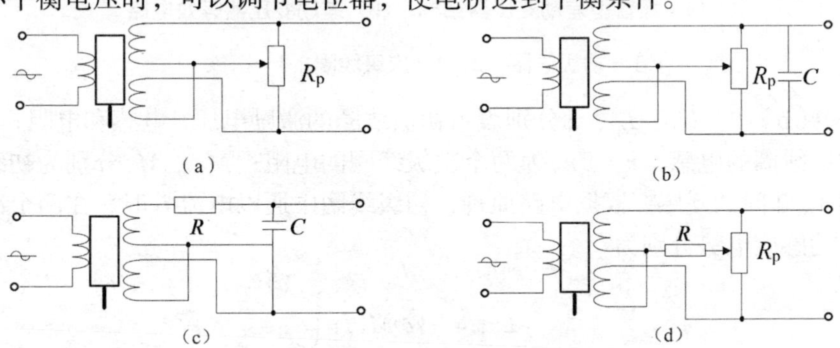

图 4-8　补偿零点残余电压的电路

图 4-8 为减少零点残余电压的补偿电路，图中电位器 R_p 用于调节两线圈的参数使之趋于一致，而电容 C 用于滤除高次谐波。

当使用时，在没有输入信号（铁芯在中间）情况下，调整电位器 R_p 或电容 C，使二次绕组输出为零。

4.3 差动变压器

差动变压器是电感式传感器的一种，本身是一个变压器，它把被测位移量转换为传感器的互感的变化，使次级线圈感应电压也产生相应的变化。由于传感器常常做成差动的形式，所以称为差动变压器。

差动变压器的结构形式主要有变气隙式和螺管式，目前采用较多的是螺管式，下面就以螺管式差动变压器为例展开讨论。如图 4-9（a）所示，差动变压器的基本元件有衔铁、一个初级线圈、两个次级线圈和线圈框架等。初级线圈作为差动变压器的原边，而变压器的副边由两个结构尺寸和参数相同的次级线圈反相串联而成，在理想情况下其等效电路如图 4-9（b）所示。

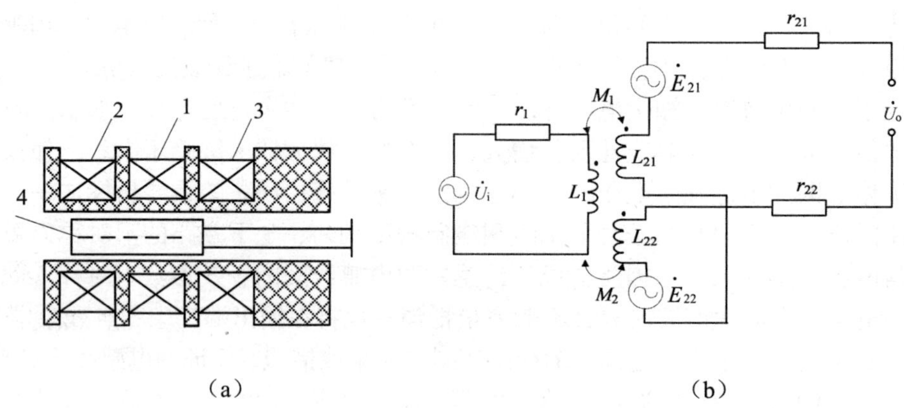

图 4-9　差动变压器结构及等效电路

（a）螺管型差动变压器结构；（b）差动变压器等效电路

1—初级线圈；2，3—次级线圈；4—衔铁

图 4-9（b）中，$\dot{U}_i$、L_1、r_1 分别表示初级线圈的激励电压、电感和电阻；L_{21}、L_{22} 为两个次级线圈的电感，r_{21}、r_{22} 为两个次级线圈的电阻；M_1、M_2 分别为初级线圈与次级线圈 1、2 间的互感。根据电路原理，初级线圈中通以电流 $\dot{I}_1$ 时，在两个次级线圈中所产生的感应电势分别为

$$\left.\begin{aligned}\dot{E}_{21}&=-j\omega M_1\dot{I}_1\\ \dot{E}_{22}&=-j\omega M_2\dot{I}_1\end{aligned}\right\}\qquad(4\text{-}18)$$

两次级线圈反相串联后输出的电势为

$$\dot{U}_o = \dot{E}_{21} - \dot{E}_{22} = -j\omega(M_1 - M_2)\dot{I}_1 \qquad (4-19)$$

当衔铁处于中间位置时，若两个次级线圈参数及磁路尺寸相等，则 $M_1 = M_2 = M$，故此时输出电压为零。当衔铁偏离中间位置时，使得互感系数 $M_1 \neq M_2$，由于以差动方式工作，故 $M_1 = M + \Delta M_1$，$M_2 = M - \Delta M_2$，在一定范围内 $\Delta M_1 = \Delta M_2 = \Delta M$，差值（$M_1 - M_2$）与衔铁位移成正比，在负载开路的情况下，传感器的输出电压大小为 $U_o = \dfrac{2\omega \Delta M U_i}{\sqrt{r_1^2 + (\omega L_1)^2}}$，输出阻抗为 $Z = r_{21} + r_{22} + j\omega L_{21} + j\omega L_{22}$。差动变压器输出电压 U_o 与衔铁位移 x 之间的关系如图 4-10 所示。图中 E_{21}、E_{22} 分别为两个次级线圈的输出电势，而 U_o 为差动变压器输出电压。

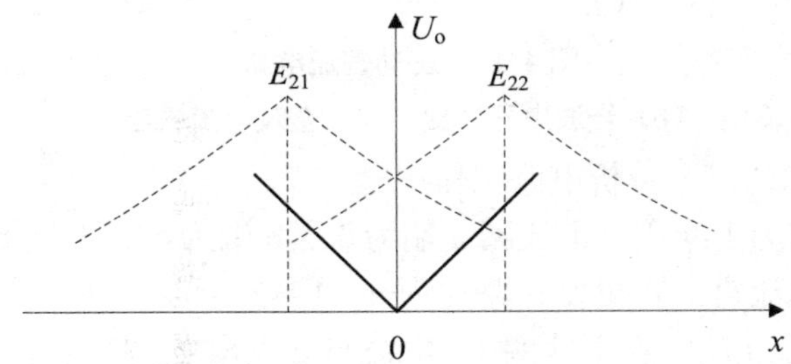

图 4-10　差动变压器的输出特性曲线

差动变压器的输出电压 $\dot{U}_o = \dot{E}_{21} - \dot{E}_{22}$，在两个次级线圈的参数（匝数、磁阻、铁芯磁导率）完全相等，并忽略铁芯端部效应和漏磁通的理想情况下，输出电压大小与铁芯位移 x 之间的理想关系应如图中 V 形实线所示，即输出电压与铁芯位移成线性关系，且当铁芯处于中间位置（$\Delta x = 0$）时，输出电压应该为零。只有在 Δx 较小时，ΔM 才与 Δx 成线性关系，即只有在铁芯位移较小时，输出电压才近似为线性。

同时，当铁芯处于中间位置（$\Delta x = 0$）时，差动变压器的输出也存在零点残余电压。为了减小零点残余电压，应尽可能保证传感器几何尺寸、线圈电气参数和磁路的相互对称，并采用导磁性能良好的材料制作传感器壳体，使之兼顾屏蔽作用，以减小外界电磁场的干扰。采用补偿电路也能有效减小零点残余电压。

差动变压器的输出是交流电压信号，其常用的测量电路是既能反映衔铁位移大小和方向又能补偿零点残余电压的差动直流输出电路。差动直流输出电路有两种形式：一种是差动相敏检波电路；另一种是差动整流电路。对于差动变压器最常用的测量电路就是差动整流电路，如图 4-11 所示。把两个次级线圈输出电压分别整流后，以它们的差为输出。这种电路比较简单，只需两根直流输送线即可，而且经分别整流后的直流信号可以远距离输送，可不必考虑感应和分布电容的影响，因此得到了广泛应用。图 4-11（a）（b）用于联结高阻抗负载的场合，是电压输出型。图 4-11（c）（d）用于联结低阻抗负载的场合，是电流输出型。

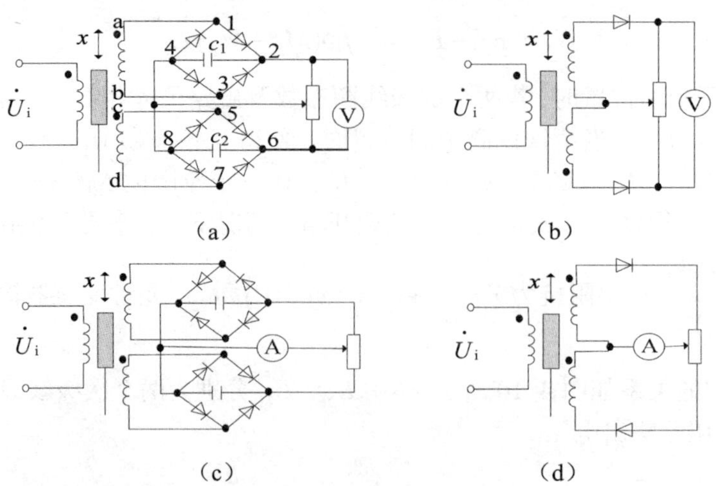

（a）　　（b）

（c）　　（d）

图 4-11　差动整流电路

（a）全波电压输出；（b）半波电压输出；（c）全波电流输出；（d）半波电流输出

下面结合图 4-11（a），分析电路工作原理。

假定某瞬间载波为上半周，上线圈 a 端为正，b 端为负；下线圈 c 端为正，d 端为负。在上线圈中，电流自 a 点出发，路径为 a→1→2→4→3→b，流过电容的电流是由 2 到 4，电容上的电压为 E_{24}。在下线圈中，电流自 c 点出发，路径为 c→5→6→8→7→d，流过电容的电流是由 6 到 8，电容上的电压为 E_{68}。

当载波为下半周时，上线圈 a 端为负，b 端为正；下线圈 c 端为负，d 端为正。

在上线圈中，电流自 b 点出发，路径为 b→3→2→4→1→a，流过电容的电流也是由 2 到 4，电容上电压为 E_{24}。在下线圈中，电流自 d 点出发，路径为 d→7→6→8→5→c，流过电容的电流仍是由 6 到 8，电容上电压为 E_{68}。

不论两个次级线圈的输出瞬时电压极性如何，流过电容 C_1 的电流方向总是从 2 到 4，流经电容 C_2 的电流方向总是从 6 到 8，故整流电路的输出电压大小为 $U_o = E_{24} - E_{68}$。

当衔铁在零位时，$E_{24} = E_{68}$，则 $U_o = 0$；当衔铁在零位以上时，$E_{24} > E_{68}$，则 $U_o > 0$；而当衔铁在零位以下时，$E_{24} < E_{68}$，则 $U_o < 0$。

4.4　涡流传感器

成块的金属置于变化的磁场中，或者在固定磁场中运动时，金属体内就会产生感应电流，这种电流的流线在金属体内是闭合的，因此叫作涡流。涡流式传感器在金属体内的涡流由于存在趋肤效应，涡流渗透的深度与传感器线圈激磁电流的频率有关，频率越高，渗透深度越浅。涡流式传感器主要可分为高频反射式和低频透射式涡流传感器两类。高频反射式涡流传感器的应用较为广泛。

1．基本原理

根据法拉第电磁感应原理，块状金属导体置于变化的磁场中，导体内将产生呈涡旋状的感应电流，称之为电涡流或涡流，这种现象称为涡流效应。涡流渗透深度随着频率的增高而减小。

电涡流式传感器原理如图 4-12 所示，一个通有高频交变电流 $\dot{I}_1$ 的传感器线圈，由于电流的变化，在线圈周围会产生一个交变磁场 $\dot{H}_1$，当被测导体置于该磁场范围内时，被测导体内便产生电涡流 $\dot{I}_2$，电涡流也将产生一个新磁场 $\dot{H}_2$，$\dot{H}_2$ 和 $\dot{H}_1$ 方向相反，抵消部分原磁场，从而导致线圈的电感量、阻抗和品质因数 Q 等参数发生变化。

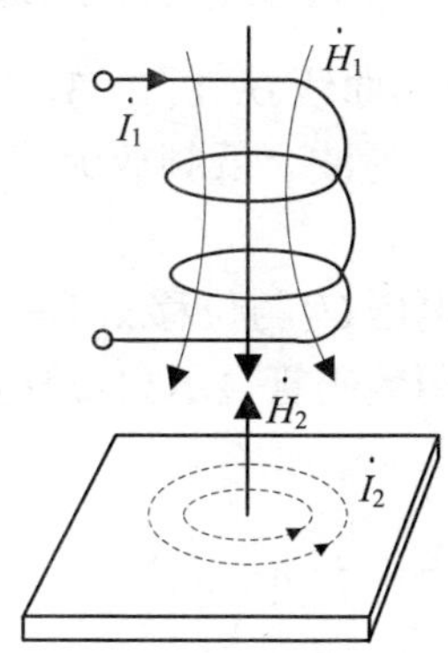

图 4-12　电涡流式传感器示意图

一般来说，传感器线圈的阻抗、电感和品质因数 Q 的变化与导体的几何形状、电导率、磁导率有关，也与线圈的几何参数、电流的频率以及线圈到被测导体间的距离有关。如果只控制上述参数中的一个参数发生变化而其余皆不变，就可以构成位移、厚度等各种传感器。

2．测量转换电路

电涡流探头与被测金属导体之间的互感量变化可以转换为探头线圈的等效电感以及品质因数 Q 等参数的变化。因此，测量转换电路的任务是把这些参数转换为频率、电压或电流。主要有调幅式和调频式测量转换电路。

（1）调幅式测量转换电路。调幅式是以输出高频信号的幅度来反映电涡流探头与被测金属导体之间关系的。图 4-13 是高频调幅式测量转换电路的原理框图。石英晶体振荡器通过耦合电阻 R 向由探头线圈和一个微调电容 C_0 组成的并联谐振回路提供一个稳频稳幅的高频激励信号，相当于一个恒流源。当被测金属导体距探头相当远时，调节 C_0，使 LC_0 的谐振频率等于石英晶体振荡器的频率 f_0，此时谐振回路的 Q 值和阻抗 Z 也最大，恒定电流 $\dot{I}_i$ 在 LC_0 并联谐振回路上的电压降 $\dot{U}_o$ 也最大。

当被测金属体为非磁性金属时，探头线圈的等效电感 L 减小，并引起 Q 值下降，并联谐振回路谐振频率 $f_1 > f_0$，处于失谐状态，输出电压 $\dot{U}_o$ 大大降低。

当被测金属体为磁性金属时，探头线圈的电感量略为增大，$f_1 < f_0$，但由于被测

磁性金属体的磁滞损耗，使探头线圈的 Q 值亦大大下降，输出电压也降低。

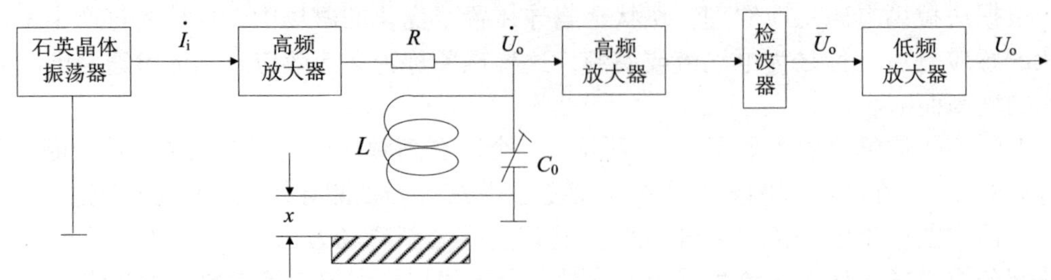

图 4-13　高频调幅式测量原理框图

以上几种情况如图 4-14 所示的曲线 0、1、2、3。被测金属导体与探头的间距越小，输出电压就越小。经高频放大器、检波、低频放大器之后，输出的直流电压反映了被测金属导体的位移量。

调幅式测量转换电路的输出电压 U_o 与位移 x 不是线性关系，必须经千分尺逐点标定，并用计算机线性化之后才能用数码管显示出位移量。

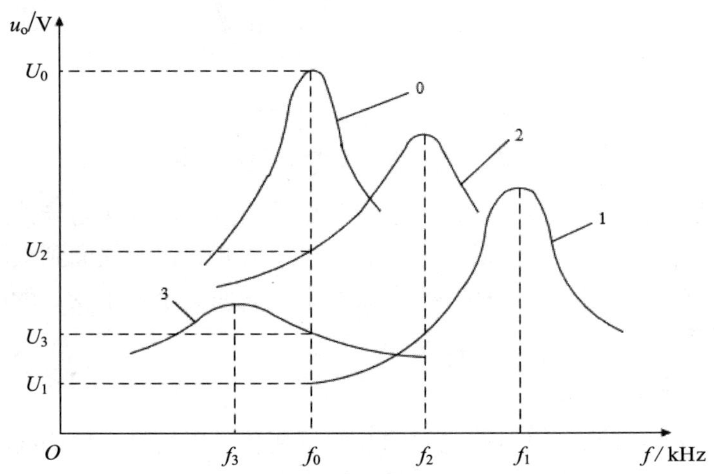

图 4-14　定频调幅式转换电路谐振曲线

0—探头与被测体间距很远时；1—非磁性金属，间距较小时；

2—非磁性金属，间距较大时；3—磁性金属，间距较小时

（2）调频式测量转换电路。调频式测量电路就是将探头线圈的电感 L 与微调电容 C_0 构成 LC_0 振荡器，以振荡器的频率 f 作为输出量。此频率可通过 f/U 转换器（又称鉴频器）转换成电压，由表头显示。也可以直接将频率信号送到计算机的计数定时器，测量出频率。

调频式测量转换电路原理框图如图 4-15 所示，由于并联谐振回路的谐振频率为

$$f = \frac{1}{2\pi\sqrt{LC_0}} \tag{4-20}$$

当电涡流线圈与被测体的距离 x 改变时，电涡流线圈的电感量 L 也随之改变，引起 LC_0 振荡器的输出频率改变，此频率可直接用计算机测量。如果要用模拟仪表进行显示或记录时，必须使用鉴频器，将频率信号转换为电压信号。

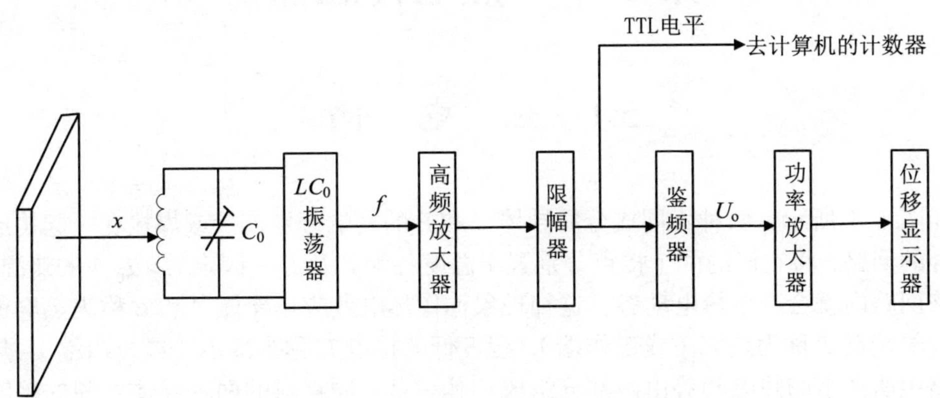

图 4-15　调频式测量转换电路原理框图

思考题与习题

1. 为什么电感式传感器一般都采用差动形式？
2. 画出差动自感式传感器相敏检波电路并说明其工作原理。
3. 什么是差动变压器零点残余电压？说明该电压产生的原因及消除方法。
4. 说明用电涡流传感器检测位移的两种测量方法。
5. 分析全波电流输出差动整流电路工作原理。

第 5 章　热电传感器

5.1　热　电　偶

如图 5-1 所示，两种不同成分的导体 A 和 B 的两端分别连接或焊接在一起构成一个闭合的回路，将它们的两个接点分别置于温度各为 T 及 T_0（假定 $T > T_0$）的热源中，则在该回路内就会产生热电动势，这种现象称作热电效应。导体 A 和 B 称为热电极，温度高的接点 T 称为热端（或工作端），温度低的接点 T_0 称为冷端（或自由端）。热电偶回路中所产生的热电动势由两部分组成：其一是不同材料的两种导体之间的接触电势；其二是单一导体两端温度不同而形成的温差电势。

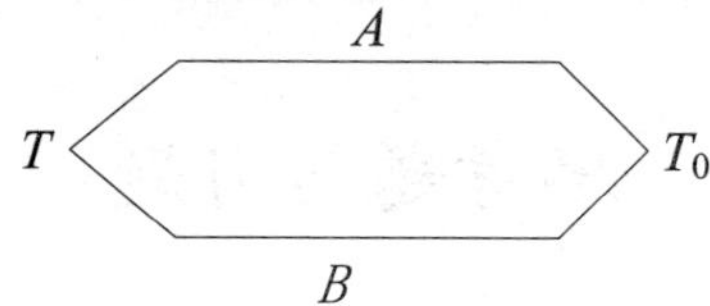

图 5-1　热电偶结构图

当热电极 A 和 B 接触在一起（见图 5-2）时，由于电极材料的成分不同，其电子密度也不同，于是在接触面上便产生自由电子的扩散现象。设电极 A 的自由电子密度大于电极 B，则自由电子由 A 向 B 扩散的多，电极 A 因失电子而带正电荷，电极 B 因得到电子而带负电荷。于是在接触面处形成电场，此电场阻碍了电子的继续扩散，当达到动态平衡时，在 A、B 接触面形成一个稳定的电位差（即接触电势）。接触电势 $E_{AB}(T)$ 的大小与两电极的材料有关，也与接触面处（接点）的温度有关，可表示为

$$E_{AB}(T) = \frac{kT}{e} \ln \frac{N_A}{N_B} \tag{5-1}$$

式中：k 为波尔兹曼常数，$k = 1.38 \times 10^{-23}$ J/K；e 为电子电荷量，$e = 1.602 \times 10^{-19}$ C；N_A、N_B 分别为电极 A、B 的自由电子密度。

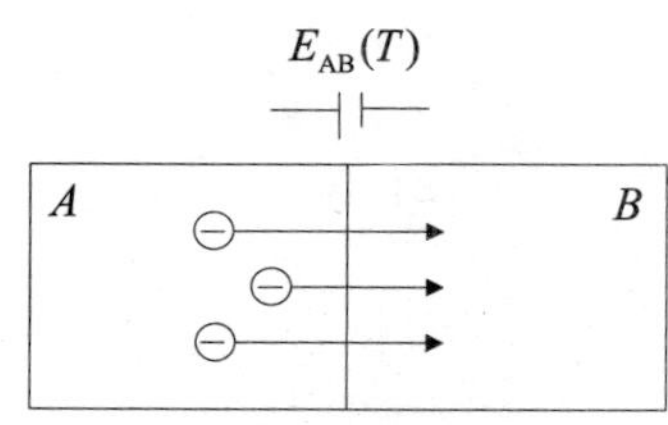

图 5-2　接触电势示意图

温差电势是同一导体的两端因其温度不同而产生的一种热电动势。导体内自由电子在高温端具有较大的动能，因而向低温端扩散。结果高温端因失去电子而带正电，低温端因得到电子而带负电，从而形成一个静电场，电场方向为高温端指向低温端，该电场阻碍电子继续扩散，当达到动态平衡时，在导体的两端便产生一个相应的电位差。该电位差就是温差电势，可表示为

$$E_{A}(T,T_0)=\int_{T_0}^{T}\sigma_{A}\mathrm{d}t \tag{5-2}$$

式中：$E_{A}(T,T_0)$为导体 A 两端温度分别为T，T_0时形成的温差电势；σ_A为导体 A 的汤姆逊系数，它表示一导体两端温差为 1℃时所产生的温差电势，其值与材料性质有关。

对于由导体 A、B 组成的热电偶闭合回路，当$T>T_0$，$N_A>N_B$时，闭合回路总的热电势为$E_{AB}(T,T_0)$，包含了 2 个接触电势和 2 个温差电势，如图 5-3 所示。

$$\begin{aligned}E_{AB}(T,T_0)=&\left[e_{AB}(T)-e_{AB}(T_0)\right]+\left[-e_{A}(T,T_0)+e_{B}(T,T_0)\right]=\\&\frac{kT}{e}\ln\frac{N_{AT}}{N_{BT}}-\frac{kT_0}{e}\ln\frac{N_{AT_0}}{N_{BT_0}}+\int_{T_0}^{T}(\sigma_B-\sigma_A)\mathrm{d}t\end{aligned} \tag{5-3}$$

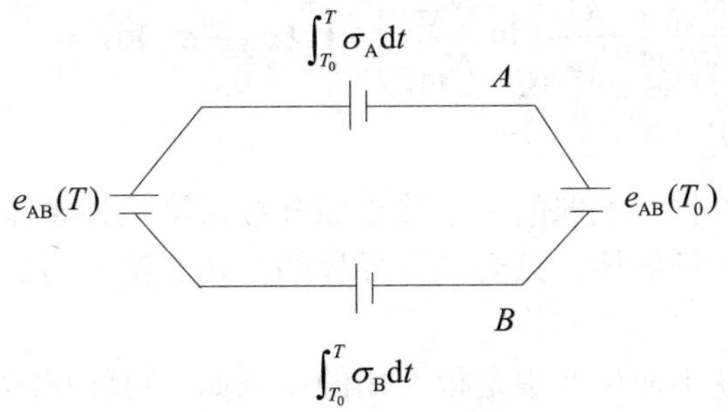

图 5-3　热电偶闭合回路

由式（5-3）可得以下几点结论。

（1）两个相同成分材料的热电极，不能构成热电偶。因为材料成分相同时，$N_A=N_B$，$\sigma_A=\sigma_B$，此时，无论T与T_0有多大差异，都有$E_{AB}(T,T_0)=0$。因此，热电偶必须由两种材料不同的两个电极构成。

（2）热电动势的大小只与热电极材料及两端温度有关，与热电极的几何尺寸无关。因此在设计和制造热电偶时为降低材料消耗，在机械强度允许的情况下热电极应尽可能制作得细一些。

（3）若组成热电偶的两个电极是由不同材料组成的，并且$N_A\neq N_B$，$\sigma_A\neq\sigma_B$，若$T=T_0$，则$E_{AB}(T,T_0)=0$。因此如果两接触端温度相同，则回路中不产生热电动势。

（4）热电极材料确定之后，热电势的大小只与T，T_0有关，若保持T_0一定，则热电偶回路总热电势可看成是温度T的单值函数。这就是用热电偶测温的基本原理。

如果热电偶的两根热电极由两种均质导体组成，那么，热电偶的热电动势仅与两接点的温度有关，而与热电偶的温度分布无关，如果热电极为非均质电极，并处于具

有温度梯度的温度场时，将产生附加电势，如果仅从热电偶的热电动势大小来判断温度的高低就会引起误差。

5.1.1 热电偶的基本定律

通过上述分析，可以得到热电偶的一些基本定律。

（1）均质导体定律。由一种均质导体组成的闭合回路，不论导体的横截面积、长度以及温度如何分布均不产生热电动势。

（2）中间导体定律。在热电偶回路中接入第三种材料的导体，只要其两端的温度相同，则此导体的接入不影响热电偶回路的总热电势。证明如下：

在如图 5-4 所示的热电偶回路中，回路总热电势为

$$
\begin{aligned}
E_{\mathrm{ABC}}(T,T_0) &= e_{\mathrm{AB}}(T)+e_{\mathrm{BC}}(T_0)+e_{\mathrm{CA}}(T_0)-\int_{T_0}^{T}\sigma_{\mathrm{A}}\mathrm{d}T+\int_{T_0}^{T}\sigma_{\mathrm{B}}\mathrm{d}T = \\
&\frac{kT}{e}\left(\ln\frac{N_{\mathrm{AT}}}{N_{\mathrm{BT}}}\right)+\frac{kT_0}{e}\left(\ln\frac{N_{\mathrm{BT_0}}}{N_{\mathrm{CT_0}}}\right)+\frac{kT_0}{e}\left(\ln\frac{N_{\mathrm{CT_0}}}{N_{\mathrm{AT_0}}}\right)-\int_{T_0}^{T}(\sigma_{\mathrm{A}}-\sigma_{\mathrm{B}})\mathrm{d}T = \\
&\frac{kT}{e}\left(\ln\frac{N_{\mathrm{AT}}}{N_{\mathrm{BT}}}\right)-\frac{kT_0}{e}\left(\ln\frac{N_{\mathrm{AT_0}}}{N_{\mathrm{BT_0}}}\right)+\int_{T_0}^{T}(\sigma_{\mathrm{B}}-\sigma_{\mathrm{A}})\mathrm{d}T = \\
&E_{\mathrm{AB}}(T,T_0)
\end{aligned}
$$

根据这一定律，可以将热电偶的一个接点断开接入第三种导体，也可以将热电偶的一种导体断开接入第三种导体，只要该种导体的两端温度相同，均不影响回路的总热电动势。

热电偶的这种性质在工业生产中是很实用的，例如，可将显示仪表或调节器作为第三种导体直接接入回路中进行测量，也可将热电偶的两端不焊接而直接插入液态金属中或直接焊在金属表面进行温度测量。

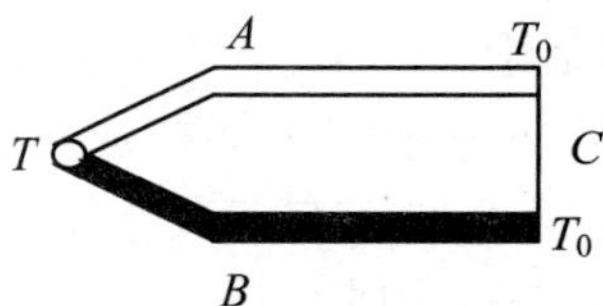

图 5-4 热电偶中接入第三种导体

（3）中间温度定律。热电偶 AB 在接点温度为 T, T_0 时的热电势 $E_{\mathrm{AB}}(T,T_0)$，等于此热电偶在接点温度为 T,T_{C} 时的热电势 $E_{\mathrm{AB}}(T,T_{\mathrm{C}})$ 与接点温度为 T_{C}， T_0 的热电势 $E_{\mathrm{AB}}(T_{\mathrm{C}},T_0)$ 的代数和，即

$$E_{\mathrm{AB}}(T,T_0)=E_{\mathrm{AB}}(T,T_{\mathrm{C}})+E_{\mathrm{AB}}(T_{\mathrm{C}},T_0) \tag{5-4}$$

根据这一定律，只要列出热电势在冷端温度为 0℃的分度表，就可以求出冷端在其他温度时的热电势值。

热电偶的热电动势与温度之间通常或非线性关系，当冷端温度不为 0℃时，不能利

用已知回路实际热电势 $E_{AB}(T,T_0)$ 查表获取热端温度值，需按中间温度定律进行修正。

【例 5-1】S 型热电偶在工作时自由端温度 $t_0=30℃$，现测得热电偶的电势为 7.5mV，求被测介质实际温度。

解：热电偶测得的电势为 $E_S(t,30)$，由分度表可查得 $E_S(30,0)=0.173\text{mV}$

则 $E_S(t,0)=E_S(t,30)+E_S(30,0)=7.673\text{mV}$。

再由分度表查出与其对应的实际温度为 830℃。

（4）标准电极定律。如果两种导体分别与第三种导体组成的热电偶所产生的热电动势已知，则由这两种导体组成的热电偶所产生的热电动势也就已知，这个定律就称为标准电极定律。

标准电极定律是一个极为实用的定律。由于纯金属和各种金属合金种类很多，所以要确定这些金属之间组合而成的热电偶的热电势，其工作量是极大的。但是可以利用铂的物理、化学性质稳定，熔点高，易提纯的特性，选用高纯铂丝作为标准电极，只要测得各种金属与纯铂组成的热电偶的热电势，则各种金属之间相互组合而成的热电偶的热电势可根据 $E_{AB}(T,T_0)=E_{AC}(T,T_0)-E_{BC}(T,T_0)$ 直接计算出来。

5.1.2 热电偶的种类及结构

为了适应不同生产对象的测温要求和条件，热电偶的结构形式有普通型热电偶、薄膜热电偶和铠装热电偶等。

1. 普通型热电偶

普通型热电偶工业上使用最多，其结构如图 5-5 所示，一般由热电极、绝缘套管、保护管和接线盒组成，普通型热电偶按其安装时的连接形式可分为固定螺纹连接、固定法兰连接、活动法兰连接和无固定装置等多种形式。

（1）热电极。热电极又称偶丝，它是热电偶的基本组成部分。普通金属做成的偶丝，其直径一般为 0.5~3.2mm；贵重金属做成的偶丝，直径一般为 0.3~0.6mm。偶丝的长度则由使用情况、安装条件，特别是工作端在被测介质中插入的深度来决定，通常为 300~2 000mm，常用的长度为 350mm。

（2）绝缘套管。绝缘套管是用于热电极之间及热电极与保护套管之间进行绝缘保护的部件。其形状一般为圆形或椭圆形，中间开有两个、四个或六个孔，偶丝穿孔而过。材料为黏土质、高铝质、刚玉质等，材料的具体选用视使用的热电偶而定。在室温下，绝缘套管的绝缘电阻应在 5MΩ 以上。

（3）保护套管。保护套管是用来保护热电偶感温元件免受被测介质化学腐蚀和机械损伤的装置。保护套管应具有耐高温、耐腐蚀的性能，要求导热性能好、气密性好。其材料有金属、非金属以及金属陶瓷三大类。金属材料有铝、黄铜、碳钢、不锈钢等，非金属材料有高铝质、刚玉质，使用温度都在 1 300℃以上。金属陶瓷材料如氧化镁加金属钼，这种材料使用温度为 1 700℃，且在高温下有很好的抗氧化能力，适用于钢水温度的连续测量。保护套管的形状一般为圆柱形。

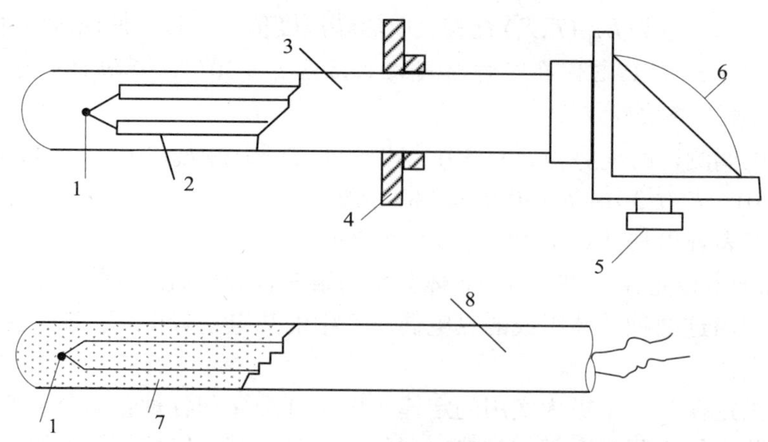

图 5-5　热电偶典型结构

1—焊点；2—绝缘套管；3—保护套管；4—安装固定件；
5—引线口；6—接线盒；7—耐热绝缘物；8—金属套管

（4）接线盒。热电偶的接线盒用于固定接线座和连接外界导线，连接导线通过接线盒与热电偶的电极相接。接线盒必须有良好的密封，以防止灰尘、水分及有害气体侵入接线盒内，起着保护热电极免受外界环境侵蚀和保证外接导线与接线柱接触良好的作用。接线盒的接线端子上要注明热电极的正极和负极，以便正确接线。

2．铠装热电偶

铠装热电偶是用特殊的加工方法，把热电极、绝缘材料和金属套管三者组合加工而成的一个坚实组合体。它是由金属套管、绝缘材料和热电极经焊接密封和装配等工艺制成的坚实的组合体，它可以做得很细很长，在使用中可以随测量需要任意弯曲。金属套管材料可以是铜、不锈钢或镍基高温合金等；绝缘材料常使用电熔氧化镁、氧化铝或氧化铍等的粉末；而热电极无特殊要求。套管最长可达100m 以上，管外径最细能达 0.25mm。

铠装热电偶比普通热电偶有许多优点：

（1）热接点处的热容量小，热惰性（或称为热响应时间）很小，这对于采用计算机进行检测、控制具有重要意义。

（2）有良好的柔韧性，可适应复杂结构上的安装要求，如安装到狭小的需要弯曲的测温部位。

（3）寿命长。铠装热电偶体积小，热容量小，动态响应快，可挠性好，柔软性良好，强度高，耐压、耐振、耐冲击，因此被广泛应用于工业生产过程。

3．薄膜热电偶

为了快速测量小物体的表面温度，近年来研制成功了薄膜热电偶，其结构如图 5-6 所示。它是用真空蒸镀等方法使两种热电极材料（金属）蒸镀到绝缘基板上形成薄膜电极，两电极再牢固地结合起来，构成薄膜状热接点。为了防止电极氧化和与被测物体绝缘，再在薄膜表面上镀一层 SiO_2 膜。薄膜热电偶的热接点可以做得很小（可薄到 0.01~0.1μm），尺寸也很小，因此热接点的热容量很小，使测量响应非常快（达几毫秒），又由于测量时是与被测物体的表面贴牢，使热量损失很小，故测量精度很高。薄膜热电偶主要应用于微小面积上的表面温度测量。

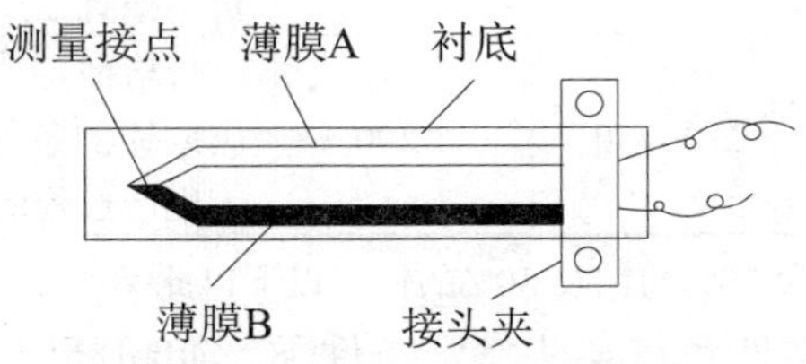

图 5-6 片状薄膜热电偶结构图

目前在国际上被公认的比较好的热电材料只有几种。根据国际电工委员会推荐，目前我国已经为 8 种热电偶制定了标准，称为标准热电偶。对于同一型号的热电偶，国家规定了统一的热电极材料及其化学成分、热电性质和允许偏差，以保证同一型号的标准化热电偶具有良好的互换性。表 5-1 给出了这些标准化热电偶名称、分度号（即热电偶的型号）以及可测的温度范围和主要性能。表中所列的每一种型号的热电材料前者为热电偶的正极，后者为负极。

表 5-1 8 种国际通用热电偶特性表

热电偶名称	分度号	测温范围/℃		特点及应用场合
		长期使用	短期使用	
铂铑 $_{10}$-铂	S	0~1 300	1 700	热电特性温度，抗氧化性强，测温范围广，测量精度高，热电势小，线性差且价格高。可作为基准热电偶，用于精密测量
铂铑 $_{13}$-铂	R	0~1 300	1 700	与 S 型热电偶的性能几乎相同，只是热电势同比大 15%左右
铂铑 $_{30}$-铂铑 $_{6}$	B	0~1 600	1 800	测量上限高，稳定性好，在冷端低于 100℃不用考虑温度补偿问题，热电势小，线性较差，价格贵使用寿命远高于 S 型和 R 型
镍铬-镍硅	K	−270~1 200	1 300	热电势较大，线性好，性能稳定，价格较便宜，抗氧化性强，广泛应用于中高温测量
镍铬硅-镍硅	N	−270~1 200	1 300	在相同条件下，特别在 1 100~1 300℃高温条件下，高温稳定性及使用寿命较 K 型有成倍提高，其价格远低于 S 型热电偶，而性能接近，在−200~1 300℃范围内，有全面代替廉价金属热电偶和部分 S 型热电偶的趋势
铜-铜镍（康铜）	T	−270~350	400	准确度较高，价格便宜，广泛用于低温测量

续表

热电偶名称	分度号	测温范围/℃		特点及应用场合
		长期使用	短期使用	
镍铬-铜镍（康铜）	E	-270~870	1 000	热电势大，中低温稳定性好，耐磨蚀，价格便宜，广泛应用于中低温测量
铁-铜镍（康铜）	J	-210~750	1 200	价格便宜，耐 H_2 和 CO_2 气体腐蚀，在含碳或铁的条件下使用也很稳定，适用于化工生产过程的温度测量

注：铂铑 $_{30}$ 表示该合金含 70%的铂及 30%的铑，以下以此类推。

除了标准化热电偶之外，在某些特殊条件下，如超高温、超低温等，也应用一些特殊热电偶，因目前还没有达到国际标准化程度，非标准化热电偶在使用范围上不及标准化热电偶，一般没有统一的分度表。

铱铑 $_{40}$-铱热电偶是目前唯一能在氧化气氛中测到 2 000℃高温的热电偶，因此成为宇航火箭技术中的重要测温元件。钨铼热电偶最高测量温度可达 2 800℃。镍铬-金铁是一种较为理想的低温热电偶，可在-271~0℃内使用。

此外，利用石墨和难熔化化合物等非金属材料熔点高、在 2 000℃以上的高温条件下性能稳定的特点，高温热电偶材料可以解决金属热电偶材料无法解决的问题。目前已研制出碳-石墨、石墨-碳化硅、石墨-碳化钼及硼化碳-碳等非金属热电偶。

5.1.3 冷端温度补偿

为使热电势与被测温度为单值函数关系，需把热电偶冷端的温度保持恒定或采用下述几种方法进行处理。

1. 补偿导线

实际测温时，由于热电偶长度有限，自由端温度将直接受到被测物温度和周围环境温度的影响。例如，热电偶安装在电炉壁上，而自由端放在接线盒内，电炉壁周围温度不稳定，波及接线盒内的自由端，造成测量误差。虽然可以将热电偶做得很长，但这将提高测量系统的成本，是很不经济的。工业中一般采用补偿导线来延长热电偶的冷端，使之远离高温区。

补偿导线测温线路如图 5-7 所示。补偿导线 A'、B'是两种不同材料且相对比较便宜的金属导体。补偿导线在一定的环境温度范围内（0~100℃）与所配接的热电偶的热电特性相同或基本相同。廉价金属制成的热电偶，可用其本身材料作补偿导线将冷端延伸到温度恒定的地方。

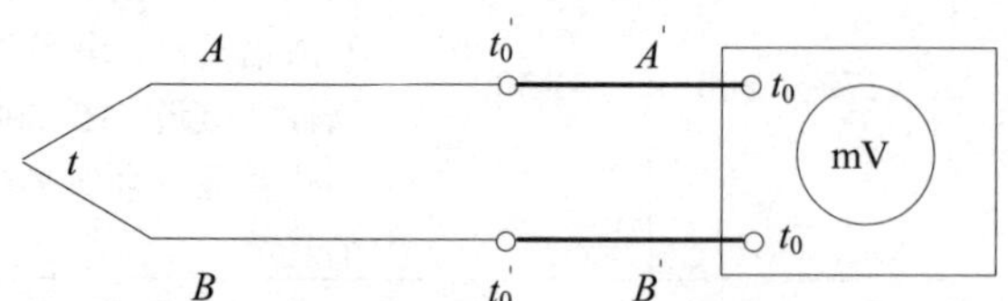

图 5-7 带补偿导线的热电偶测温原理图

在图 5-7 中，$A'B'$ 为补偿导线，设补偿导线产生的热电势为 $E_{A'B'}(t_0',t_0)$，则图中的回路总电势为 $E_{AB}(t,t_0')+E_{A'B'}(t_0',t_0)$。根据补偿导线的性质，有 $E_{A'B'}(t_0',t_0)=E_{AB}(t_0',t_0)$。

可得回路总电势为

$$E=E_{AB}(t,t_0')+E_{AB}(t_0',t_0)=E_{AB}(t,t_0) \tag{5-5}$$

因此补偿导线 $A'B'$ 可视为热电偶电极 AB 的延长，使热电偶的自由端从 t_0' 处移到 t_0 处，热电偶回路的热电势只与 t 和 t_0 有关，t_0' 的变化不再影响总电势。故在使用时，可以不考虑电极的中间温度变化。

常用热电偶的补偿导线见表 5-2，表中补偿导线型号的第一个字母与配用热电偶的型号相对应；第二个字母“X”表示延伸型补偿导线（补偿导线的材料与热电偶电极的材料相同）；第二个字母“C”表示补偿型补偿导线。

表 5-2　常用补偿导线

补偿导线型号	配用热电偶型号	补偿导线		绝缘层颜色	
		正极	负极	正极	负极
SC	S	SPC（铜）	SNC(铜镍）	红	绿
KC	K	KPC（铜）	KNC（康铜）	红	蓝
KX	K	KPX（镍铬）	KNX（镍硅）	红	黑
EX	E	EPX（镍铬）	ENX（铜镍）	红	棕

在使用补偿导线时必须注意以下问题。

（1）补偿导线只能在规定的温度范围内（一般为 0~100℃）与热电偶的热电势相等或相近，即 $0℃<t_0'<100$ ℃。

（2）不同型号的热电偶有不同的补偿导线。

（3）热电偶和补偿导线的两个接点处要保持同温度。

（4）补偿导线的作用只是延伸热电偶的自由端。当自由端温度 $t_0\neq 0$℃ 时，还需进行其他补偿与修正。

2．计算修正法

由于热电偶的温度-热电动势关系曲线（刻度特性）是在冷端温度保持 0℃的情况下得到的，与它配套使用的仪表又是根据这一关系曲线进行刻度的，所以当冷端温度不等于 0℃时，就需对仪表指示值加以修正。例如，冷端温度高于 0℃，如恒定于 t_0，则测得的热电动势要小于该热电偶的分度值。此时，为求得真实温度，可利用下式进行修正：

$$E(t,0)=E(t,t_0)+E(t_0,0) \tag{5-6}$$

3．自由端恒温法

在工业应用中，一般把补偿导线的末端（即热电偶的自由端）引至恒温器中，使其维持在某一恒定的温度。一个恒温器可供多支热电偶同时使用。在实验室及精密测量中，通常把自由端放在盛有绝缘油的试管中，然后再将其放入装满冰水混合物的容器中，以使自由端保持为0℃，这种方法称为冰浴法。

4．补偿电桥法

补偿电桥是利用不平衡电桥产生的电动势来补偿热电偶因冷端温度变化而引起的热电动势变化值，如图 5-8 所示，不平衡电桥（即补偿电桥）由电阻 R_1、R_2、R_3（锰铜丝绕制）、R_{Cu}（铜丝绕制）组成，串联在热电偶测量回路中。热电偶自由端与电桥电阻 R_{Cu} 感受相同的温度。当 $t_0=0℃$ 时，这时电桥平衡，无电压输出，回路中的电势就是热电偶产生的电势，即为 $E(t,0)$。当 t_0 变化时，R_{Cu} 也将改变，于是电桥两端 a、b 就会输出一个不平衡电压 u_{ab}。如选择适当的 R_s，可使电桥的输出电压 $u_{ab}=E(t_0,0)$，从而使电路中的总电势仍为 $E(t,0)$，起到了自由端温度的自动补偿作用。由补偿电桥以及为电桥供电的电源和 R_s 组成的电路称为自由端温度补偿器，简称补偿器。由于不同型号热电偶的 $E(t_0,0)$ 是不一样的，因此补偿器要和热电偶一一对应配套使用。

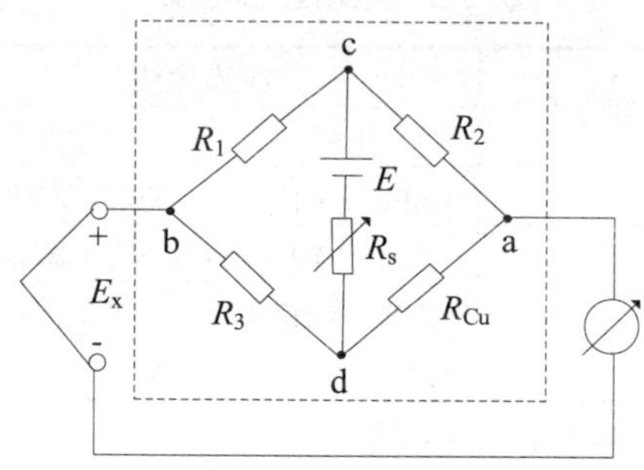

图 5-8　补偿电桥法

5.1.4 热电偶的误差

1．分度误差

因为热电偶的输出电势与温度之间是非线性关系，所以工业上常用的热电偶分度都是用标准分度表进行的，一些特殊的热电偶单独分度，其分度误差都是不可避免的。其值必须限制在规定的误差范围内。

2．冷端温度引起的误差

工业上使用的热电偶分度表和根据分度表刻度的显示仪表都是在冷端温度为零时进行的。实际测量过程中，冷端温度通常不为零，从而会引入误差，必须采用适当的温度补偿措施。

3．测量线路及仪表误差

测量中必须使用与热电偶配套的测量电路和相应的仪表，要选用合适的仪表量程，热电偶与仪表连接时应选用电阻小且恒定的导线。以上这些环节如有处理不当，均会产生较大的测量误差。

4．干扰和漏电引起的误差

热电偶测温时周围的电磁场的影响可能会使得热电偶回路产生附加电势而引起误

差。若绝缘不好可能造成热电势的分流，也可能把被测对象所用电源泄漏到热电偶回路中，造成漏电误差，因此一定要保证热电偶的良好绝缘。

除上述一些误差外，在热电偶测温时，还存在由于热电偶的材料不均匀、补偿导线与热电偶的热电特性不完全一致等等所引起的误差，以及由于热电偶的热惰性引起的动态误差等。

5.2 热 电 阻

热电阻是利用导体的电阻率随温度变化这一物理现象来测量温度的。物质的电阻率随温度的变化而变化的特性称为热电阻效应。利用物质的电阻率随其本身温度变化的原理而制成的感温元件，称为热电阻。热电阻式检测元件分为金属热电阻和半导体热敏电阻两大类。

5.2.1 金属热电阻

大多数金属具有正的电阻温度系数，温度越高电阻值越大。温度升高 1℃，大多数金属导体的电阻值将增加 0.4%~0.6%，热电阻的工作原理就是基于金属导体的热电阻效应。金属热电阻的选择应具备以下特性：①制造热电阻的材料电阻率、电阻温度系数要大，较高的电阻率便于制成小尺寸元件，减小热惯性与热容量；②电阻与温度的关系最好近于线性；③材料的物理、化学性质要稳定，复现性好，易提纯，同时价格尽可能便宜。常用的金属热电阻有铂热电阻、铜热电阻。

工业用金属热电阻一般由电阻体、引线、绝缘套管、保护套管及接线盒等组成，如图 5-9 所示。电阻体是用热电阻丝绕制在绝缘骨架上制成的，骨架是用来支持和固定电阻丝的。骨架应使用电绝缘性能好，高温下机械强度高，热膨胀系数要与热电丝的一致或相近，物理化学性能稳定，对热电丝无污染的材料制造，常用的是云母、石英、陶瓷及塑料等。由于铂的电阻率较大，而且相对机械强度较大，通常铂丝的直径在 0.05mm 以下，所以电阻丝不是太长，往往只绕一层，而且是裸丝，每匝间留有空隙以防短路。铜的机械强度较低，电阻丝的直径需较大，一般为 0.1mm，由于铜电阻的电阻率很小，要保证一定的电阻值需要很长的铜丝，所以不得不将铜丝绕成多层，这就必须用漆包线或丝包线。为消除绕线电感，通常采用双线并绕（亦称无感绕制）。当线圈中通过变化的电流时，由于并绕的两导线电流方向相反，磁通互相抵消，消除了电感。电阻丝绕完之后应经退火处理，以消除内应力对电阻温度特性的影响。

引线的作用是将电阻体线端引至接线盒，以便与外部导线及显示仪表连接。引线的直径较粗，一般约为 1mm，以减小引线电阻的影响。引线材料最好与电阻丝相同，或者与电阻丝的接触电势较小，以免产生附加电势。绝缘套管套在引线上，以防止引线之间及引线与保护套管之间的短路。绝缘材料的选用是根据温度范围来确定的，工业用热电阻一般采用圆柱形双孔绝缘磁珠。保护套管的作用是为防止电阻体遭受化学腐蚀和机械损伤，工业用热电阻的保护套管有黄铜管、碳钢管和不锈钢管，使用时可根据被测介质温度和性质来选取。

接线盒是用来固定接线座和作为热电阻与外部连接导线相连接的装置。通常用铝合金制成。

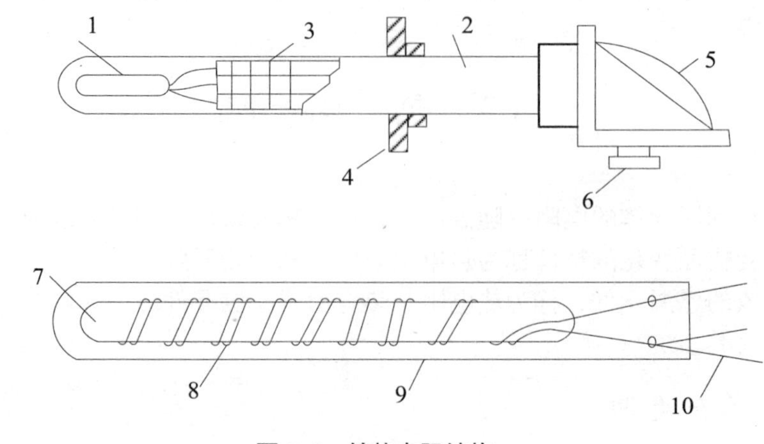

图 5-9　铂热电阻结构

1—电阻体；2—保护套管；3—绝缘套管；4—安装固定件；5—接线盒；

6—引线口；7—芯柱；8—电阻丝；9—保护膜；10—引线端

和铠装热电偶相似，热电阻也有铠装结构的。铠装热电阻的组成和特点与铠装热电偶基本相同。

目前使用的金属热电阻材料由铂、铜和镍等，其中应用最广泛的是铂、铜材料。

1．铂电阻

由于铂的物理、化学性能非常稳定，所以其是目前制造热电阻的最好材料。由于铂具有很好的稳定性和测量精度，故人们主要把它用于高精度的温度测量和标准测温装置。但铂电阻的电阻温度系数较小，在还原性介质中工作易于变脆，且铂价格较高。铂电阻的温度测量范围是-200~850℃。在高温下，只适合在氧化气氛中使用，真空和还原气氛会导致电阻值与温度的关系改变。

作为热电阻的铂丝，一般要求有尽可能高的化学纯度，铂丝纯度在温度测量领域中通常以电阻比（$W_{100}=R_{100}/R_0$，其中 R_{100} 和 R_0 分别为铂电阻在100℃和0℃时的电阻值）来表示。制作标准器的铂丝电阻比 W_{100} 不小于1.392 50，工业用铂电阻不小于1.390 0～1.392 0。铂电阻的电阻值与温度的关系是一个典型的非线性函数，一般工业用的铂电阻可用下式表示：

$$R_t = R_0[1 + At + Bt^2 + Ct^3(t-100)] \qquad (-200℃ < t < 0℃) \tag{5-7}$$

$$R_t = R_0(1 + At + Bt^2) \qquad (0℃ \leqslant t < 850℃) \tag{5-8}$$

式中：R_t 为温度为 t℃时的电阻值；R_0 为温度为 0℃时的电阻值；A、B、C 为常数，分别为。$A = 3.9083 \times 10^{-3}$ / ℃，$B = -5.775 \times 10^{-3}$ / ℃²，$C = -4.183 \times 10^{-3}$ / ℃³。

2．铜电阻

铜电阻具有电阻温度系数大、容易加工和提纯、价格便宜等优点。但当温度超过100℃时铜电阻容易被氧化，电阻率较小，因而体积较大，热惯性较大。在测量精度不太高、测量范围不大的情况下，可以采用铜电阻代替铂电阻。其测量范围一般为−50~150℃。

铜电阻的电阻值和温度的关系可表示为

$$R_t = R_0(1 + At + Bt^2 + Ct^3) \qquad (5\text{-}9)$$

式中：R_t 为温度为 t 时铜电阻的电阻值；A、B 和 C 为常数，分别为 $A = 4.28899 \times 10^{-3}$ / ℃；$B = -2.133 \times 10^{-7}$ / ℃²；$C = 1.2333 \times 10^{-9}$ / ℃³。

由于热电阻在温度 t 时的电阻值与 R_0 有关，所以对 R_0 的允许误差有严格的要求，另外 R_0 的大小也有相应的规定。R_0 愈大，则电阻体体积愈大，热惯性也愈大，但引线电阻及其变化的影响较小；R_0 愈小，情况与上述相反。需要综合考虑选用合适的 R_0。目前，我国规定工业用铂电阻温度计有 $R_0 = 10\Omega$ 和 $R_0 = 100\Omega$ 两种，其分度号分别为 Pt_{10} 和 Pt_{100}。铜电阻温度计也有 $R_0 = 50\Omega$ 和 $R_0 = 100\Omega$ 两种，其分度号分别为 Cu_{50} 和 Cu_{100}。在工业上，将不同 R_0 的 $R_t - t$ 关系制成不同分度号的分度表，可供直接查用。

金属热电阻的特点是精度高，但使用时要注意电阻体自身发热以及引线电阻对测量精度的影响。

（1）自热误差。当用金属热电阻组成测量电路时，电阻中总要流过一定的电流并消耗一定的电功率，通电后的发热同样会造成电阻值的变化，但这种变化是不希望的，使用中应尽量减小由于电阻通电产生的自热而引起的误差。解决的办法是限制电流，规定其值应不超过6mA。

（2）引线电阻的影响。测量金属热电阻总要有连接导线，由于金属热电阻本身的电阻值较小，所以引线的电阻值及其变化就不能忽略。为此，金属热电阻的引线通常采用三线制或四线制接法。

热电阻温度计的测量线路最常用的是电桥电路，为了减小引线电阻的影响，热电阻的连接方式经常采用三线制，如图5-10所示。

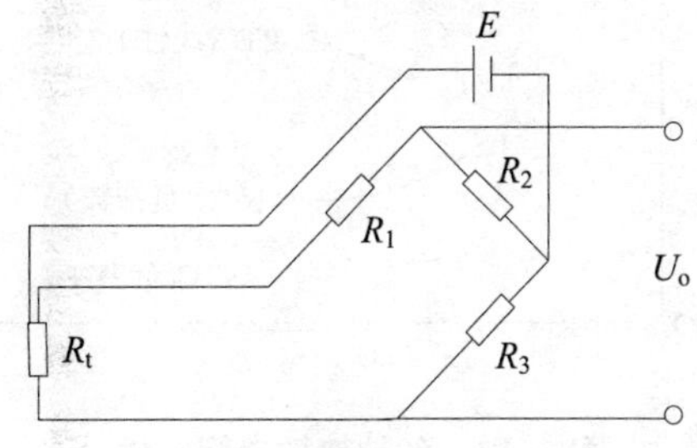

图5-10　热电阻的三线制接法

其中两根引线来自热电阻的一个引出端，另一根引线接至热电阻的另一个引出端。

三根引线分别接到变送器或显示仪表输入电路的电桥的电源和两个桥臂。由于引线分别接在电桥的两个桥臂上，受温度或长度的变化引起引线电阻的变化将同时影响两个桥臂的电阻，但对电桥的输出影响不大，从而较好地消除了引线电阻的影响，提高了测量的准确度。

热电阻的四线制接法如图 5-11 所示

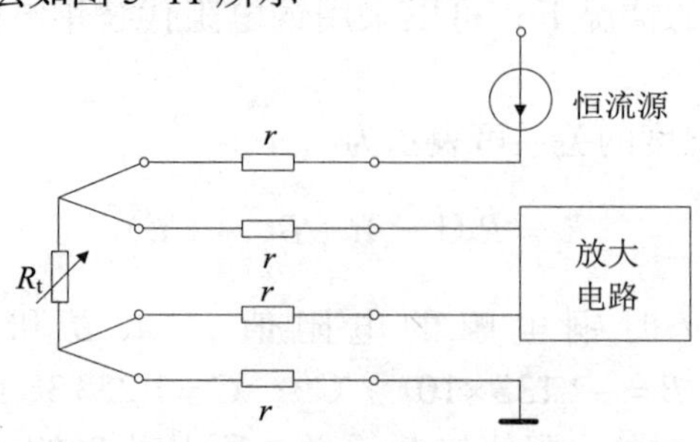

图 5-11　热电阻的四线制接法

5.2.2 半导体热敏电阻

1. 热敏电阻的分类

热敏电阻是利用半导体材料的电阻率随温度变化较显著的特点制成的一种热敏元件。它的测温范围为-50~350℃，具有灵敏度高、体积小、热惯性小、制作简单、价格低廉、使用方便、易于大批量生产等优点。其电阻温度系数要比金属大 10 ~ 100 倍以上，元件尺寸可做到直径 0.2mm，能够测量其他温度计无法测量的空隙、腔体、内孔的温度。缺点是互换性差、热电特性为非线性。因此，主要用于温度控制和一些精度要求不太高的温度测量中。

热敏电阻的温度系数有正有负，按温度系数的不同，热敏电阻可分为负温度系数热敏电阻（NTC）和正温度系数的热敏电阻（PTC）两大类。NTC 又分为负指数型和负突变型两类，PTC 分为线性和突变型两类，各种热敏电阻的电阻率和温度之间的关系曲线如图 5-12 所示。

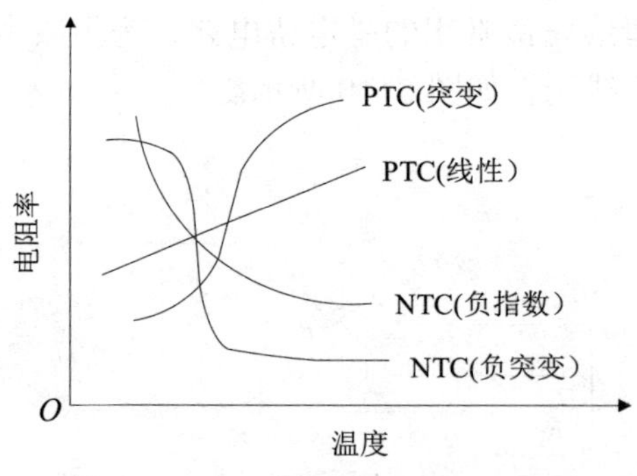

图 5-12　各种热敏电阻特性

PTC 热敏电阻是用 $BaTiO_3$ 掺入稀土元素使之半导体化而制成的，呈现正温度系数特性，温度越高，电阻值越大。突变型 PTC 热敏电阻随温度升高到某一值时电阻急剧增大，因而适宜于作为控制元件。而对于线性型 PTC 热敏电阻，在一定的温度范围内电阻与温度呈现近似线性关系，因而适宜作为温度检测和补偿用。

NTC 型热敏电阻主要由 Mn、Cn、Ni、Fe 等金属氧化物烧结而成，通过不同的材质组合，能得到不同的温度特性，呈现负的温度系数。NTC 型热敏电阻具有灵敏度高、热惰性小、寿命长和价格便宜等优点。热敏电阻可以根据需要制成不同的结构形式，有珠形、片形、杆形、薄膜形等，其直径或厚度约 1mm，长度往往不到 3mm。在-50~300℃范围，珠形和杆形的金属氧化物热敏电阻的稳定性较好，可作为温度检测和温度补偿元件。

负突变型热敏电阻是一种具有负的温度系数的开关型热敏电阻。它是在某一温度点附近电阻产生突变，且在极小温区内随温度的增加电阻降低 3、4 个数量级的热敏元件。其具有很好的开关特性，常作为温度控制元件。

热敏电阻结构较为简单，价格较低，电阻温度系数大，是金属电阻的十几倍，故灵敏度高。热敏电阻的电阻值高，通常在常温下为数千欧姆以上。因此连接导线电阻对测量的影响可以忽略不计，接线时采用二线制的方法，给使用带来了方便。

2．热敏电阻的应用

热敏电阻具有尺寸小、响应速度快、灵敏度高等优点，在许多领域得到了广泛的应用，如温度测量、温度控制、温度补偿、火灾报警、过热保护等。密封的热敏电阻不怕湿气侵蚀，可以用在较恶劣的环境中。由于热敏电阻的阻值较大，故其引线电阻和接触电阻可以忽略，使用使采用二线制接法即可。

（1）液位测量。热敏电阻液位报警器原理图如图 5-13 所示，给热敏电阻施加一定的电流，它的表面温度将高于周围空气的温度，此时它的阻值相对较小。当液面高于其安装高度时，液体将带走它的热量，使之温度下降，阻值升高。根据热敏电阻的阻值变化，可以知道液面是否低于设定值。汽车车厢中的油位报警传感器就是利用以上原理制作的。

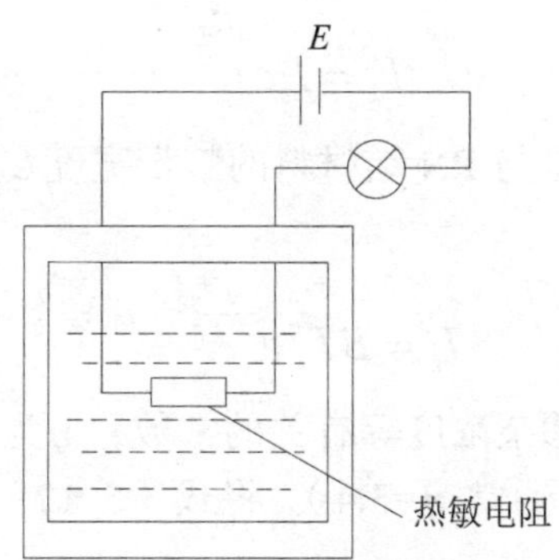

图 5-13　热敏电阻液位报警器

（2）电动机过载保护。热敏电阻可用于电动机过载保护，其电路如图 5-14 所示，R_{t1}、R_{t2}、R_{t3} 是热电特性相同的 3 个热敏电阻，安装在三相绕组附近。电动机正常运行时，电动机温度降低，热敏电阻的阻值增加，三极管不导通，继电器不吸合，电动机保持正常运行。当电动机过载时，电动机温度升高，热敏电阻的阻值减小，三极管导通，继电器吸合，电动机停止转动，从而实现保护作用。

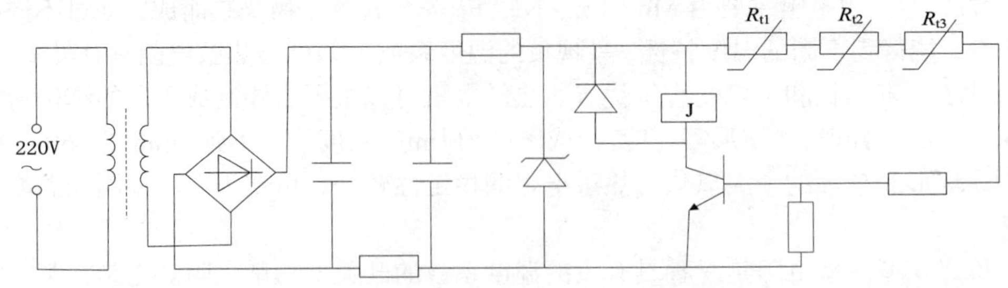

图 5-14 电动机热敏电阻过载保护电路

5.3 PN 结型温度传感器

根据半导体原理，PN 结的伏安特性与温度有关，利用这一特性可构成温度检测元件。

1．二极管温度检测元件

设流经晶体二极管的正向电流为I_d，则它与 PN 结上的电压U_d的关系可表示为

$$I_d = I_s\left(e^{\frac{qU_d}{kT}} - 1\right) \tag{5-10}$$

式中：q为电子电荷量；k为玻尔兹曼常数；T为热力学温度；I_s为反向饱和电流。

当T在 250~430K 时，$e^{\frac{qU_d}{kT}}$ >>1，则上式可变为

$$I_d = I_s e^{\frac{qU_d}{kT}} \tag{5-11}$$

PN 结的反向饱和电流I_s是与 PN 结材料的禁带宽度U_{go}和热力学温度T有关的函数，即

$$I_s = BT^{\eta} e^{-\frac{qU_{go}}{kT}} \tag{5-12}$$

式中：B是与 PN 结结面积和掺杂浓度等有关的常数；η为常数（η的数值决定于少数载流子迁移率对温度的关系，通常η=3.4）。将式（5-12）代入式（5-11），两边取对数，得

$$U_d = U_{go} - \frac{kT}{q}\left(\ln\frac{B}{I_d} + \ln T^{\eta}\right) \tag{5-13}$$

式（5-13）为 PN 结正向偏压与正向电流和温度的关系式。如令 I_d 为常数，即流过 PN 结的电流不变时，则正向偏压 U_d 仅随温度变化，对于通常的硅 PN 结材料来说，在-50~150℃的温度区间内，其非线性项 $\frac{kT}{q}\ln T^{\eta}$ 很小，可以忽略。

硅温敏二极管的正向电压 U_d 与温度的关系如图 5-15 所示，由图可知，在-50~100℃的温度范围内，其 PN 结电压与温度具有较好的线性关系。温度升高会导致电压下降，PN 结就是利用这一特性进行温度测量的。与热电偶相比具有较高的灵敏度。

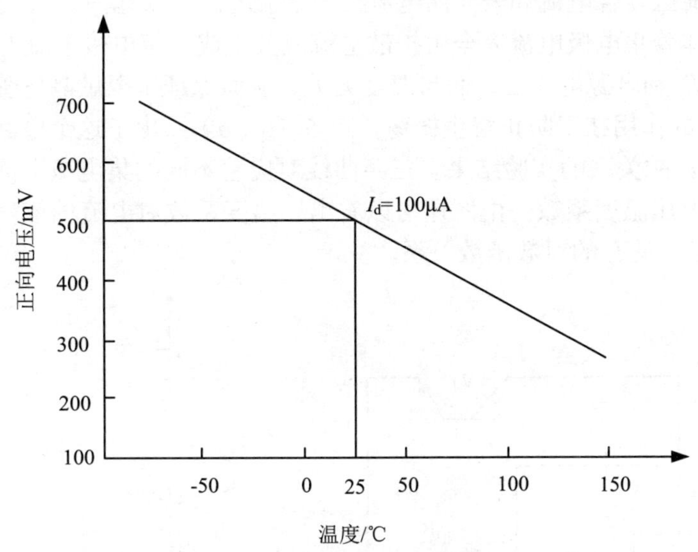

图 5-15　硅温敏二极管的温度特性

温敏二极管工作时总要流过一定的电流，因此自热是不可避免的，致使其结温高于环境温度。随着正向电流的增加，自热温升将迅速增加。对于低温测量，恒定工作电流一般取 10-50μA。在室温下，对于硅和砷化镓温敏二极管，当工作电流大约超过 300μA 时，就应考虑自热温升。

2．晶体管温度检测元件

二极管作为温敏器件是利用 PN 结在恒定电流条件下其正向电压与温度之间的近似线性关系，这种关系对扩散电流成立。但是，对于实际的二极管，其正向电流除扩散电流成分外，还包括空间电荷区中的复合电流成分和表面复合电流成分。后两个电流成分与温度的关系不同于扩散电流成分与温度的关系。因此，实际二极管的电压-温度特性将偏离理想情况。采用晶体管代替二极管作为温敏器件可以很容易解决这个问题。在发射结正向偏置条件下，虽然发射极电流包括上述三种成分，但只有其中的扩散电流成分能够到达集电极形成集电极电流，而另两个电流成分则作为基极电流漏掉，并不到达集电极。正是由于这个原因，晶体管的 I_c-U_{be} 关系比二极管的 I_d-U_d 关系更符合理想情况，并因此表现出更好的电压-温度特性。

NPN 型晶体管的基极-发射极电压 U_{be} 与温度 T 和集电极电流 I_c 的函数关系为：

$$U_{be}=U_{go}-\frac{kT}{q}\ln\frac{B}{I_c} \tag{5-14}$$

如果电流 I_c 为常数，则式中给出的 U_{be} 仅随温度做单调和单值变化。

图 5-16（a）给出了一种最常用的温敏晶体管基本电路。温敏晶体管作为负反馈元件跨接在运算放大器的反相输入端和输出端，同时基极接地。电路的这种接法使得发射结为正偏，而集电结几乎为零偏。零偏的集电结使得集电极电流中不需要的成分如集电结空间电荷区的生成电流、反向饱和电流及表面漏电流为零。而发射极电流中的发射结空间电荷区复合电流和表面漏电流作为基极电流流入地内。

因此，晶体管集电极电流完全由扩散电流成分组成。集电极电流 I_c 的大小仅取决于集电极电阻 R_c 和电源电压 E，而与温度无关，从而保证了温敏晶体管处于恒流工作状态。电容 C 的作用在于防止寄生振荡。图 5-16（b）给出了这个电路的输出曲线，即 U_{be} 与温度 T 的关系的实验结果。三条曲线对应着不同的集电极电流值，且小电流对应着较大的电压温度系数。由图还可以看出，温度系数对电流的依赖性并不十分强烈，这是因为 U_{be} 是 I_c 的对数函数关系。

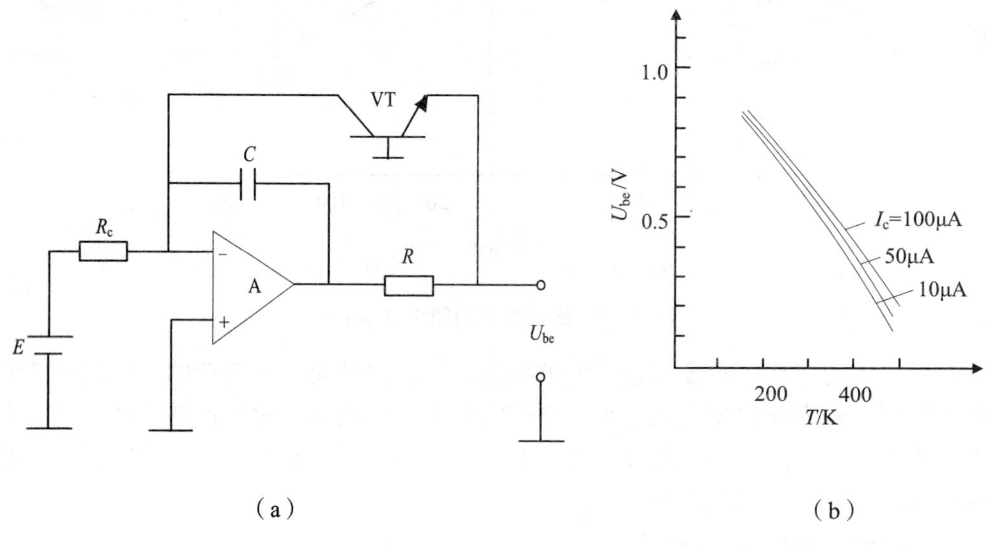

图 5-16　温敏晶体管测温电路

（a）基本电路；（b）输出特性

5.4　集成温度传感器

集成温度传感器实质上是一种半导体集成电路，它是利用晶体管 PN 结的电流和电压特性与温度的关系，把感温元件（PN 结）与有关的电子线路集成在很小的硅片上封装而成的。其具有体积小、线性好、反应灵敏、价格低和抗干扰能力强等优点，应用十分广泛。由于 PN 结不能耐高温，所以集成温度传感器通常测量 150℃以下的温度。

集成温度传感器的输出形式分为电流输出、电压输出和频率输出 3 种。电流输出型的输出阻抗很高，可用于远距离精密温度遥感和遥测，而且不用考虑接线引入损耗和噪声。电压输出型的输出阻抗低，易于同信号处理电路连接。频率输出型易与微型计算机连接。

图 5-17 为集成温度传感器原理示意图。其中 VT_1、VT_2 为差分对管，所处温度均为 T，由恒流源提供的 I_1、I_2 分别为 VT_1、VT_2 的集电极电流，则电阻 R_1 上的电压降等于 VT_1 与 VT_2 的基极-发射极电压之差，即

$$\begin{aligned}\Delta U_{be} &= U_{be1} - U_{be2} \\ &= \left(U_{go} - \frac{kT}{q}\text{In}\frac{B_1}{I_1}\right) - \left(U_{go} - \frac{kT}{q}\text{In}\frac{B_2}{I_2}\right) = \frac{kT}{q}\text{In}\frac{I_1}{I_2}\gamma \end{aligned} \quad (5\text{-}15)$$

式中：k 为玻尔兹曼常数；q 为电子电荷量；T 为绝对温度；B_1 和 B_2 是与 PN 结结面积和掺杂浓度等有关的常数；γ 为 VT_2 和 VT_1 发射结面积之比（反向饱和电流之比）。由式（5-15）可知，只要 I_1/I_2 为恒定值，则 ΔU_{be} 与温度 T 为单值线性函数关系。这就是集成温度传感器的工作原理。

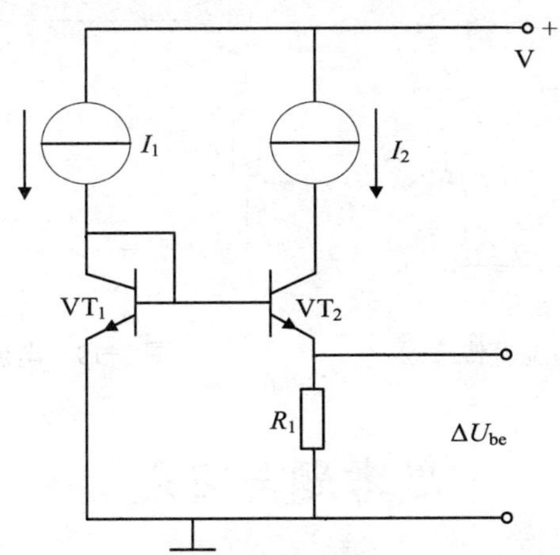

图 5-17 集成温度传感器原理

如图 5-18 所示的电路为电压输出型集成温度传感器。VT_1、VT_2 为差分对管，调节电阻 R_1，可使 $I_1 = I_2$，在忽略基极电流的情况下，电路输出电压 U_o 为

$$U_o = I_2 R_2 = \frac{\Delta U_{be}}{R_1} R_2 \quad (5\text{-}16)$$

$$U_o = \frac{kT}{q}\frac{R_2}{R_1}\text{In}\gamma \quad (5\text{-}17)$$

由式（5-17）可知，R_1、R_2 不变，则 U_o 与 T 成线性关系。若 $R_1 = 940\Omega$，$R_2 = 30\Omega$，

$\gamma = 37$，则电路输出温度系数为 10mV/K。

电流输出型集成温度传感器原理如图 5-19 所示，图中 VT_1 和 VT_2 是两个性能完全相同的 PNP 晶体管，起恒流作用，它们的集电极电流应当相等，即 $I_1 = I_2$。VT_3、VT_4 发射结面积之比为 γ，此时电流源总电流 I_T 为

$$I_T = 2I_1 = \frac{2\Delta U_{be}}{R} = \frac{2kT}{qR}\ln\gamma \tag{5-18}$$

由式（5-18）可知，当 R、γ 为恒定量时，I_T 与 T 呈线性关系。若 $R = 358\Omega$，$\gamma = 8$，则电路输出温度系数为 1μA/K。

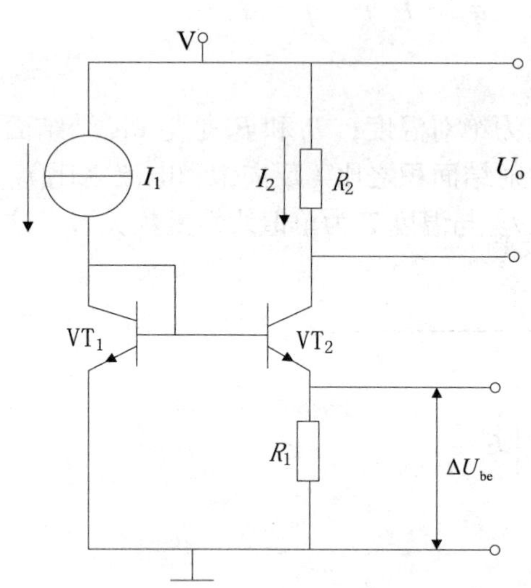

图 5-18 电压输出型温度传感器

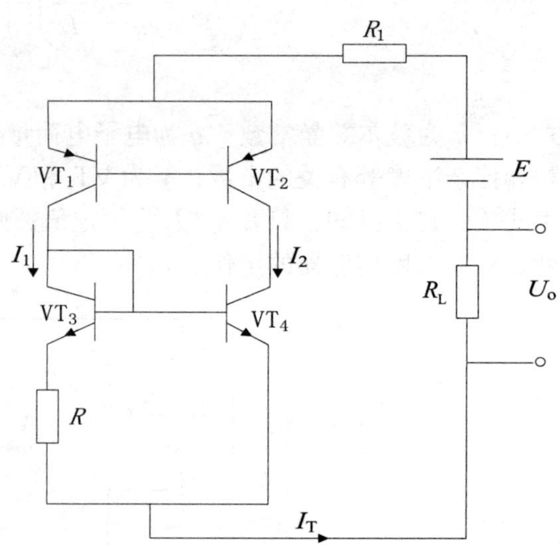

图 5-19 电流输出型温度传感器

思考题与习题

1. 铠装热电偶与普通热电偶相比有哪些优点。
2. 解释热电效应、热电势、接触电势和温差电势。
3. 简述热电偶能够工作的两个条件。
4. 什么叫中间导体定律和标准电极定律?
5. 金属热电阻与半导体热敏电阻各有什么特点?
6. 简述热电偶冷端温度补偿的必要性，常用冷端温度补偿的方法有哪些?
7. 简述二极管测温的工作原理。
8. 简述集成温度传感器工作原理。

第 6 章　压电传感器

压电式传感器是有源双向机电传感器，既可将机械能转变为电能，又能将电能转变成机械能，是可逆型换能器。压电式检测元件是利用压电材料作为敏感元件，以其受外力作用时在晶体表面产生电荷的压电效应为基础来实现参数测量的，可以实现力、压力、加速度和扭矩等物理量的测量。

6.1　压 电 材 料

某些电介质当沿一定方向受外力（压力或拉力）作用时，其内部会产生极化现象，同时在它的两个相对表面上出现正负相反的电荷。在外力去掉后，它又会恢复到不带电的状态，这种现象称为正压电效应。当作用力的方向改变时，电荷的极性也随之改变，所受的作用力越大，则机械变形越大，所产生的电荷量越多。压电效应是可逆的，当在电介质的极化方向上施加电场时，这些电介质也会发生变形，在电场去掉后，电介质的变形随之消失，这种现象称为逆压电效应或电致伸缩现象。

具有压电效应的材料称为压电材料，压电材料能实现机电能量的相互转换，具有一定的可逆性。压电材料常用晶体材料，但自然界中多数晶体压电效应非常微弱，很难满足实际检测的需要，因而没有实用价值。目前能够广泛使用的压电材料只有石英晶体和人工制造的压电陶瓷如钛酸钡、锆钛酸铅等材料，这些材料都具有良好的压电效应。压电材料可以分为石英晶体、压电陶瓷和高分子压电材料三类。

1．石英晶体

常见的石英晶体有天然和人造石英晶体。石英晶体的压电效应与其内部结构有关。石英晶体是高纯度的二氧化硅，它的化学式是 SiO_2，为单晶体结构。其突出的优点是性能非常稳定，介电常数与压电系数的温度稳定性特别好，在几百度的温度范围内，压电系数基本不随温度而变化，且居里温度高，可以达到 575℃。石英的熔点为 1 750℃，密度为 $2.65\times10^3\,kg/m^3$。此外石英还具有机械强度高、绝缘性能好、动态响应快、线性范围宽、迟滞小等优点。但石英晶体压电系数较小，灵敏度较低，且价格较贵，因此只在标准传感器、高精度传感器或高温环境下工作的传感器中作为压电元件使用。

石英晶体是各向异性晶体。图 6-1（a）为天然结构的石英晶体理想外形，它是一个正六面体，在晶体学中可以把它用三根互相垂直的轴来表示，如图 6-1（b）所示。其中纵向轴 z 轴称为光轴；经过六面体棱线，并垂直于光轴的 x 轴称为电轴；与 x 轴和 z 轴同时垂直的 y 轴（垂直于正六面体的棱线）称为机械轴。把沿电轴 x 方向的力作用下产生电荷的压电效应称为纵向压电效应，而把沿机械轴 y 方向的力作用下产生的压电效应称为横向压电效应，沿光轴 z 方向受力时不产生压电效应。

从晶体上沿轴线方向切下的薄片称为晶体切片，如图 6-1（c）所示。在晶体切片上，当沿电轴方向施加作用力 F_x 时，则在与电轴垂直平面上会产生电荷 q_x，其大小表示为

$$q_x = d_{11}F_x \tag{6-1}$$

式中：d_{11} 为压电系数；F_x 为沿晶片 x 方向施加的作用力，电荷的符号取决于 F_x 的方向（受压或受拉）。

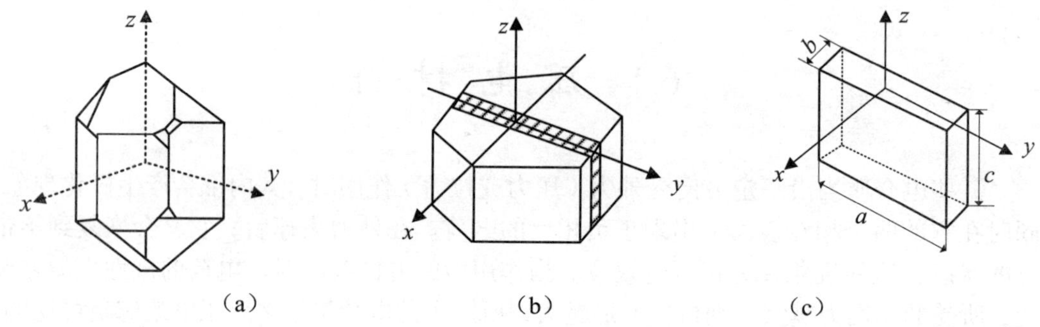

图 6-1　石英晶体与石英切片

由式（6-1）可以看出，电荷大小与其切片的几何尺寸无关。若对同一切片沿机械轴方向施加作用力 F_y，其产生电荷仍会出现在与 x 轴垂直的平面上，但极性相反，其电荷大小可表示为

$$q_y = d_{12}\frac{a}{b}F_y = -d_{11}\frac{a}{b}F_y \tag{6-2}$$

式中：a 和 b 为图 6-1（c）所示切片的长度和厚度；d_{12} 为 y 轴方向受力时的压电系数，对石英晶体来说 $d_{12} = -d_{11}$。

由式（6-2）可以看出，沿机械轴方向的力作用在晶片上产生的电荷大小与晶体切片的几何尺寸有关。式中负号说明沿 y 轴的压力所引起的电荷极性与沿 x 轴的压力所产生的电荷极性是相反的。

若施加的作用力的方向改变，则电荷的符号也发生变化。晶体切片上受力后产生电荷极性与受力方向的关系如图 6-2 所示。

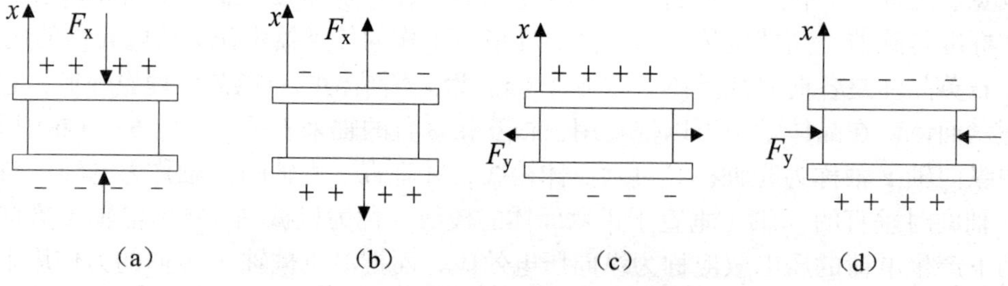

图 6-2　石英晶片上电荷极性与受力方向的关系

2. 压电陶瓷

压电陶瓷是人造多晶体，它的压电机理与石英并不相同。压电陶瓷材料内的晶粒有许多自发极化电畴。在极化处理以前，各晶粒内电畴任意方向排列，自发极化的作用互相抵消，陶瓷内极化强度为零，当陶瓷上施加外电场时，电畴自发极化方向转到与外加电场方向一致，此时压电陶瓷具有一定的极化强度。在外电场撤销后，各电畴的自发极化在一定程度上仍按原外加电场方向取向，陶瓷极化强度并不立即恢复到零，此时存在剩余极化强度。同时陶瓷片极化的两端出现束缚电荷，一端为正，另一端为负，如图 6-3 所示。由于束缚电荷的作用，在陶瓷片的极化两端很快吸附一层来自外界的自由电荷，这时束缚电荷与自由电荷数值相等，极性相反，因此陶瓷片对外不呈现极性。

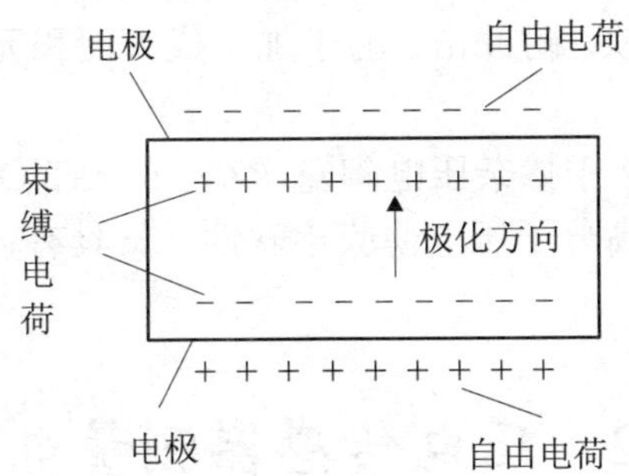

图 6-3 束缚电荷与自由电荷示意图

如果在压电陶瓷片上加一个与极化方向平行的外力，陶瓷片产生压缩变形，片内的束缚电荷之间距离变小，电畴发生偏转，极化强度变小，因此，吸附在其表面的自由电荷有一部分被释放而呈放电现象。当撤销外力时，陶瓷片恢复原状，极化强度增大，因此又吸附一部分自由电荷而出现充电现象。这种因受力而产生的机械效应转变为电效应，将机械能转变为电能，就是压电陶瓷的正压电效应。

同样，若在陶瓷片上加一个与极化方向相同的电场，由于电场的方向与极化强度的方向相同，所以电场的作用使极化强度增大。这时，陶瓷片内的正、负束缚电荷之间的距离也增大，即陶瓷片沿极化方向产生伸长的形变。同理，如果外加电场的方向与极化方向相反，则陶瓷片沿极化方向产生缩短的形变。这种由于电效应转变为机械能的现象，就是逆压电效应。

压电陶瓷是人工制造的多晶体压电材料。与石英晶体相比，压电陶瓷的压电系数很高而且价格低廉，因此在实际中使用的压电传感器，大都采用压电陶瓷材料。其不足之处是，居里温度较低，性能没有石英晶体稳定。但随着材料科学的发展，压电陶瓷的性能正在逐步提高。压电陶瓷主要有钛酸钡、锆钛酸铅系压电陶瓷（PZT）。

（1）钛酸钡：它具有很高的压电系数和介电常数，但它的居里温度较低，约为120℃，温度稳定性和机械强度较石英晶体差。由于它的压电系数高（约为石英的 50倍），因而在传感器中得到广泛应用。

（2）锆钛酸铅系压电陶瓷（PZT）：锆钛酸铅是由 $PbTiO_3$ 和 $PbZrO_3$ 组成的固溶体

$Pb(ZrTiO_3)$。其压电系数更大，居里温度在 300℃以上，各项机电参数受温度影响较小，稳定性好，是目前经常采用的一种压电材料。在锆钛酸铅中添加一种或两种其他元素（铌、锑、锡、锰等），还可以获得不同性能的 PZT 材料。

3. 高分子压电材料

新型压电材料主要包括有机压电薄膜、压电半导体等。有机压电薄膜是由某些高分子聚合物经延展、拉伸、极化后形成的具有压电特性的薄膜，如聚偏二氟乙烯、聚氟乙烯等，具有柔软、不易破碎和面积大等优点，可制成大面积阵列传感器和机器人触觉传感器。聚偏二氟乙烯（PVF_2）是一种高分子半晶态聚合物。根据使用要求，可将 PVF_2 原材料制成薄膜、厚膜和管状等。PVF_2 压电薄膜具有较高的灵敏度，比 PZT 大 17 倍，它的动态品质非常好，特别适合利用正压电效应输出电信号。此外，它还具有机械强度高、柔软、耐冲击、易于加工成大面积元件和阵列元件以及价格便宜等优点。

另一类是高分子化合物中掺杂压电陶瓷 PZT 或 $BaTiO_3$ 粉末制成的高分子压电薄膜，这种复合材料保持了高分子压电薄膜柔软性，又具有较高的压电常数和机电耦合常数。

6.2 压电传感器测量电路

在压电传感器中，压电片一般不止一片，为了提高压电传感器的灵敏度，常常采用两片（或两片以上）黏结在一起。由于压电片的电荷是有极性的，所以连接方式有两种。

图 6-4（a）为电气上的串联连接方式，正电荷集中在上极板，负电荷集中在下极板，在中间极板，上片产生的负电荷与下片产生的正电荷相互抵消，输出的总电荷等于单片电荷，输出电压为单片电压的两倍，总电容为单片电容的一半。串联连接方式输出电压大，输出电容小，时间常数小，故适用于以电压作为输出信号的场合。

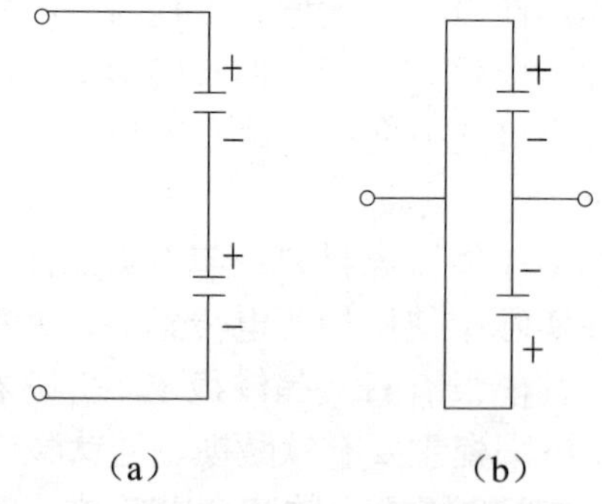

图 6-4　压电片的连接方式

（a）串联；（b）并联

图 6-4（b）为电气上的并联连接方式，两压电片的负电荷都集中在中间负电极上，

正电荷在上、下两正电极上。这种情况相当于两个电容器并联。其输出电容为单片电容的两倍，而输出电压等于单片电压，极板上的电荷量等于单片电荷量的两倍。可见采用并联连接输出电荷大，输出电容也大，时间常数大，故宜于测量慢变信号，并且适用于以电荷为输出量的场合。

当压电元件受外力作用时，会在压电元件一定方向的两个表面（极板）上聚集数量相等、极性相反的电荷。因此它相当于一个电荷源（静电荷发生器）。当压电元件电极表面聚集电荷时，它又相当于一个以压电材料为电介质的电容器，其电容 C_a 为

$$C_a = \frac{\varepsilon_0 \varepsilon_r S}{d} = \frac{\varepsilon S}{d} \tag{6-3}$$

式中：S 为压电元件的极板面积；d 为压电元件极板间的厚度；ε 为压电材料的介电常数；ε_r 为压电材料的相对介电常数；ε_0 为真空介电常数（$\varepsilon_0 = 8.85 \times 10^{-12}\,\mathrm{F/m}$）。

由于它既是电荷源，又是电容器，所以可把压电元件等效为一个电荷源 q 与一个电容 C_a 相并联，如图 6-5（a）所示。由于电容器上的电压 U、电荷 q 与电容 C_a 三者存在如下关系：

$$q = UC_a \tag{6-4}$$

因此，压电式检测元件也可以等效为一个电压源和一个电容串联的等效电路，如图 6-5（b）所示。

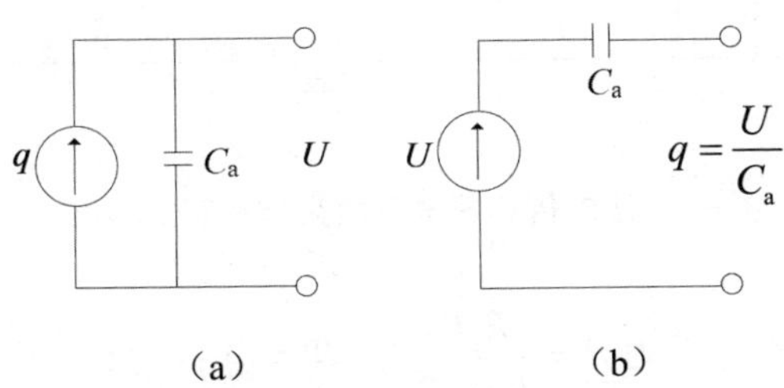

图 6-5　压电元件等效电路

(a) 电荷源等效电路；(b) 电压源等效电路

但是，必须指出，上述等效电路及其输出，只有在压电元件本身为理想绝缘（即 $R_a = \infty$）、外电路负载无穷大（$R_L = \infty$）、内部无泄漏时，受力产生的电荷才能长期不变。实际上，负载不可能无穷大，因此测量静态信号以及低频准静态信号时必然会带来测量误差。压电传感器不宜作静态测量，压电材料在交变力的作用下，电荷不断得到补充，供给测量电路一定的电流，故压电传感器只适宜于动态测量。

由于压电元件的输出信号非常微弱，一般要把其输出信号通过电缆送入前置放大器放大，所以，在等效电路中就必须考虑前置放大器的输入电阻 R_i、输入电容 C_i、电缆电容 C_c 以及传感器的泄漏电阻（绝缘电阻）R_a。

压电传感器的内阻极高，使得其难以直接使用一般放大器，通常应将传感器的输

出信号输入到测量电路的高输入阻抗前置放大器中变换成低阻抗输出信号，然后再送到测量电路的放大、检波、数据处理电路或显示设备。由于输出信号小，所以必须进行前置放大，且要求前置放大器放大倍数大、灵敏度高、输入阻抗 R_i 大。压电传感器测量电路中的前置放大器必须具备两个功能：一是放大，把压电传感器的微弱信号放大；二是阻抗变换，把压电传感器的高阻抗输入变换为前置放大器的低阻抗输出。总之，压电传感器的输出端必须先接入一个输入阻抗很高的前置放大器，再接一般放大器。

压电式传感器的测量电路有电荷源与电压源两种，相应的前置放大器也有电压放大器和电荷放大器两种形式。电压放大器的输出电压与输入电压成正比，电荷放大器的输出电压与输入电荷成正比。

6.2.1 电压放大器

压电传感器电压放大器等效电路如图 6-6（a）所示，其简化的等效电路如图 6-6（b）所示。

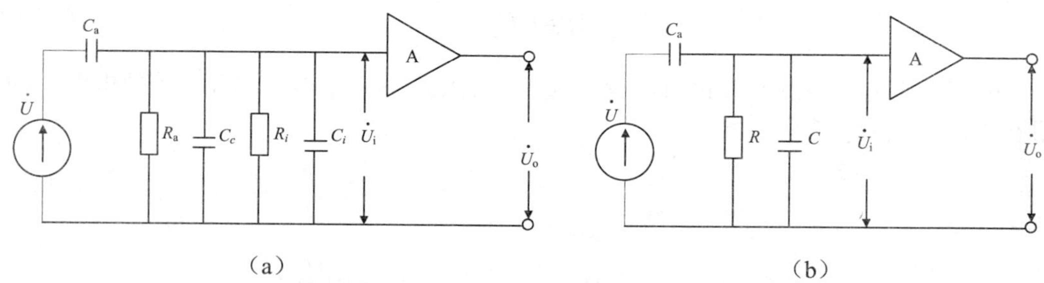

图 6-6 压电传感器电压放大器的等效电路

图 6-6（b）中，等效电阻为 $R=\dfrac{R_a R_i}{R_a+R_i}$，等效电容为 $C=C_c+C_i$，而 $U=\dfrac{q}{C_a}$。

假设作用在压电传感器上的交变力为 F，其最大值为 F_m，角频率为 ω，即

$$F=F_m\sin\omega t \tag{6-5}$$

若压电元件的压电常数为 d，在力 F 作用下，产生的电荷 q 为

$$q=dF=dF_m\sin\omega t \tag{6-6}$$

压电元件产生的电压 U 为

$$U=\frac{dF_m}{C_a}\sin\omega t=U_m\sin\omega t \tag{6-7}$$

式中：U_m 为压电元件产生的电压幅值，$U_m=dF_m/C_a$，d 为压电系数。

经过计算，可得送到电压放大器输入端的电压 U_i 为

$$U_i = \frac{U}{\dfrac{1}{j\omega C_a} + \dfrac{R\dfrac{1}{j\omega C}}{R + \dfrac{1}{j\omega C}}} \frac{R\dfrac{1}{j\omega C}}{R + \dfrac{1}{j\omega C}} \tag{6-8}$$

$$U_i = dF_m \frac{j\omega R}{1 + j\omega R(C + C_a)} \sin \omega t$$

U_i 的幅值大小为

$$|U_i| = \frac{dF_m \omega R}{\sqrt{1 + \omega^2 R^2 (C_a + C_c + C_i)^2}} \tag{6-9}$$

令 $\tau = R(C_a + C_c + C_i)$，$\tau$ 为测量回路的时间常数，并令 $\omega_0 = \dfrac{1}{\tau}$，当 $\omega >> \omega_0$ 时，可得

$$|U_i| = \frac{dF_m \omega R}{\sqrt{1 + (\omega/\omega_0)^2}} \approx \frac{dF_m}{C_a + C_c + C_i} \tag{6-10}$$

当 $\omega >> \omega_0$ 时，压电式传感器的压电灵敏度为

$$S_V = \left|\frac{U_i}{F_m}\right| \approx \frac{d}{C_a + C_c + C_i} \tag{6-11}$$

由式（6-11）可知，当 $\omega / \omega_0 >> 1$（即 $\omega\tau >> 1$）时，即作用力变化频率与回路时间常数的乘积远大于 1 时，前置放大器的输入电压大小与频率无关。由此说明，在测量回路时间常数一定的条件下，压电传感器高频特性好。为了扩展传感器工作频带的低频段范围，需要尽量提高测量回路的时间常数 τ，增加回路的电容会使传感器的灵敏度下降。为此，常常通过提高测量回路电阻来增大时间常数。

由式（6-11）可见，当改变连接传感器与前置放大器的电缆长度时，C_c 将改变，电压灵敏度也随着变化，因此，不能随意更换传感器出厂时的连接电缆长度。另外，连接电缆也不能过长，过长将降低灵敏度。

6.2.2 电荷放大器

电荷放大器是一个具有深度电容负反馈的高增益运算放大器电路。当略去压电晶片的绝缘电阻 R_a、反馈电容的并联电阻 R_f 以及放大器的输入电阻 R_i 时，电荷放大器的电路如图 6-7 所示。

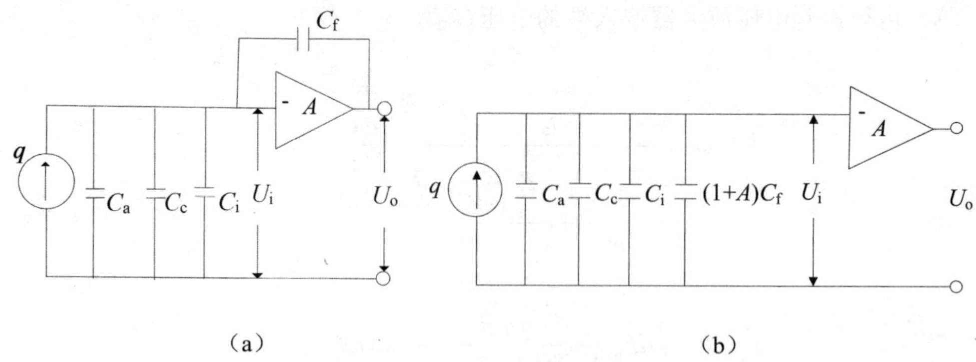

图 6-7　电荷放大器电路

根据密勒定理，可将反馈电容 C_f 折算到输入端，其等效电路如图 6-7（b）所示，放大器的输入电压 U_i 为

$$U_i=\frac{q}{C_a+C_c+C_i+(1+A)C_f} \tag{6-12}$$

输出电压 U_o 为

$$U_o=\frac{-Aq}{C_a+C_c+C_i+(1+A)C_f} \tag{6-13}$$

当放大器增益 $A>>1$ 时，$(1+A)C_f>>C_a+C_c+C_i$，式（6-13）简化为

$$U_o=\frac{-q}{C_f} \tag{6-14}$$

电荷放大器的灵敏度为

$$K=\frac{U_o}{q}=-\frac{1}{C_f} \tag{6-15}$$

放大器的输出灵敏度取决于 C_f。在实际电路中，是采用切换运算放大器负反馈电容 C_f 的办法来调节灵敏度的。C_f 越小则放大器的灵敏度越高。为了放大器的工作稳定，减小零漂，在反馈电容 C_f 两端通常并联一反馈电阻 R_f，形成直流负反馈，用以稳定放大器的直流工作点。

通常，当 $(1+A)C_f$ 大于 $(C_a+C_c+C_i)$ 十倍以上，即可认为传感器的输出灵敏度与电缆电容无关。但由于电缆的分布电容 C_c 随着传输距离的增加而增大，因此在远距离传输时，需要考虑电缆电容 C_c 对测量精度的影响。

电荷放大器的低频特性好，低频截止频率几乎接近于零，这也是电荷放大器的一个显著优点。电荷放大器虽然允许使用长电缆并具有较好的低频响应特性，但与电压放大器相比，它的价格较高，电路也较复杂，调整也困难，这是电荷放大器的不足之处。

6.3　压电传感器的应用

1．压电引信

压电引信是一种利用钛酸钡压电陶瓷的压电效应制成的军用弹丸起爆装置。它具有瞬时能量高、不需要配置电源等优点，常用于破甲弹上，对提高弹丸的破甲能力起着重要的作用。整个引信由压电元件和起爆装置两部分组成。压电元件安装在弹丸的头部，起爆装置设置在弹丸的尾部，通过导线互连。压电引信的原理如图 6-8 所示。平时电雷管处于短路保险安全状态，压电元件即使受压，其产生的电荷也通过电阻 R 释放掉，不会使电雷管引爆。

弹丸发射后，引信起爆装置解除保险状态，开关 S 从 a 处断开与 b 接通，处于工作状态。当弹丸与装甲目标接触时，碰撞压力使压电元件产生电荷，经过导线传递给电雷管使其引爆，炸药爆炸形成的高温高速的能量流将坚硬的钢甲穿透，起到摧毁的目的。

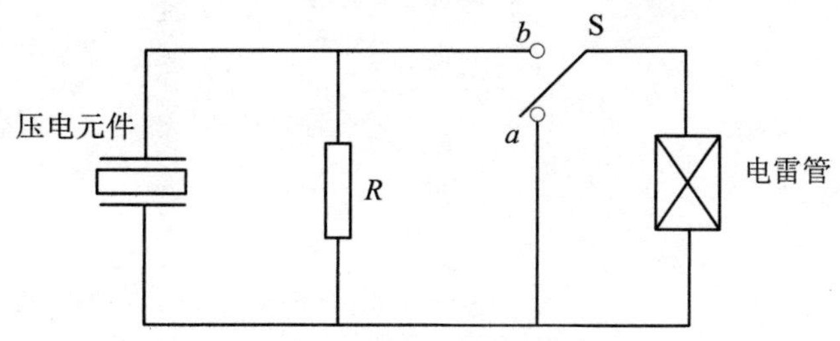

图 6-8　压电引信工作原理

2．煤气灶电子点火装置

燃气灶的电子点火装置如图 6-9 所示。当按下手动凸轮开关时，把气阀打开，同时凸轮凸出部分推动冲击钻，使得弹簧被冲击钻向左压缩，当凸轮凸出部分离开冲击钻时，由于弹簧弹力的作用，冲击钻猛烈撞击陶瓷压电组件，产生压电效应，从而在正负两极面上产生大量电荷，正负电荷通过高压导线在尖端放电产生火花，使燃气被点燃。

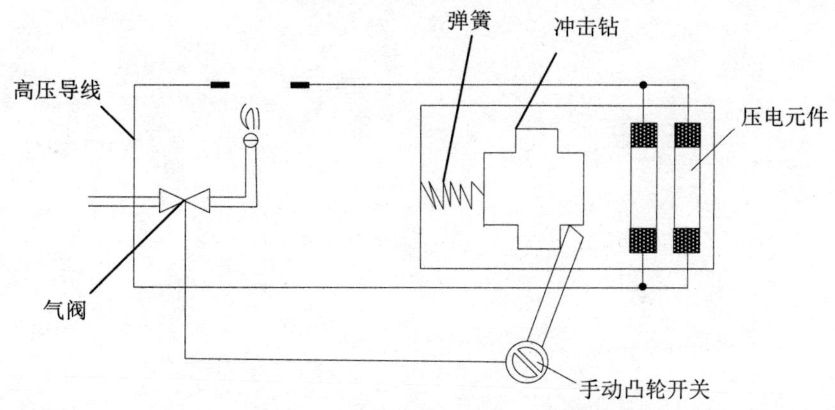

图 6-9　煤气灶的电子点火装置

思考题与习题

1．什么是压电效应？什么是逆压电效应？

2．压电材料有哪些种类？比较它们各自的特点。

3．为什么压电传感器只适宜于动态测量？

4．写出压电传感器电荷放大器和电压放大器的表达式，电荷放大器和电压放大器有何异同？

5．用压电式加速度传感器和电荷放大器测量振动，若传感器的灵敏度为 7pC/g，电荷放大器的灵敏度为 100mV/pC，试确定加速度为 3g 时系统的输出电压（g 为重力加速度）。

第 7 章　磁电式传感器

7.1　霍尔传感器

霍尔元件是一种半导体磁电器件，它是利用霍尔效应来进行工作的。早在 1879 年霍尔就在金属中发现了霍尔效应，但这种效应在金属中十分微弱，当时并没有引起重视。随着半导体技术的发展，开始用半导体材料制成霍尔元件，由于它的霍尔效应显著而得到应用和发展。

霍尔检测元件是以霍尔效应作为理论基础，以霍尔元件为核心部件的磁敏式检测元件。它可将被测量（如电流、磁场、位移、压力等）转换成霍尔电压。霍尔器件结构简单、线性好、频带宽、体积小、使用寿命长，因此得到了广泛的应用。

图 7-1 为一片状半导体材料，垂直放置于磁感应强度为 B 的磁场中，若在它的两端通过控制电流 I，那么在垂直于电流和磁场的方向将产生电动势 U_H，这种现象称为霍尔效应。

设半导体薄片通以电流 I，半导体中的电子将沿着与电流相反的方向运动，由于受到外磁场的作用，电子的运动轨迹发生偏移，结果使半导体片的一侧因电子积累而带负电，另一侧因电子缺失而带正电，两侧面之间形成电场 E_H，该电场产生的电场力阻止电子继续偏移，当电场作用在运动电子上的电场力 F_E 与磁场力（洛伦兹力）F_L 的作用相等时，则会达到动态平衡。此时，在半导体两侧面建立的电场称为霍尔电场 E_H，相应的电势为霍尔电势 U_H。

洛伦兹力的大小为

$$F_L = evB \tag{7-1}$$

式中：e 为电子电量；v 为电子运动速度；B 为磁感应强度。

霍尔电场对运动电子的作用力大小为

$$F_E = eE_H = e\frac{U_H}{a} \tag{7-2}$$

式中：a 为霍尔元件的宽度。

因为 F_E 与 F_L 的方向相反，所以当达到动态平衡时有 $evB = e\frac{U_H}{a}$。若以 n 表示半导体中的电子浓度，即单位体积中的电子数，则 $I = -nevad$ 或写成 $v = -\frac{I}{nead}$。式中：负号表示电流方向与电子运动方向相反，整理可得

$$U_H = \frac{IB}{ned} = R_H\frac{IB}{d} = K_H IB \tag{7-3}$$

式中：$R_H = \frac{1}{ne}$ 称为霍尔系数，是由半导体材料决定的；$K_H = \frac{1}{ned}$ 称为霍尔元件的灵敏度。

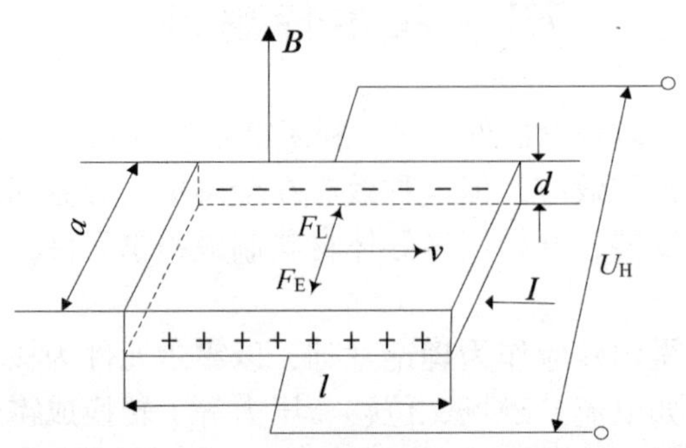

图 7-1　霍尔效应原理图

霍尔元件灵敏度 K_H 与元件材料和几何尺寸有关，元件的厚度越薄，灵敏度越高。因此霍尔元件的厚度一般都比较薄。但在考虑提高灵敏度的同时，必须兼顾元件的强度和内阻。一般 d=0.1~0.2mm，薄型霍尔元件只有 1μm 左右。

在半导体片的材料和尺寸选定以后，R_H 和 K_H 保持常数，霍尔电压 U_H 就和 I 与 B 的乘积成正比。当控制电流的方向或磁场的方向改变时，输出电动势的方向也将改变。但当磁场与电流方向同时改变时，霍尔电势并不改变原来的方向。由于建立霍尔电势所需的时间极短，所以霍尔元件的频率很高。当控制电流采用交流电时，它的频率可达 10^9Hz。

霍尔元件一般采用 N 型锗、锑化铟和砷化铟等半导体材料制成。霍尔元件的几何形状为长方形，长宽比为 2∶1。在长度方向两端面上焊有两根引线，称为控制电流引线，在薄片的另两端面的中间焊有另两根引线称为霍尔电压引出线。两组引线的焊接都应该呈电阻性质（欧姆接触），否则会影响输出。霍尔元件的壳体是非导磁金属陶瓷或环氧树脂封装。图 7-2、图 7-3 分别给出了霍尔元件的符号及其基本电路。

激励电流由电源 E 供给，可变电阻用来调节激励电流 I 的大小；R_L 是霍尔输出电压 U_H 的负载电阻，通常它是显示仪表、记录装置或放大电路的输入阻抗。霍尔电压 U_H 一般为毫伏数量级，因而实际应用时要后接差动放大器。

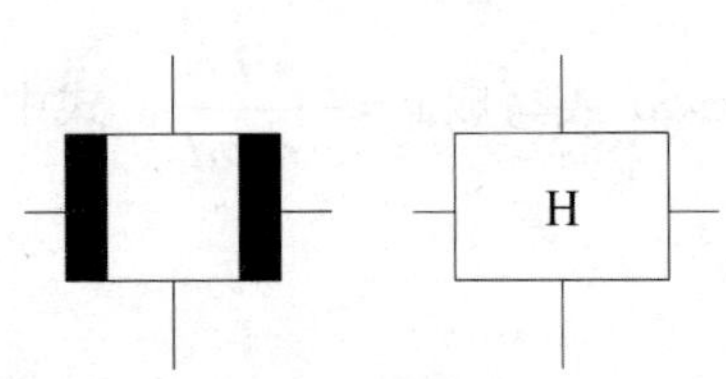

图 7-2　霍尔元件的符号

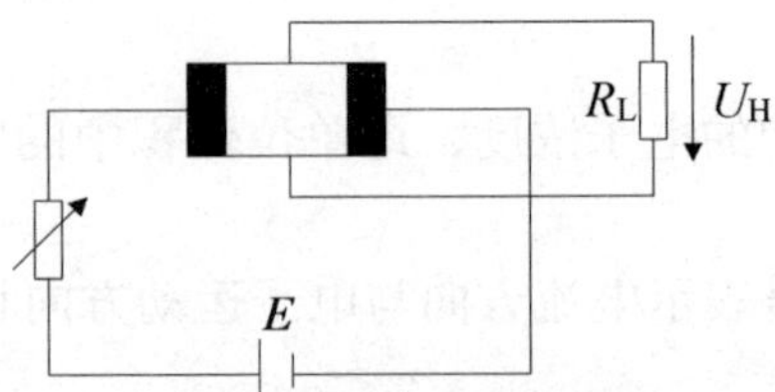

图 7-3　霍尔元件基本测量电路

7.1.1 霍尔元件的电磁特性

1．U_H-I 特性曲线

在磁场 B 和环境温度一定时，霍尔输出电动势 U_H 与控制电流具有良好的线性关系，如图 7-4 所示。直线的斜率称为控制电流灵敏度，用 K_I 表示，K_I 等于 K_H 与 B 的乘积。

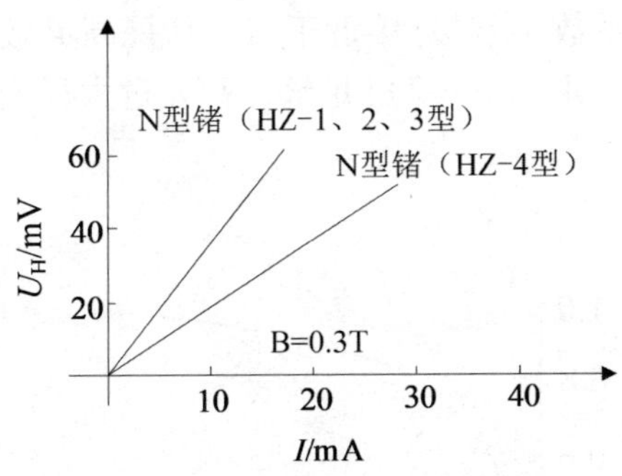

图 7-4　霍尔元件的 $U_H - I$ 特性曲线

2．U_H-B、R-B 特性曲线

在电流恒定的情况下，霍尔电压 U_H 与磁感应强度 B 的关系在一定的范围内保持线性，如图 7-5 所示。一般要求 $B < 0.5\text{T}$ 。当磁场为交变时，霍尔电压 U_H 也是交变的。但是频率限制在几千赫以下。如图 7-6 所示，霍尔元件的内阻随磁场的绝对值增加而增加，这种现象称为磁阻效应。

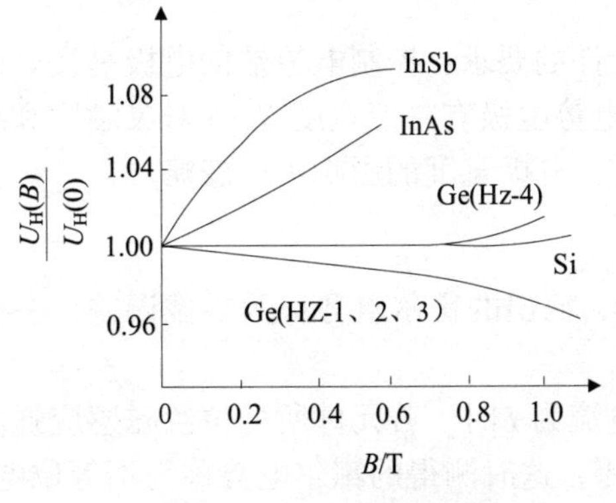

图 7-5　$U_H - B$ 特性曲线

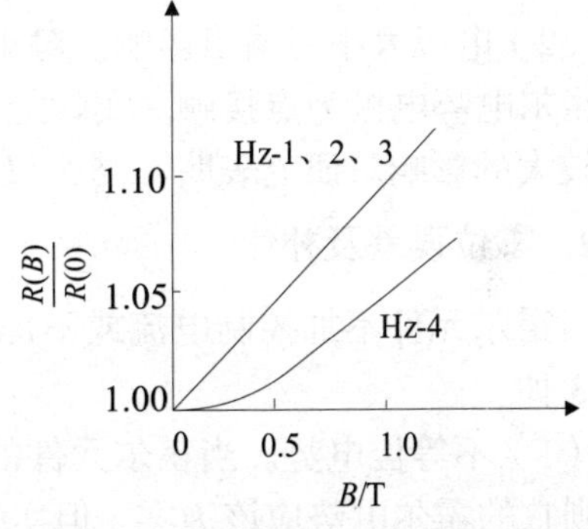

图 7-6　霍尔元件内阻与 B 特性曲线

7.1.2 误差分析及其补偿方法

霍尔传感器输入-输出关系比较简单，而且线性好，但是影响它的性能及造成误差的因素很多，主要有以下几个方面。

1．元件的几何尺寸对性能的影响

（1）几何尺寸对性能影响。在公式 $U_H = K_H IB$ 中，是把霍尔片的长度视为趋向无穷大，实际上霍尔片总有一定的长宽比，而元件的长宽比是否合适对霍尔电势的大小有着直接的影响。为此，在霍尔输出表达式中应该增加一项与元件几何尺寸有关的系数。这样就可写成

$$U_H = K_H IB f_H(l/a) \tag{7-4}$$

式中：$f_H(l/a)$ 为元件的形状系数。该系数与 l/a 之间的关系如图 7-7 所示。由图可以看出，当 $l/>2$ 时，形状系数 $f_H(l/a)$ 接近于 1。从提高灵敏度的角度，把 l/a 选得越大越好。但在实际设计时，取 $l/a=2$ 已足够，l/a 过大反而使输入功耗增加，以致降低元件的效率。

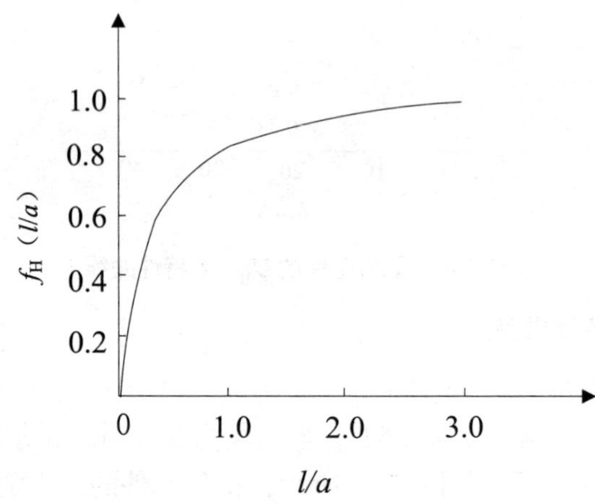

图 7-7　霍尔元件的形状系数曲线

（2）电极大小对输出影响。对于理想元件的要求：控制电流端的电极是良好面接触；霍尔电势电极为点接触。实际上，霍尔电势电极有一定宽度 S，S 对灵敏度和线性度有较大的影响。研究表明：当 $S/l<0.1$ 时，电极宽度的影响可以忽略。

2．零位误差及补偿

当霍尔元件不加控制电流或不加磁场时，输出的霍尔电势称为零位误差，主要有以下 3 种。

（1）不等位电势。当霍尔元件的激励电流为 I 时，若元件所处位置磁感应强度为零，则它的霍尔电势应该为零，但实际不为零，这时测得的霍尔电势称为不等位电势。

产生不等位电势的原因有：①霍尔电极安装位置不对称或不在同一等位面上；②半导体材料不均匀造成了电阻率不均匀或是几何尺寸不均匀；③控制电流电极接触不良造成控制电流不均匀分布等。

一个矩形霍尔片有两对电极，各个相邻电极之间有 4 个电阻 R_1、R_2、R_3、R_4，因而可以把霍尔元件视为一个 4 臂电阻电桥，不等位电势就相当于电桥的初始不平衡输出电压。如图 7-8 所示，理想情况下，不等位电势为零，即电桥平衡。若两个霍尔电极不在同一等位面上时，电桥不平衡，不等位电势不等于零，此时必须采取电路补偿的方法以消除不等位电势。

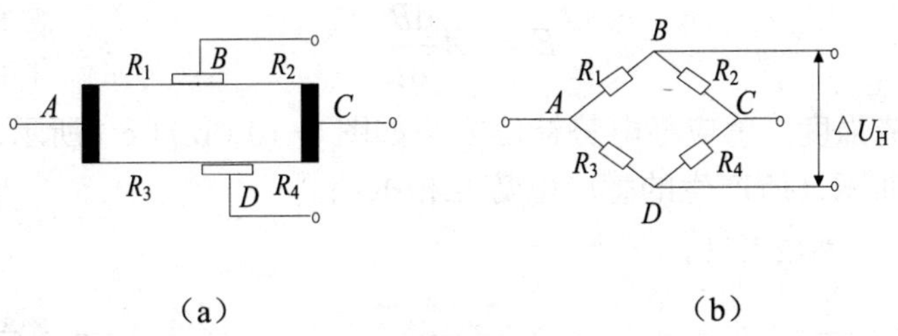

图 7-8　霍尔元件不等位电势原理图

(a) 不对称电极；(b) 等效电桥

常用的补偿电路如图 7-9 所示，理想情况下，电桥平衡。但在实际中由于不等位电势的存在，电桥不平衡，为使其达到平衡可以在阻值较大的臂上并联电阻[见图 7-9（a）或在两个臂上同时并联电阻[见图 7-9（b）（c）]。

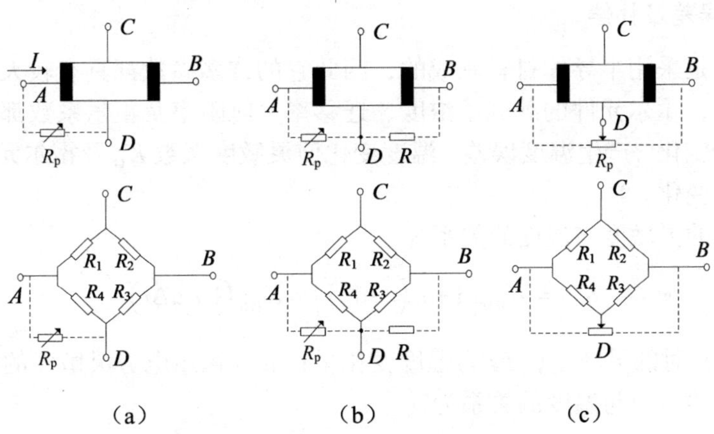

图 7-9　不等位电势补偿电路

（2）寄生直流电势。霍尔元件通以交流控制电流（不加磁场），它的输出除了交流不等位电势外，还有一直流电势分量，该电势称为寄生直流电势。

引起寄生直流电势的原因大致有以下三点：

1）由于控制电流极的欧姆接触性能不佳造成整流效应，所以，控制电流中含有直流分量。当无磁场时，该分量通过元件的非等位面反映出来。可见，元件的不等位电势愈小，这种影响就愈小。当外加磁场时，该分量就叠加在霍尔输出电势上。

2）霍尔电势极的欧姆接触不佳造成整流效应。由此可见，交流不等位电势中存在直流分量。霍尔电极的焊点大小不一致，两焊点的热容量不一致产生温差，造成直流附加电势。元件制作及安装时，应尽量改善电极的欧姆接触性能和元件的散热条件，并做到散热均匀，以减少寄生直流电势。

（3）感应零电势。定义：当没有控制电流时，在交流或脉动磁场作用下产生的电势叫感应零电势。大小与霍尔电极引线构成的感应面积 A 成正比，如图 7-10（a）所示。由电磁感应定律，有

$$E = -A\frac{\mathrm{d}B}{\mathrm{d}t} \tag{7-5}$$

式中：B 为磁感应强度。感应零电势补偿方法如图 7-10（b）（c）所示，使霍尔电势极引线围成的感应面积 A 所产生的感应电势互相抵消。

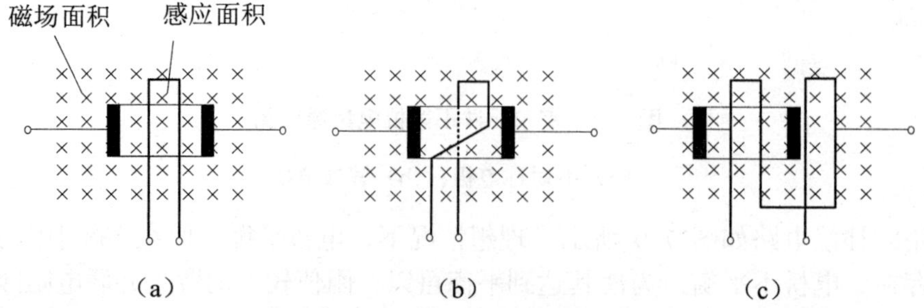

图 7-10　感应零电势及其补偿

3．温度误差及补偿

霍尔元件是采用半导体材料制成的，因此它的许多参数都具有较大的温度系数。当温度变化时，霍尔元件的载流子浓度、迁移率、电阻率及霍尔系数都将发生变化，致使霍尔电势变化，产生温度误差。温度变化使灵敏度系数 K_H 及霍尔元件内阻（输入和输出电阻）变化。

霍尔元件的灵敏度与温度的关系为

$$K_{Ht} = K_{H0}\left[1 + a\left(t - t_0\right)\right] = K_{H0}\left(1 + a\Delta t\right) \tag{7-6}$$

式中：K_{H0} 为 t_0 时的灵敏度；Δt 为温度变化量；a 为霍尔电势灵敏度的温度系数。

霍尔元件的内阻与温度的关系为

$$R_{it} = R_{i0}\left[1 + \beta\left(t - t_0\right)\right] = R_{i0}\left(1 + \beta\Delta t\right) \tag{7-7}$$

式中：R_{i0} 为 t_0 时的内阻；Δt 为温度变化量；β 为内阻的温度系数。

由公式 $U_H = K_H IB$ 可知，若恒流源供电，当 B、I 一定时，K_H 变化，U_H 变化；若恒压源供电，R_i 变化，U_H 也变化。

温度补偿的思路是当温度变化时，使 $K_H I$ 这个乘积保持不变。方法是用一个分流电阻 R_B 与霍尔元件的控制电流电极并联，采用恒流源供电。当霍尔元件的输入电阻随着温度的升高而增加时，一方面，霍尔灵敏度增大，使霍尔电势有增大趋向；另一方面，其输入电阻增大，旁路分流电阻自动加强分流，减小了控制电流 I，使霍尔电势输出有减小趋向，$K_H I$ 基本保持不变，达到补偿目的。恒流源加并联电阻温度补偿电路如图 7-11 所示。

当温度为 t_0 时，元件灵敏度为 K_{H0}，输入电阻为 R_{i0}。当温度为 t 时，元件灵敏度为 K_{Ht}，输入电阻为 R_{it}。

当温度为 t_0 时，$I_{H0} = \dfrac{R_B I_S}{R_B + R_{i0}}$。当温度为 t 时，$I_{Ht} = \dfrac{R_B I_S}{R_B + R_{it}} = \dfrac{R_B I_S}{R_B + R_{i0}(1 + \beta\Delta t)}$ 为了

使霍尔电势不随温度而变化，必须保证

$$K_{H0}I_{H0}B=K_{Ht}I_{Ht}B \tag{7-8}$$

由式（7-8）可得

$$K_{H0}\frac{R_B}{R_B+R_{i0}}I_SB=K_{H0}(1+a\Delta t)\frac{R_B}{R_B+R_{i0}(1+\beta\Delta t)}I_SB \tag{7-9}$$

经整理得

$$R_B=\frac{\beta-a}{a}R_{i0} \tag{7-10}$$

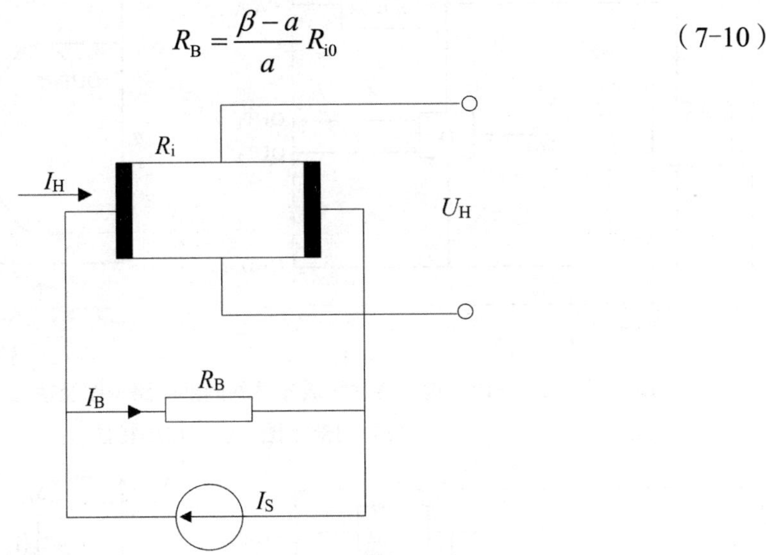

图 7-11　恒流源加并联电阻温度补偿电路

7.1.3 霍尔集成器件

由于半导体集成电路飞速发展，人们不仅制造出半导体霍尔集成元件，而且把半导体霍尔元件与放大电路、开关电路、稳压电路以及温度补偿电路集成在同一硅片上，制成了半导体霍尔集成器件，并显示出许多优异的特点，如体积小、质量轻、功耗低、无触点、频率响应宽、温度性能好、抗扰能力强以及能够在恶劣的环境下工作等。集成霍尔器件尺寸紧凑、便于应用，有助于减小误差。根据功能不同，霍尔集成器件分为线性集成器件和开关集成器件。

（1）霍尔线性集成器件。霍尔线性集成器件是由霍尔元件、放大器、差分输出电路及稳压电源等组成。其输出电压在一定范围内与磁感应强度成比例关系，可广泛使用于无触点电位器、无刷直流电机、位移传感器等场合。霍尔线性集成器件有单端输出与双端（差分）输出两种。图 7-12 示出了双端输出霍尔线性集成器件的内部电路框图及输出特性。图中 HG 为霍尔元件，A 为放大器，D 为差分输出电路，V_{CC} 电源电压，OUT_1、OUT_2 为输出电压信号，GND 为接地端。

（2）霍尔开关器件。霍尔开关器件是由霍尔元件 HG、差分放大器 A、施密特触发器、功率放大输出、稳压源等组成。用于将被测磁场强度转换为电平的高低输出。是开关作用的检测元件。其内部框图及输出特性如图 7-13 所示。当磁感应强度为 S_1 输出高电平。当磁感应强度为 N_1，输出低电平。由于内设施密特电路，其高低电平的转变所对应的磁感应强度不相等，开关特性具有回差，因此有较好的抗干扰能力，可有效防止干扰引起的误动作。内部所设的稳压电源具有较宽的电压范围，一般可为 3~16V。

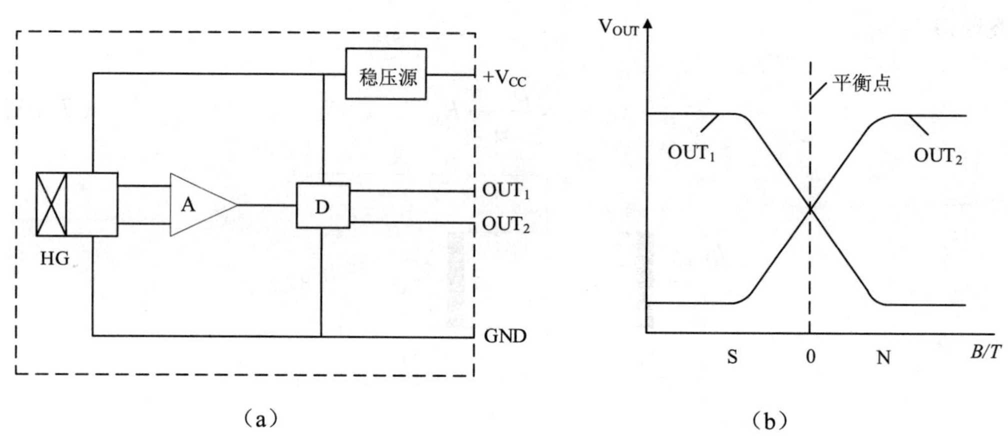

图 7-12　霍尔线性集成器件的内部电路框图及输出特性

（a）内部框图；（b）输出特性

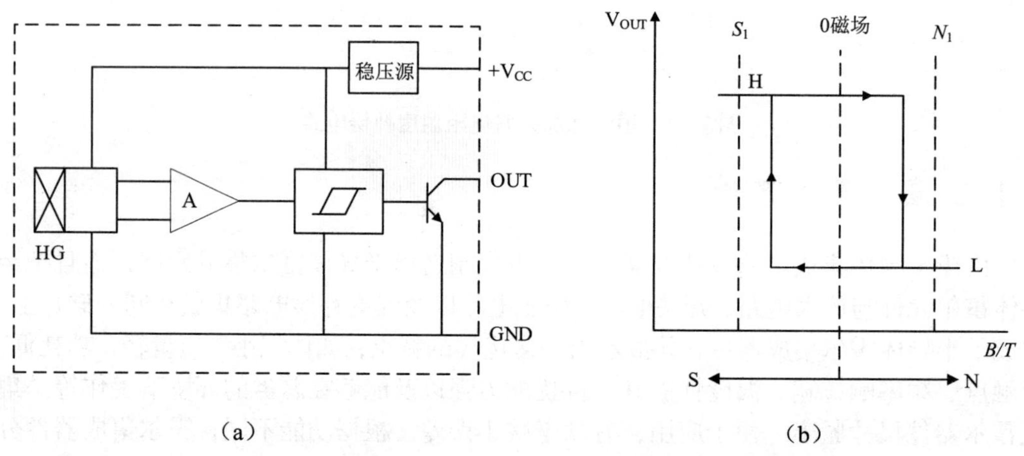

图 7-13　霍尔开关器件的内部电路框图及输出特性

（a）内部框图；（b）输出特性

7.1.4 霍尔传感器的应用

由于霍尔元件对磁场敏感，且有简单、频率响应宽、动态范围大、寿命长和无接触等优点，所以在测量领域得到了广泛应用。

（1）当控制电流不变时，传感器处于非均匀磁场中，传感器的输出正比于磁感应强度，可反映位置、角度或激磁电流的变化，这方面的应用有磁场测量、磁场中的微位移测量等。

（2）当保持磁感应强度恒定不变时，则利用霍尔元件的输出与控制电流的关系，可以用来检测与电流有关的参数。

（3）当控制电流与磁感应强度都为变量时，传感器输出与二者乘积成正比，可用于乘法、功率等方面的计算和测量。

1．霍尔功率计

如图 7-14 所示为霍尔功率计的原理图，在半导体薄片 H 上通过与负载电压 U 成正比的电流 I，励磁线圈上通过负载电流 I_L，产生的磁场 B 垂直于霍尔元件平面，因而产生霍尔电势 U_H，由于 B 正比于负载电流 I_L，于是测得霍尔电势 U_H 与负载瞬时功率 P 成正比，进而求得负载功率平均值。

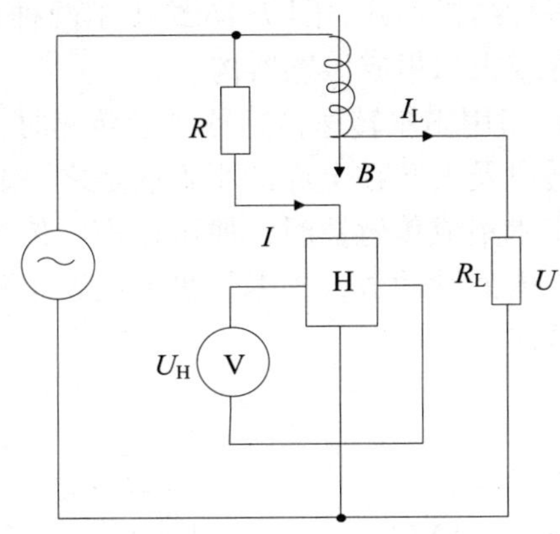

图 7-14　霍尔功率计

2．位移的测量

图 7-15 为用霍尔传感器测量位移的几种情况。

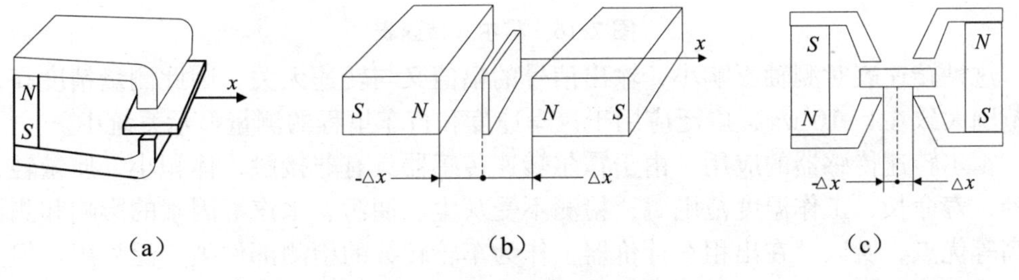

图 7-15　霍尔位移传感器原理

图 7-15（a）是一种结构简单的霍尔位移传感器，由一块永久磁铁组成磁路，霍尔元件在极靴间的气隙中跟随被测件沿 x 方向移动，霍尔元件发生位移时，磁感应强度发生变化，霍尔元件两端的霍尔电压也随之变化。

如图 7-15（b）所示，磁感应强度相同的两块永久磁铁，同极性相对地放置，霍尔元件处在两块磁铁的中间，磁铁中间的磁感应强度 $B=0$，霍尔电压也等于零，此时位移 $\Delta x=0$，若霍尔元件产生相对位移，磁感应强度也随之改变，其量值大小反映出霍尔元件与磁铁之间相对位置的变化量，其动态范围可达 5mm，分辨率为 0.001mm。

图 7-15（c）是一个由两个结构相同的磁路组成的霍尔式位移传感器，为了获得较好的线性分布，在磁极端面装有极靴，当霍尔元件调整好初始位置时，可以使霍尔电压等于 0。这种传感器灵敏度很高，但它所能检测的位移量较小，适合于微位移量及振动的测量。

3．转速的测量

利用霍尔元件或霍尔集成电路不但可以构成霍尔式位移传感器，实现对微小位移的测量，而且还可利用霍尔元件或霍尔集成电路构成霍尔式转速传感器，实现对转速的测量。

霍尔式转速传感器有多种结构形式，图 7-16 给出了两种常用的结构形式。它通常由转盘、小磁铁及霍尔元件或霍尔集成传感器构成。

霍尔式转速测量原理：当用霍尔转速传感器测量转速时，将输入轴与被测量轴相连。当被测转轴转动时，转盘及安装在上面的小磁铁随之一起转动。当转盘上的小磁铁经过固定在转盘附近的霍尔集成传感器时，便可在霍尔传感器中产生一个电脉冲，经测量电路检测出单位时间内的脉冲数，根据转盘上放置小磁铁的数量多少，便可实现非接触测量计算出被测转速。

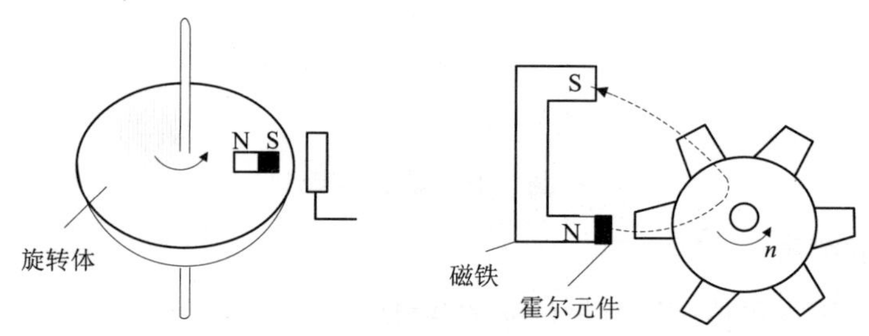

图 7-16　霍尔式转速表

这种转速表对测轴影响小，输出信号的幅值又与转速无关，因此测量精度高，测速范围大致在 $1\sim10^4$r/s，广泛应用于汽车速度和行车里程的测量显示系统中。

霍尔转速传感器的应用：由于霍尔转速传感器具有非接触，体积小，质量轻，耐振动，寿命长，工作温度范围宽，检测不受灰尘、油污、水汽等因素的影响和测量精度高等优点，所以，在出租车计价器上作为车轮转数的检测部件被广泛采用。但为了测量准确可靠，不是把它直接安装在车轮上，而是把它安装在变速箱的输出轴上，通过测量变速箱输出轴的转数来间接计量汽车的行车里程，进而计算出乘车费用。汽车变速箱的输出轴到车轮轴的传动比是一定的，而汽车轮胎的周长也是一定的。测量出变速箱输出轴的转动次数就可以计算出汽车轮胎的转速，从而计算出汽车的行车里程。

出租车计价器的结构框图如图 7-17 所示。使用时把霍尔转速传感器安装在变速箱输出轴上。按下开始按钮，当汽车行走时，霍尔转速传感器把变速箱输出轴的转动次数信号送单片机，通过计算机编程，可使单片机根据变速箱输出轴与车轮轴的传动比和车轮胎的周长，自动计算出汽车的行车里程和乘车费用，并送给显示器进行显示。到达目的地后按下结束按钮，即可将乘车里程数和缴费数打印出来，实现乘车里程和缴费的自动结算。

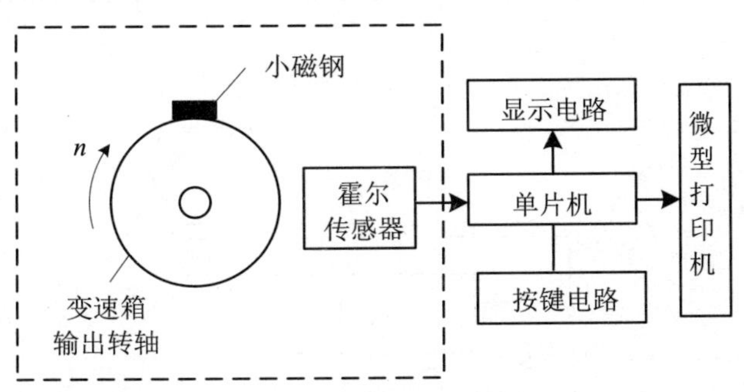

图 7-17 出租车计价器的结构框图

4. 计数装置

当用霍尔传感器检测有无物体时，要和永久磁铁一起使用。在分析磁系统时，有两种情况：一是检测无磁性物体时要借助于装在被测物体上的磁铁来产生磁场；二是检测强磁性物体时可将磁铁固定并检测到因强磁性物体接近而产生的磁场变化。霍尔传感器检测到磁场或磁场变化时，便输出霍尔电压，从而实现检测有无物体的目的。

图 7-18 是一个应用霍尔传感器对钢球进行计数的装置及电路。因为钢球为强磁性物体，所以在装置中将永久磁铁固定。当有钢球滚过时，磁场就发生一次变化，传感器输出的霍尔电压也变化一次，这相当于输出一个脉冲。UGN3501T 具有较高的灵敏度，能感受到很小的磁场变化，该脉冲信号经运算放大器放大后，送入三极管 2N5812 的基极，三极管便导通一次。如在该三极管的集电极接上一个计数器，即可对滚过传感器的钢球进行计数。

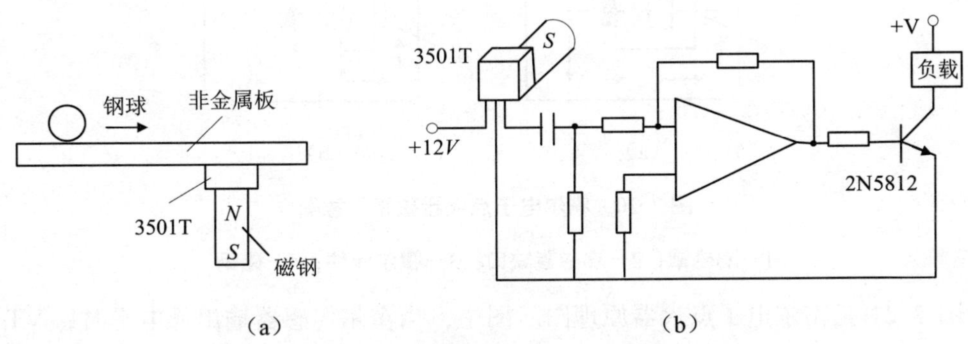

7-18 钢球计数装置及电路图

(a) 钢球计数装置；(b) 钢球计数装置电路

5．霍尔接近开关

利用开关型霍尔集成电路制作的接近开关具有结构简单、抗干扰能力强的特点，如图 7-19 所示。运动部件 3 上装有一块永久磁铁 2，它的轴线与霍尔传感器 1 的轴线处在同一直线上。当磁铁随运动部件 3 移动到距传感器几毫米到十几毫米（此距离由设计确定）时，传感器的输出由高电平变为低电平，经驱动电路使继电器吸合或释放，运动部件停止移动。

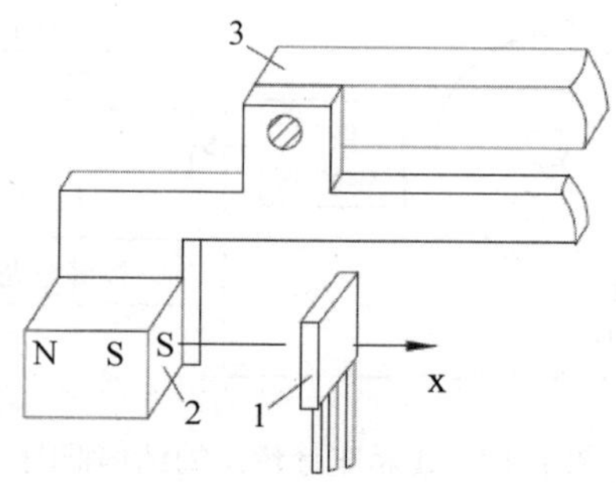

图 7-19　霍尔式接近开关结构图

6．汽车霍尔点火装置

图 7-20 给出了霍尔电子点火器磁路示意图。将霍尔元件 3 固定在汽车分电器的白金座上，在分火点上装一个隔磁罩 1，罩的竖边根据汽车发动机缸数，开出等间距的缺口 2，当缺口对准霍尔元件时，磁通通过霍尔器件成闭合回路，电路导通，如图 7-20（a）所示，此时霍尔电路输出低电平≤0.4V；当罩边凸出部分挡在霍尔元件和磁体之间时，电路截止，如图 7-20（b）所示，霍尔电路输出高电平。

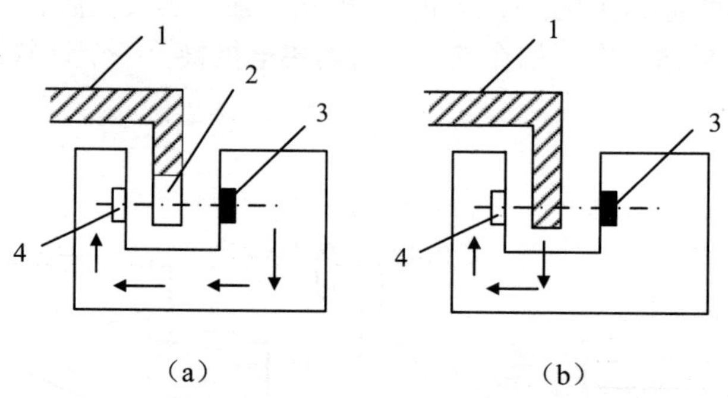

图 7-20　霍尔电子点火器磁路示意图

1—隔磁罩；2—隔磁罩缺口；3—霍尔元件；4—磁钢

图 7-21 是霍尔电子点火器原理图。图中，当霍尔传感器输出低电平时，VT_1 截止，VT_2、VT_3 导通，点火线圈的初级有一恒定电流通过。当霍尔传感器输出高电平时，VT_1 导通，VT_2、VT_3 截止，点火器的初级电流截断，此时储存在点火线圈中的能量，由次级线圈以高电压放电形式输出即放电点火。汽车霍尔电子点火器，由于它

无触点、节油，能适用于恶劣的工作环境和各种车速，冷起动性能好等特点，目前已得到广泛应用。

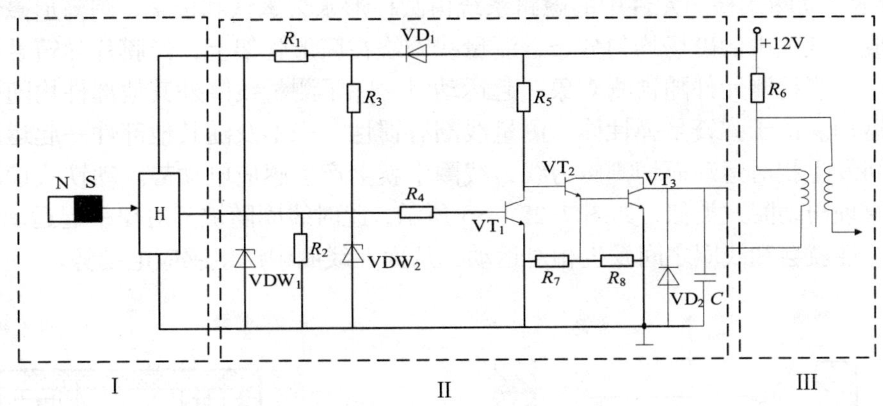

图 7-21　汽车霍尔电子点火器原理图

Ⅰ－带霍尔传感器的分电器；Ⅱ－开关放大器；Ⅲ－点火线圈

7.2　磁电感应式传感器

磁电式转速传感器利用磁通的变化产生感应电势，其电势大小取决于磁通变化的速率。当一个 N 匝相对静止的导体回路处于随时间变化的磁场中时，导体回路产生感应电动势 e ，e 的大小与穿过线圈磁通 Φ 的变化率有关，即：

$$e=-N\frac{\mathrm{d}\Phi}{\mathrm{d}t} \tag{7-11}$$

式中：N 为线圈匝数，Φ 为导体回路每匝包围的磁通量。

磁电感应式检测元件是利用电磁感应原理，将运动速度、转速等物理量变换成感应电势输出的敏感元件。它不需要辅助电源，就能把被测对象的机械能转换成易于测量的电信号，是一种有源传感器，电磁变换器只要配备不同的结构就可以组成测量不同物理量的磁电感应式检测元件，其主要结构形式按工作原理分为两种：恒磁阻式和变磁阻式。

7.2.1 恒磁阻式检测元件

磁电感应式传感器中，工作气隙中的磁通保持不变，而线圈中的感应电动势是由于工作气隙中的线圈相对永久磁铁运动，并切割磁力线产生的，输出感应电动势与线圈切割磁力线的运动速度成正比。恒定磁通式磁电传感器一般应用于振动测量，此类磁电传感器按照活动部件是磁铁还是线圈，又分为动铁式和动圈式两种。

恒磁阻磁电传感器磁路系统产生恒定的直流磁场，磁路中的工作气隙固定不变，因而磁路中的磁阻也是恒定不变的。测量线圈中产生感应电动势是由于线圈与永久磁铁间的相对运动切割磁力线而产生的。动圈式检测元件的运动部件是线圈，如图 7-22（a）所示，动圈式检测元件中的磁路系统由圆柱形永久磁铁和极掌、圆筒形磁轭及空气隙组成。气隙中的磁场均匀分布，测量线圈绕在筒形骨架上，经膜片弹簧悬挂于气隙磁场中。当检测元件随被测对象一起运动时，除了测量线圈外其他部件均随被测对象一起运动。由于弹簧是弹性体，测量线圈有惯性，来不及随其他部件一起运动，就和磁铁间发生相对运动而切割磁力线，线圈中就会产生感应电动势。动铁式检测元件的工作原理与动圈式类似，如图 7-22（b）所示，此时线圈随被测对象一起运动，而磁铁由于惯性就会和线圈之间发生相对运动，从而在线圈中产生感应电动势。

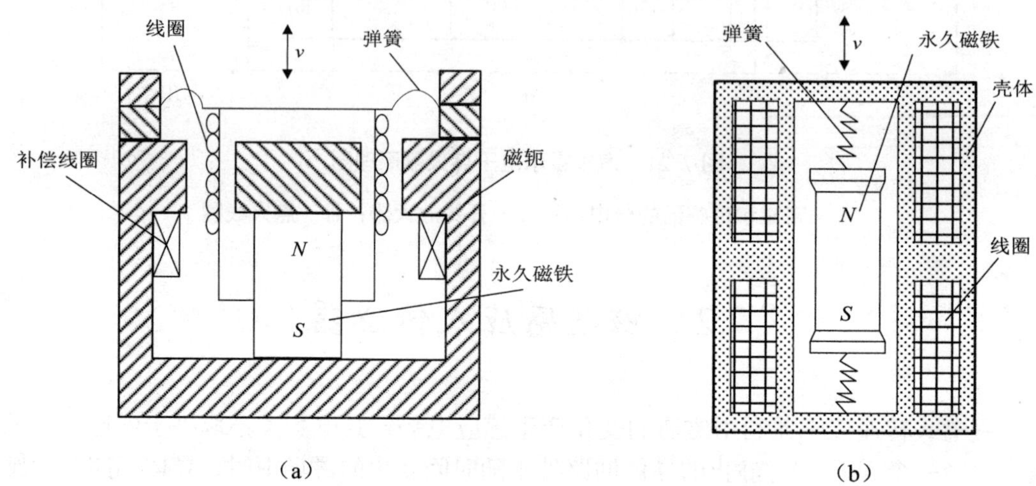

图 7-22　恒磁阻式磁电传感器结构示意图

（a）动圈式；（b）动铁式

恒磁阻式检测元件工作时产生的感应电动势大小与线圈与磁铁间的相对运动速度 v、磁场的磁感应强度 B、线圈切割磁力线的有效长度 l 和线圈匝数 N 等有关，线圈切割磁力线产生的感应电势为：

$$e = NBlv \tag{7-12}$$

式中，B 为磁场的磁感应强度；N 为线圈匝数；l 为线圈的有效长度；v 为线圈与磁铁的相对运动速度。

恒磁阻式磁电传感器壳体随被测物体一起振动，当振动频率远大于传感器的固有频率时，运动部件可认为其静止，振动能量被弹簧吸收，磁铁与线圈的相对运动速度接近振动体振动速度，磁铁与线圈的相对运动切割磁力线，从而产生感应电势。由于速度与位移具有积分的关系，与加速度之间具有微分关系，因此如果在信号转换电路中接一个积分电路或微分电路，也可以测量位移或加速度。

7.2.2 变磁阻式检测元件

变磁阻式检测元件的线圈与磁铁之间没有相对运动，由运动着的被测物体（一般是导磁材料）来改变磁路的磁阻，引起磁通量变化，从而在线圈中产生感应电动势。变磁阻式检测元件一般做成转速式，产生的感应电势的频率作为输出。

变磁阻式转速传感器如图 7-23 所示，它主要由永久磁铁 1、衔铁 2 和感应线圈 3 组成，齿轮 4 装在被测转轴上，与转轴一起转动。当齿轮旋转时，由齿轮的凹凸引起磁阻的变化，从而使穿过线圈的磁通量发生变化，进而在线圈 3 中感应出交变电势，该电势的频率 f（赫兹）等于齿轮的齿数 z 和转轴的转速 n（转/s）的乘积，即

$$f = zn \tag{7-13}$$

当齿数 z 一定时，通过测定 f 即可求出被测转轴的转速 n。这种检测元件结构简单，但输出信号小，转速高时信号失真较大。

变磁阻式检测元件的输出电势取决于线圈中磁场的变化速度。当转速过低时，输出电势太小，会导致无法测量。所以该检测元件有一个下限工作频率，一般为 50Hz。这种传感器结构简单，但输出信号较小，且因高速轴上加装齿轮较危险而不宜测量高转速。变磁通式传感器对环境条件要求不高，能在-150~90℃的温度下工作，不影响测量精度，也能在油、水雾、灰尘等条件下工作。由以上分析可知，磁电式传感器只适用于动态测量，可直接测量振动物体的速度或旋转体的角速度。

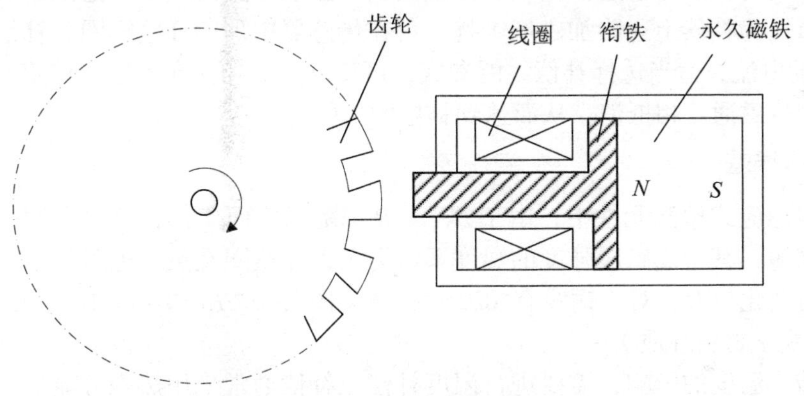

图 7-23　变磁阻式传感器测量转速

7.2.3 磁电式传感器的误差及其补偿

当测量电路接入磁电传感器电路中，磁电传感器的输出电流 I_o 为

$$I_o = \frac{e}{R_i + R_L} = \frac{NBlv}{R_i + R_L} \tag{7-14}$$

式中：R_i 为线圈等效电阻；R_L 为测量电路输入电阻。
传感器的电流灵敏度为

$$S_i = \frac{I_o}{v} = \frac{NBl}{R_i + R_L} \tag{7-15}$$

而传感器的输出电压和电压灵敏度分别为

$$u_o = \frac{eR_L}{R_i + R_L} = \frac{NBlvR_L}{R_i + R_L} \tag{7-16}$$

$$S_u = \frac{u_o}{v} = \frac{NBlR_L}{R_i + R_L} \tag{7-17}$$

当传感器的工作温度发生变化或受到外界磁场干扰、机械振动或冲击时，其电流和电压灵敏度都将发生变化而产生测量误差。测量误差主要由以下几个因素造成。

1．非线性误差

磁电式传感器产生非线性误差的主要原因是：由于传感器线圈内有电流通过时，将产生一定的交变磁通，此交变磁通叠加在永久磁铁所产生的工作磁通上，使恒定的气隙磁通变化。当传感器线圈相对运动的速度和方向改变时，由电流产生的附加磁场的作用也随之改变，从而使传感器灵敏度随被测速度的大小和方向的改变而变化。传感器的灵敏度具有不同的数值，使传感器输出基波能量降低、谐波能量增加，即这种非线性特性同时伴随着传感器输出的谐波失真。显然传感器线圈中电流越大，这种非线性越严重。为补偿上述附加磁场干扰，可在传感器中加入补偿线圈。补偿线圈通以放大 K 倍的电流，适当选择补偿线圈参数，可使其产生的交变磁通与传感器线圈本身所产生的交变磁通互相抵消，从而达到补偿的目的。

2．温度误差

在磁电感应式检测元件中，由于 B、l、R 都随温度而变化，所以温度的影响是误差的主要来源。其中磁感应强度的温度系数为负，而线圈及负载电阻的温度系数是正的。温度每变化 1℃，对于铜线有 $\mathrm{d}l/l \approx 0.176 \times 10^{-4}$；$\mathrm{d}R/R \approx 0.43 \times 10^{-2}$；$\mathrm{d}B/B \approx -0.02 \times 10^{-2}$（取决于材料性质）。

为了减小温度的影响，需要进行温度补偿。补偿通常采用热磁分流器，热磁分流器由具有很大负温度系数的特殊磁性材料做成。它在正常工作温度下已将空气隙磁通分流掉一小部分。当温度升高时，热磁分流器的磁导率显著下降，经它分流掉的磁通占总磁通的比例较正常工作温度下显著降低，从而保持空气隙的工作磁通不随温度变化，维持传感器灵敏度为常数。

3．永久磁铁的不稳定误差

一般线圈长度随时间的变化较小，具有较好的时间稳定性，而经磁化的永久磁铁的磁性一般会随时间而发生变化，因此永久磁铁的稳定性就成为误差的决定性因素。永久磁铁的磁性随时间变化是由于材料在铸造后其内部组织不均匀，存在应力，而随着时间的推移，内部组织趋于均匀，应力逐渐消失等原因。由于永久磁铁磁感应强度会直接影响工作气隙中磁感应强度。因此永久磁铁的不稳定性就会造成检测元件的不稳定性。从而引起灵敏度的变化，成为产生误差的一个重要因素。为了提高永磁材料的时间稳定性，永磁材料在充磁前需要先进行退火处理，以消除内应力。充磁后再进行老化处理。

7.2.4 应用举例

磁电式扭矩传感器的工作原理如图 7-24 所示，在驱动源和负载之间的扭转轴的两侧安装有齿形圆盘，它们旁边装有相应的两个磁电传感器。传感器的检测元件部分由永久磁铁、感应绕组和铁心组成。永久磁铁产生的磁力线与齿形圆盘交链， 当齿形圆盘旋转时，圆盘齿凸凹引起磁路气隙的变化，于是磁通量也发生变化，在线圈中感应出交流电压，其频率等于圆盘上齿数与转速乘积。

当扭矩作用在扭转轴上时，两个磁电传感器输出的感应电压 u_1 和 u_2 存在相位差。这个相位差与扭转轴的扭转角成正比。这样就可以把扭矩引起的扭转角转换成相位差的电信号。

扭矩传感器与转矩测量仪表配套，可直接测量各种动力机械的转矩。这种传感器可以广泛地应用于发动机的台架实验、电动机扭矩及转速的测量、减速器和变速器扭矩及转速的测量、风机扭矩和转速的测试、各种旋转机械扭矩及转速的测试等场合。

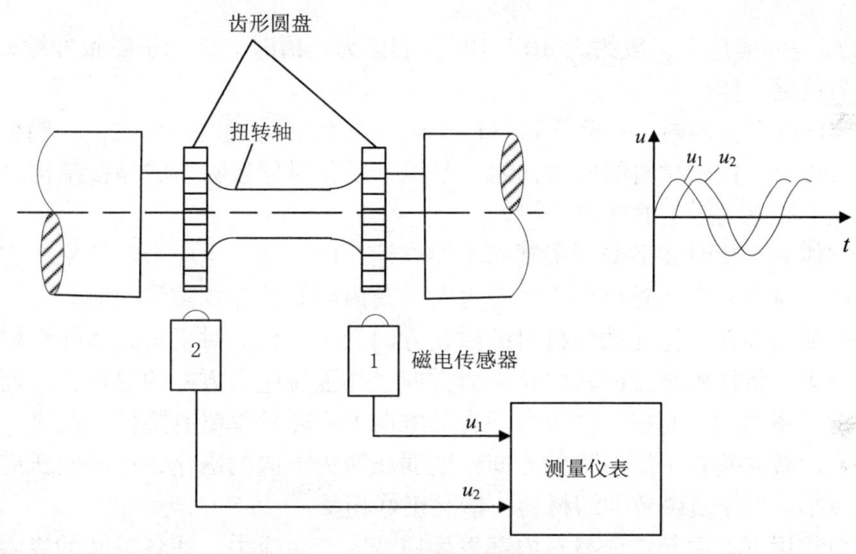

图 7-24　磁电扭矩传感器工作原理

7.3　磁弹性式传感器

磁弹性式检测元件也称为压磁式检测元件，简称压磁元件，是一种新型的检测元件。它是基于铁磁材料的磁弹性效应工作的，即某些铁磁材料在受到机械力作用后，其内部会产生机械应力，从而引起磁阻或磁导率的变化。

铁磁材料的磁弹性效应有两种形式，磁致伸缩效应和压磁效应。铁磁材料的磁化现象可以从微观和宏观两个方面来看，微观磁化强度是指磁畴的磁化强度，而宏观磁化强度是所有磁畴的微观磁化强度之和（矢量和），它可以从零到微观磁化强度的饱和值。在工程技术中主要是利用铁磁材料的宏观磁化强度。

铁磁材料内部存在强大的分子场，即使无外磁场，也能使内部自发地磁化，自发磁化的小区域称为磁畴，在没有外磁场作用时，由于不同磁畴的磁性取向是随机的，因此，材料整体并不体现出磁性。如果外加一个磁场，磁场会使本来随机排列的磁畴发生转向，称为磁化。材料被磁化后成为磁体。当外加磁场去除后，材料仍会剩余一些磁场，这种现象叫做剩磁，当各个磁畴在外磁场作用下，它们的磁化强度矢量都转向与外磁场平行时，材料即呈现磁饱和现象。当温度很高时，由于无规则热运动增强，磁性会消失，这个临界温度为居里温度。

铁磁材料在磁场中磁化时，各磁畴之间的界限发生移动，因而产生机械变形，在磁场方向会伸长或缩短，这种现象称为磁致伸缩效应。材料随磁场强度的增加而伸长或缩短不是无限制的，最终会达到饱和。各种材料的饱和伸缩比是定值，称为磁致伸缩系数，用λ表示，即

$$\lambda=\frac{\Delta l}{l} \tag{7-18}$$

式中：$\Delta l/l$为伸缩比，一般约为 10^{-5}~10^{-6}。当λ为正值时，称为正磁致伸缩；λ为负值时，称为负磁致伸缩。

在一定的磁场范围内，一些铁磁材料（如 Fe）的λ为正值，反之，一些材料（如 Ni）的λ为负值。铁磁材料的磁致伸缩，是由于磁化时导致物质的晶格结构改变，使原子间距发生变化而产生的现象。

铁磁物体被磁化时如果受到限制而不能伸缩，内部会产生应力。如果在它外部施力，也会产生应力。当铁磁材料产生应力时，其内部必然存在磁弹性能。分析表明，由于磁弹性能的存在，将使铁磁材料的磁化方向发生变化。对于正磁致伸缩材料，如果存在拉应力，将使磁化方向转向拉应力方向，加强拉应力方向的磁化，从而使拉应力方向的磁导率增大，而在与作用力垂直的方向上，磁导率略有降低。反之，压应力将使磁化方向转向垂直于压应力的方向，削弱压应力方向的磁化，从而使压应力方向的磁导率减小。对于负磁致伸缩材料，情况正好相反。

在外力作用下，引起铁磁材料内部发生应变，产生应力，使各磁畴的界限发生移动，从而使磁畴磁化强度矢量转动，因而铁磁材料的磁导率也发生相应的变化，这种应力使铁磁材料磁导率变化的现象，称为压磁效应。

铁磁材料的相对磁导率变化与应力σ的关系可表示为

$$\frac{\Delta\mu}{\mu}=\frac{2\lambda}{B^2}\sigma\mu \tag{7-19}$$

式中：B为磁感应强度。σ为机械应力，λ为压磁材料的应变，$\lambda=\Delta l/l$，μ为压磁材料的磁导率。由式（7-19）可知，材料的磁导率μ的相对变化率是应力σ及磁感应强度B的函数。当磁感应强度 B 保持不变时，磁导率μ的相对变化率就是应力σ的单值函数。磁弹性式检测元件就是基于这种压磁效应而设计的，当力F或应力σ等

参数变化时，会引起磁导率 μ 的变化，所以通过测量磁导率的变化，即可实现相关参数的测量。

铁磁材料的压磁效应还与外磁场有关，因此为了使磁感应强度与应力间有单值的函数关系，必须使外磁场强度 H 的数值一定。

7.3.1 压磁式传感器的结构和工作原理

能制成磁弹性式传感器的材料应满足如下条件：能承受较大压力，磁导率要高，剩磁要小，稳定性要好。压磁元件可采用的材料有硅钢片、坡莫合金和一些铁氧体材料。坡莫合金是理想的压磁材料，它有很高的相对灵敏度，但是价格昂贵，限制了它的使用。铁氧体材料也有很高的相对灵敏度，但是由于它的脆性而不常被采用。所以磁弹性传感器大多采用硅钢片。虽然它的灵敏度比坡莫合金小，但在实际应用中已经足够了。

为了保证良好的重复性和长期稳定性，磁弹性式传感器必须有合理的机械结构。图 7-25 所示为一种典型的压磁式测力传感器的结构。它主要由压磁元件 1、弹性体 2 和传力元件（钢球）3 构成。压磁元件由冲压成形的冷轧硅钢片，经热处理后叠成一定厚度，用环氧树脂粘合在一起，然后在两对互相垂直的孔中分别绕上激磁线圈和测量线圈而成。因为压磁元件的输出特性与它的应力分布状况有关，为了在长期使用过程中保持力作用点的位置不变，将压磁元件装入一个由弹簧钢制成的弹性机架 2 内。机架的两道弹性梁使被测力垂直均匀作用于压磁元件上，弹性体一般由弹簧钢制成，它基本不吸收力，从而保证在长期使用过程中压磁元件受力作用点位置不变。机架上的钢球 3 保证被测力垂直集中作用于传感器上，并且具有良好的复现性。机架与压磁元件的结合要求有一定的平直度和表面光洁度。压磁元件装入机架后机架对压磁元件要有一定的预压力，保证在使用过程中压磁元件的位置和受力情况不会改变。预压力一般为额定压力的 5~15%。

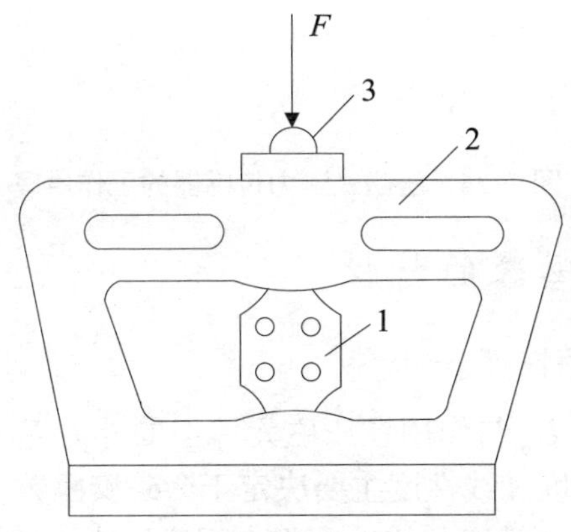

图 7-25　压磁式测力传感器的结构

1—压磁元件；2—弹力元件；3—传力钢球

磁弹性式传感器在受外力作用时，铁磁材料内部产生应力，或者应力的变化，引起铁磁材料磁导率的变化。当铁磁材料上绕有线圈时，最终将引起线圈阻抗的变化。当铁磁材料上同时绕有激磁绕组和测量绕组时，磁导率的变化将导致绕组间耦合系数的变化，从而使输出电势发生变化。通过相应的测量电路，就可以根据输出的量值来测量外作用力。

如图 7-26（a）所示，硅钢片上充有四个对称的孔，孔 1、2 的连线与孔 3、4 的连线相互垂直，孔 1、2 间绕有激磁绕组 W_{12}，孔 3，4 间绕有测量绕组 W_{34}，当激磁绕组 W_{12} 通过一定的交变电流时，铁心中就产生磁场 H，设将孔间区域分成 A、B、C、D 四部分。在无外力作用时，A、B、C、D 四部分的磁导率相同，磁力线呈轴对称分布，合成磁场强度 H 平行于测量绕组 W_{34} 的平面，如图 7-26（b）所示。由于测量绕组无磁通通过，故不产生感应电势。

若对压磁元件施加压力 F，如图 7-26（c）所示，A、B 区域将产生很大的压应力 σ，而 C、D 区域基本上仍处于自由状态。对于正磁致伸缩材料，压应力 σ 使其磁化方向转向垂直于压力的方向。因此，A、B 区的磁导率 μ 下降，磁阻增大，而与应力垂直方向的 μ 上升，磁阻减小。磁通密度 B 偏向水平方向，与测量绕组 W_{34} 交链，W_{34} 中将产生感应电势 e。F 值越大，W_{34} 交链的磁通越多，e 值就越大。经变换处理后，即能用电流或电压来表示被测力 F 的大小。

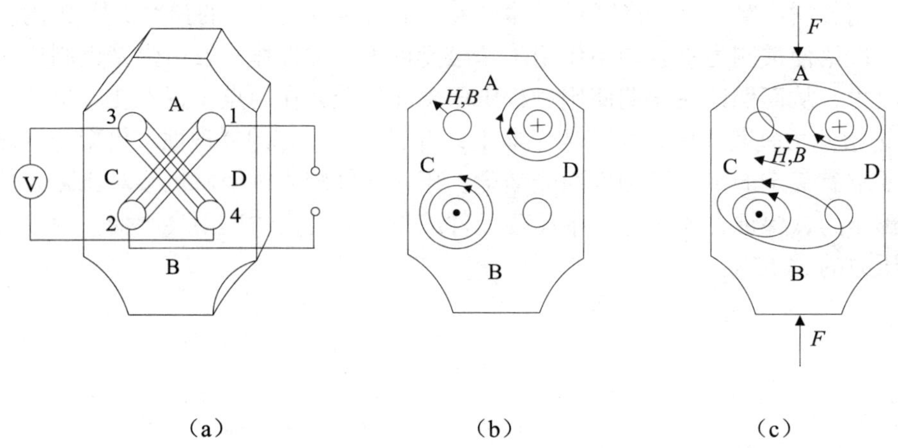

图 7-26　压磁式测力传感器的工作原理

7.3.2 磁弹性式传感器的特性

1．激磁绕组的安匝特性

压磁元件的输出电压 U_o 与作用在压磁元件上的外力 F 之间的关系称为压磁元件的输出特性，输出的灵敏度和线性度主要决定于激磁安匝数。

压磁元件输出电压的灵敏度和线性度很大程度取决于铁磁材料的磁场强度，而磁场强度取决于激磁安匝。因此，激磁安匝数的大小直接影响压磁元件的灵敏度和线性度。选择激磁安匝数首先要根据选用的铁磁材料来考虑。过小和过大的激励都会出现严重的非线性和降低灵敏度。铁磁材料的磁化现象与三个因素有关，即各个磁畴内部磁矩的总和，外磁场的作用，以及外加作用力在材料内部引起的应力。磁畴磁矩的总和在铁磁材料选定后就确定了，外磁场由激磁安匝数来确定，而外加作用力在材料内部产生应力的大小则由被测力和冲片形状来确定。

外磁场小，则外力对磁化的影响较大，因此灵敏度就较高。但是由于铁磁材料的 $B-H$ 曲线在 H 太小时是非线性的，所以线性度较差。外磁场太大时，外加作用力较小时对磁化的影响就很小，因而灵敏度不高。增大外力可以使灵敏度得到改善，但是太大了又将使磁化趋于饱和，灵敏度下降。最佳的条件是外加作用力所产生的磁能与外磁场及磁畴磁能之和接近相等，而且工作在磁化曲线（$B-H$ 曲线）的线性段，这样可以获得较好的灵敏度和线性。图 7-27 画出了在不同的激磁安匝情况下，压磁元件的输出电压与外加作用力 F 之间的关系曲线。图中曲线 1 为激磁安匝数过大的情况；曲线 2 为激磁安匝数合理的情况；曲线 3 为安匝数过小的情况。

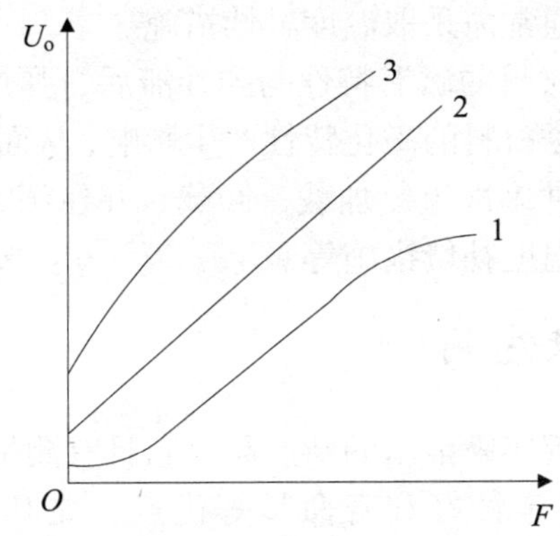

图 7-27 不同磁场强度下输出特性曲线

1—H 过大；2—H 适中；3—H 过小

2．输出特性

传感器的输出特性曲线在负载增加时和负载减少时是不重合的，这是由于材料在机械性能方面的弹性后效和磁化性能方面的磁滞效应所引起。它主要由材料的性能所决定，并与最大负载有关，负载愈大，回线也就愈加明显。

由于铁磁材料的 B-H 曲线是非线性曲线，测量绕组中的输出信号就含有大量的高次谐波，尤其是压磁元件在饱和磁场强度下工作时。由于输出信号含有高次谐波，为了便于相敏检波和改善线性度，通常输出信号接一滤波器，滤去高次谐波后，再将基波信号送入相敏检波器。

3．造成磁弹性式传感器误差的原因

（1）预加载荷的影响。这种误差是传感器在加载和去载时磁性不一致而产生。如果某种材料有最小的滞后回线损耗，同时又有较大的弹性范围，用它来做传感器的铁芯时，则将有最小的压磁误差。

实验证明，如果多次重复加载或卸载实验可以减少力滞回线的误差。在适当地选择了压磁元件的材料和它的工作状态，以及经过了老化之后，因力滞回线所引起的误差可减少到 1~1.5%。在额定载荷的 F_{max} 的 10%以下范围内，由于接触面间隙等影响，检测元件的输出特性通常存在严重的非线性，为此，在设计检测元件的结构时，应保证压磁元件受到一定的预应力。

（2）激励电源的影响。由于测量线圈所感应的电势等于通过绕组平面的磁链对时间的导数，所以检测元件的输出特性与激励频率有关，激励频率越高，检测元件灵敏度越高，线性越好。因此提高频率对改善检测元件的特性，减少误差有利，但应考虑铁芯损耗的因素。减小误差的措施是选择稳频恒流电源。

（3）温度的影响。温度也是造成磁弹性式检测元件误差的原因。铁磁材料铁镍合金、镁铜铁氧体、镍铜合金等的磁特性对温度都很敏感。一般当温度上升时最大磁感应强度 B 均减小，到居里点附近就急剧减小，对于一般型号的铁磁材料，其磁化性能随温度的变化系数约为 0.2%/℃，而且不是常数，它随材料型号、磁场强度、机械负荷性能不同而波动，为此，通常需采取温度补偿措施。

综上所述，由于铁芯材料的磁滞特性与弹性滞后、弹性后效、电源的性能参数及环境温度的波动都会对铁磁材料的磁化特性产生影响，从而造成检测元件的测量误差。为此，可对制成的检测元件多次重复加载、卸载、并在额定载荷下进行老化处理，选择稳频恒流电源，并采用温度补偿措施等。

7.3.3 磁弹性传感器应用

磁致伸缩式液位计是近年来推出的新产品，它具有测量范围宽（最大可达 20m）、精确度高、可靠性高、稳定性好和寿命长等优点，尤其是其测量精确度，可高达 0.05%F.S，故得到了人们的普遍重视，具有很好的发展前景。

图 7-28 所示为磁致伸缩式液位计原理图，由测量头、波导线（磁致伸缩线）、磁浮子、保护管和固定件等组成。测量头安装在容器顶部，保护管采用不锈钢等非导磁材料制作，波导线穿于保护管之内，插至罐底并固定在罐底。环形磁浮子套在保护管外，当测量普通液位时，使用一个磁浮子，如果同时测量分界面和上液位，则需使用两个磁浮子。

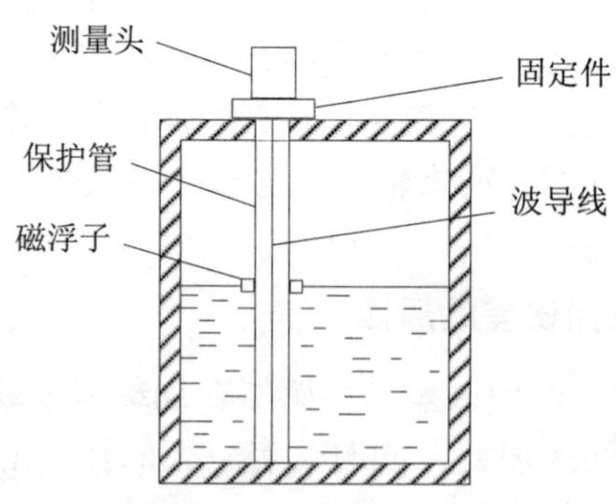

图 7-28　磁致伸缩式液位计原理图

磁浮子的高度随着液位的变化而变化，磁浮子在波导线附近产生的固定磁场方向平行于波导线。工作时，测量头向波导线发出一个电流脉冲，在波导线附近又产生另一个新的磁场（其磁力线是以波导线轴线为圆心的同心圆），这两个磁场相互作用，合成结果是形成螺旋形向上的瞬时磁场。由于波导线是由磁致伸缩材料做的，该瞬时磁场的作用使波导线产生应变脉冲，应变脉冲以机械波的形式从磁浮子的位置沿波导线向上传播，被测量头内的传感器所接收。由于电流的传播速度很快，其传播时间可以忽略不计，这样，从测量头发出电流脉冲到接收到返回的机械波脉冲的时间就取决于机械波的传播速度和传感器距磁浮子之间的距离。由于机械波传播速度恒定且为已知，所以根据测得的传播时间即可求得液位的实际高度。

对大型储槽、开口储槽、敞开储液池中强腐蚀性、有毒性液体的液位或容积进行连续测量，可选用磁致伸缩式液位计。

思考题与习题

1．什么是霍尔效应？霍尔电势与哪些因素有关？

2．简述霍尔元件灵敏度 K_H 的定义。

3. 为什么要对霍尔元件进行温度补偿？主要有哪些补偿方法？补偿的原理是什么？

4．分析动圈式和动铁式检测元件工作原理。

5．什么是霍尔元件的零位误差？怎样减小零位误差？

6．磁电感应式检测元件误差与哪些因素有关？怎么样补偿？

7．什么是压磁效应和磁致伸缩效应？磁致伸缩液位计的工作原理是什么？

8．比较恒磁阻式和变磁阻式检测元件的相同和不同之处。

第 8 章　光电传感器

光电检测元件对各种物理量的检测都是建立在基本物理效应的基础上的。这些效应实现了能量的转换，把光辐射的能量转换成了其他形式的能量，光辐射所带有的被检测信息也转换成了其他形式能量（如电、热等）的信息。对这些信息（如电信息、热信息等）进行检测，也就实现了对光辐射的检测。

对光辐射的检测，使用最广泛的方法是通过光电转换把光信号变成电信号，然后再对电信号进行测量和处理。各种光电转换的物理基础是光电效应，也有一些物质在吸收光辐射的能量后，主要发生温度变化，产生物质的热效应。

8.1　光 电 效 应

光电式检测元件是一种将光信号转换为电信号的元件，其理论基础是光电效应。固体的电学性质取决于固体中电子的运动状态。当光束投射到固体表面时，进入体内的光子如果直接与电子起作用，引起电子运动状态的改变，则固体的电学性质随之发生改变，这类现象统称为固体的光电效应。光电效应分为外光电效应和内光电效应。

1．外光电效应

在光照下，物体向表面以外的空间发射电子（即光电子）的现象称为外光电效应，也称光电发射效应。能产生光电发射效应的物体称为光电发射体，在光电管中又称为光阴极。外光电效应多发生于金属和金属氧化物中。

光电子的最大动能与入射光的频率成线性关系，而与入射光的强度无关，频率越高，光电子的能量越大。其数学表达式为

$$E_{\max}=\frac{1}{2}mv^2_{\max}=h\gamma-h\gamma_0=h\gamma-A_0 \tag{8-1}$$

式中：$E_{\max}$ 为光电子的最大动能；m 为光电子质量；$v_{\max}$ 为光电子逸出最大速度；A_0 为金属逸出功；h 为普朗克常量，$h=6.6261\times10^{-34}\,\mathrm{J\cdot s}$；$\gamma$ 为入射光的频率；γ_0 为金属产生光电发射的极限频率。光电子能否产生，取决于 $h\gamma$ 是否大于 A_0，这意味着每种物体都有一个对应的光频阈值，称为红限频率。小于红限频率，光强再大也不会产生光电发射。

金属的光电发射过程可以归纳为以下三个步骤：

（1）金属吸收光子后体内的电子被激发到高能态；

（2）被激发的电子向表面运动，在运动过程中因碰撞而损失部分能量；

（3）电子克服表面势垒逸出金属表面。

2．内光电效应

物体在光线作用下，其内部的原子释放电子，但这些电子并不逸出物体表面，而仍然留在内部，从而导致物体的电阻率发生变化或产生电动势，这种现象称为内光电效应。使电阻率发生变化的现象称为光电导效应，基于光电导效应的光电元件有光敏电阻。而产生电动势的现象称为光生伏特效应，基于该效应的光电元件有光电池、光电二极管、光电三极管等。

8.2　光电器件的基本特性

（1）光谱灵敏度。光电器件对单色辐射通量的反应称为光谱灵敏度：

$$S(\lambda)=\frac{\mathrm{d}I}{\mathrm{d}\phi} \tag{8-2}$$

式中：I 为光电器件输出光电流；ϕ 为入射辐射通量。$S(\lambda)$ 随 λ 变化而变化，在 λ_m 处有最大峰值，λ_m 称峰值波长。

（2）相对光谱灵敏度。光电器件在波长为 λ 处的灵敏度和峰值波长 λ_m 处的灵敏度之比称为相对光谱灵敏度：

$$S_r(\lambda)=\frac{S(\lambda)}{S(\lambda_m)} \tag{8-3}$$

（3）积分灵敏度。光电器件对连续光通量的反应称为积分灵敏度：

$$S=\frac{I}{\phi} \tag{8-4}$$

（4）光照特性。当光电器件加上一定的外加电压时，其输出光电流 I 或端电压 U 与入射光照度 E 之间的关系称为光照特性。一般可表示为

$$I=f(E) \tag{8-5}$$

有时也表示为光电器件的积分或光谱灵敏度与入射光照度的关系：

$$S=f(E) \tag{8-6}$$

（5）光谱特性。光谱特性表示光线波长与相对光谱灵敏度之间的关系：

$$S_r=f(\lambda) \tag{8-7}$$

（6）频率特性。光电器件的相对光谱灵敏度或输出光电流（或端电压）的振幅随入射光通量的调制频率变化的关系称为光电器件的频率特性，可表示为

$$S_r=\varphi(f) \tag{8-8}$$

或

$$I=\varphi(f) \tag{8-9}$$

（7）温度特性。环境温度变化后，光电器件的光学性质也随之变化，这种现象称为光电器件的温度特性，一般由灵敏度或暗（光）电流与温度的关系来表示。

8.3 光 电 管

光电管是根据外光电效应原理制成的光电探测器，它利用光电阴极在光辐射作用下向真空中发射光电子的效应探测各种光信号。光电管分为真空光电管和充气光电管。管内保持真空，只存在电子运动的为真空光电管。管内充有低压惰性气体，工作时电子碰撞气体，利用气体电离放电获得光电流放大作用，这种光电管叫充气光电管。

1．真空光电管

工作原理与结构。真空光电管的结构如图 8-1 所示。它由一个阴极和一个阳极构成，共同封装在一个真空玻璃泡内，阴极和电源负极相连，阳极通过负载电阻同电源正极相连，因此管内形成电场，当入射光线透过窗口照射到光电阴极 K 上时，电子便从阴极逸出，在电场作用下，被阳极 A 收集，形成电流，光电流的大小主要取决于光照的强度与光电阴极的灵敏度。该电流计负载电阻上的电压随光照强弱而变化，从而实现了光电信号的转换。

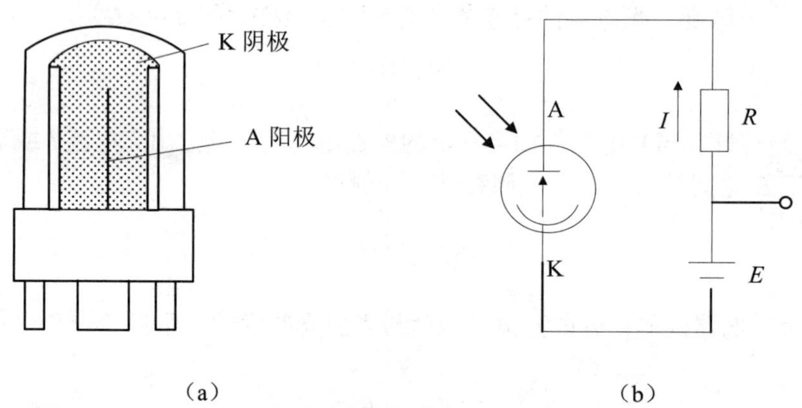

图 8-1　光电管

实际使用的光电管，要求阴极 K 与入射窗面积足够大，使受照光通量增大，以提高灵敏度，阴极常做成半球形、半圆柱形。阳极 A 处于阴极所在的玻壳中间，做成小球形或小环形，它不仅对任何方向都灵敏，而且对阴极的挡光作用小，几乎不妨碍阴极受光。

2．充气光电管

真空光电管灵敏度很低，为获得较高的灵敏度，可在光电管的玻璃壳内充上适当的低压惰性气体，利用气体的电离作用增加电子数从而放大电流。这样设计的光电管称为充气光电管。在入射光照射下，光电阴极发射出来的光电子在电场作用下向阳极作加速运动，途中与气体原子发生碰撞而使其电离，形成电子和正离子。电离出来的电子在电场作用下与光电子一起再次使气体原子电离。如此反复，使得电子数目增多，从而有效地增加了电流值，同时正离子也在同一电场作用下向阴极运动，形成离子电流，其数值与电子电流相当。这样，在阳极电路内就形成了数倍于真空光电管的光电流。

当光通量一定时，阳极电压与阳极电流的关系，称为光电管的伏安特性曲线。

（1）真空光电管的伏安特性。一般当阳极电压为 50~100V 时，真空光电管的所有光电子都到达阳极，光电流开始饱和。就同一光电管而言，对于不同的光通量，其伏安特性如图 8-2 所示。由图 8-2 可知，由于空间电荷效应的影响，饱和电压随入射光通量的增大而增大。

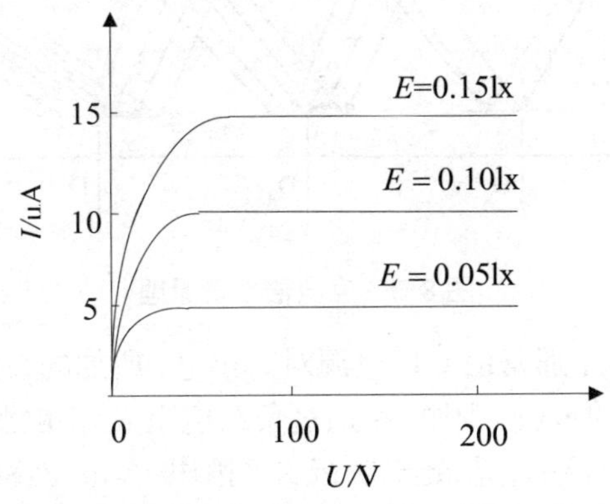

图 8-2　**真空光电管的伏安特性曲线**

（2）充气光电管。与真空光电管不同的是，充气光电管的伏安特性曲线没有饱和现象。当光照通量一定，阳极电压很低时，管内气体没有电离放大作用，阳极电流很小。随着阳极电压升高，管内气体开始电离，阳极电流迅速增大。对于不同的结构、不同的充气气压，其伏安特性也不相同。

同真空光电管相比，充气光电管的优点是它的光照灵敏度较高。一般情况下比真空光电管高 5~10 倍。但其稳定性差，线性度低，暗电流大，噪声高，响应时间也长。目前已被灵敏度更高、性能更好的光电倍增管所代替。

8.4　光电倍增管

光电倍增管实际上是光电阴极和二次电子倍增极的结合，它是把微弱的光输入转换成光电子，并使光电子获得倍增的电真空器件。其光电转换分为光电发射和电子倍增两个过程。图 8-3 给出了光电倍增管的工作原理示意图。图中 K 为光电阴极，D_1、D_2、D_3、D_4 是由二次电子发射体制成的倍增极，A 为收集电子的阳极或称收集极。

当入射光照射光电倍增管阴极 K 时，立刻有电子逸出，逸出的电子受到第一倍增极 D_1 正电位作用，使之加速打在倍增极 D_1 上，产生二次电子发射，同理更多的发射电子在 D_2 更高正电位的作用下再次被加速打在 D_2 极上，D_2 又会产生二次电子发射，这样逐级前进，一个电子将激发更多的二次发射电子，直到电子被阳极收集为止。结果可获得放大了许多倍的光电流输出。由工作过程可看出，光电倍增管可看成是光电阴极 K 与二次电子倍增极的组合。与普通光电管相比，光电倍增管的灵敏度获得了很大的提高。

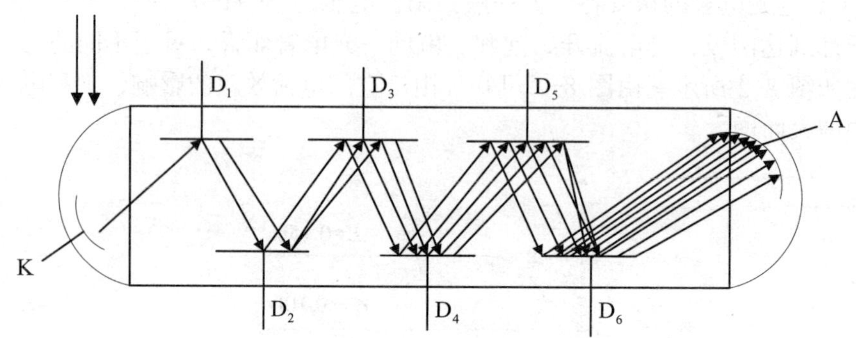

图 8-3　光电倍增管原理

光电倍增管在工作时，通常由专用电源对其供电，所加的直流高压为 1 000~1 500V，图中光电阴极 K 接电源的负极，阳极 A 通过负载电阻 R_L 接电源的正极，各倍增极上的电压是通过分压电阻链供给的，从光电阴极 K 到阳极 A 电位逐级升高。

光电倍增管是一种将微弱光信号转换为电信号的光电转换器件，因此，它主要应用于微弱光照的场合。光电倍增管在弱光和光度测量中得到应用，如核仪器中 γ 能谱仪、X 射线荧光分析仪等闪烁探测器，都是用光电倍增管作传感元件。光电倍增管目前已广泛地用于大气污染监测、生物及医学病理检测、地球地理分析、宇宙观测与航空航天工程等领域，并发挥着越来越大的作用。

8.5　光敏电阻

光敏电阻是利用光电导效应制成的一种均质型半导体光电器件。当光照射到光敏电阻上时，半导体材料因吸收光能而产生光生载流子（电子和空穴），由于载流子浓度的增大，必然导致器件电导率增大。由于这种元件的电阻值对光强的变化非常灵敏，故称为光敏电阻，使用时在光敏电阻两端可加直流电压也可加交流电压。

光敏电阻的结构如图 8-4 所示，光敏电阻是一块安装在绝缘衬底上带有两个欧姆接触电极的光电导体。光电导体吸收光子而产生的光电效应，只限于光照的表面薄层，因此光电导体一般都做成薄层。为了获得高灵敏度，光电导体一般采用梳状图案。

用于制造光敏电阻的材料主要是金属的硫化物和硒化物等半导体。通常采用涂敷、喷涂、烧结等方法在绝缘衬底上制作很薄的光敏电阻体，然后接出引线，封装在具有透光镜的密封壳体内，以免受潮影响其灵敏度。在黑暗环境里，它的电阻值很高，当受到光照时，只要光子能量大于半导体材料的禁带宽度，则价带中的电子吸收一个光子的能量后可跃迁到导带，并在价带中产生一个带正电的空穴，这种由光照产生的电子空穴对增加了半导体材料中载流子的数目，使其电导率变大，从而造成光敏电阻阻值下降。光照愈强，阻值愈低。入射光消失后，由光子激发产生的电子空穴对将逐渐复合，光敏电阻的阻值也就逐渐恢复原值。

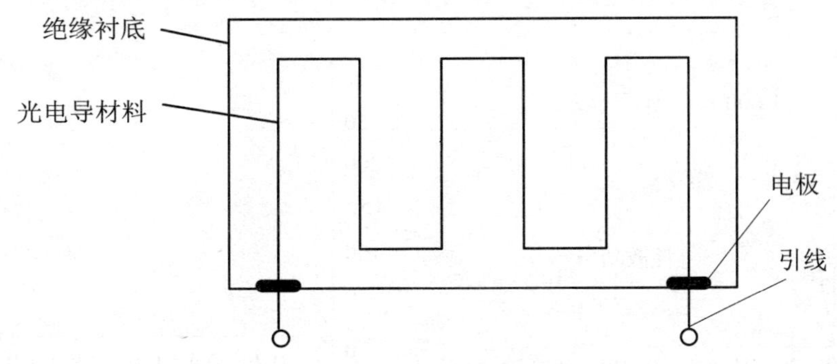

图 8-4　光敏电阻结构

如图 8-5 所示，在光敏电阻两端的金属电极之间加上电压，其中便有电流通过，当受到适当波长的光线照射时，电流就会随光强的增加而变大，从而实现光电转换。

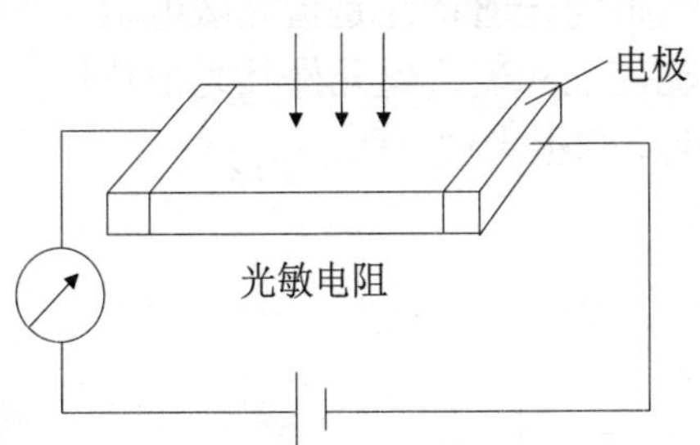

图 8-5　光敏电阻的工作原理

光敏电阻的种类很多，较常用的有硫化镉、硫化铅、硫化铊、硒化镉、硒化铅等。由于所用材料、工艺过程不同，其光电性能也相差很大。光敏电阻有以下主要参数。

（1）暗电阻和暗电流。光敏电阻不受光照射时的阻值称为暗电阻，这时在给定工作电压下流过光敏电阻的电流称为暗电流。

（2）亮电阻和亮电流。光敏电阻在受光照射时的阻值称为亮电阻，此时的电流称为亮电流。

（3）光电流。亮电流与暗电流之差称为光电流。亮电阻与暗电阻相差越大，说明光敏电阻性能越好。实际用的光敏电阻，其暗电阻一般为兆欧数量级，而亮电阻在几千欧以下。

光敏电阻有以下基本特性：

（1）伏安特性。光敏电阻两端电压与电流的关系曲线，称为光敏电阻的伏安特性。其光电流随外加电压而线性增加，如图 8-6 所示。在给定的光照下，伏安特性曲线是一直线，光敏电阻值与外加电压无关。在给定的电压下，光电流的数值将随光照的增强而增加。

（2）光照特性。光敏电阻的光电流与光照强度的关系称为光敏电阻的光照特性。不同光敏电阻的光照特性是不同的，但在大多数情况下是非线性的，只是在微小的区域内呈线性，曲线形状如图 8-7 所示。

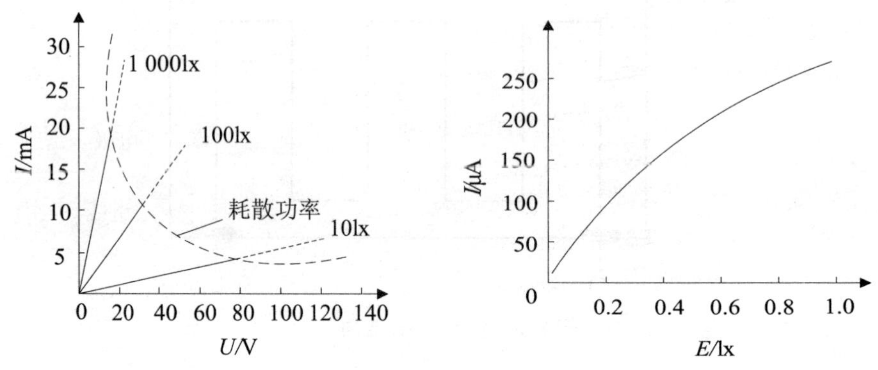

图 8-6 硫化镉光敏电阻的伏安特性曲线　　图 8-7 光敏电阻的光照特性曲线

（3）光谱特性。光敏电阻的光谱特性是指光敏电阻在不同波长的单色光照射下的灵敏度，如图 8-8 所示。硫化镉和硫化铊元件其光谱特性在可见光或近红外对照度变化有较高的灵敏度，光谱响应峰很尖锐。

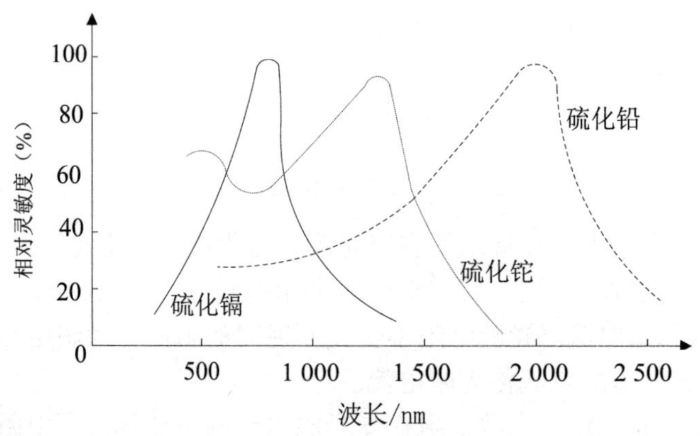

图 8-8 光敏电阻的光谱特性曲线

（4）温度特性。光敏电阻的光电效应受温度影响很大，不少光敏电阻在低温下灵敏度很高，而在高温下灵敏度降低，光电流随温度升高而减少。温度变化不仅影响灵敏度、暗电阻，而且也对光谱特性有很大影响，即随着温度的升高，峰值波长向短波方向移动，如图 8-9 所示。因此，光敏电阻宜用于低温环境。

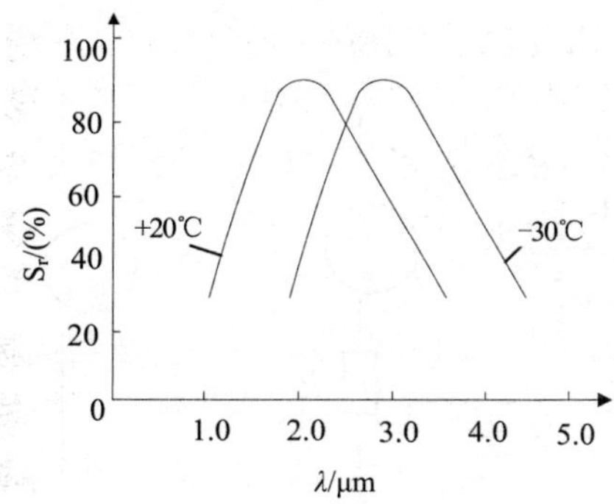

图 8-9　硫化铅光敏电阻光谱温度特性

8.6 光敏二极管和光敏三极管

光敏二极管有一个可接受光照的 PN 结，在结构上与光电池相似。光敏二极管在电路中通常处于反向偏置工作状态，如图 8-10 所示。当无光照时，处于截止状态，反向饱和电流（也称暗电流）极小。当受到光照时，产生光生载流子，使少数载流子浓度大大增加，致使通过 PN 结的反向饱和电流大大增加，大约是无光照反向饱和电流的 1 000 倍。光生反向饱和电流随入射光照度的变化而成比例的变化，具有极好的线性，光敏二极管具有比光电池更好的频率特性。

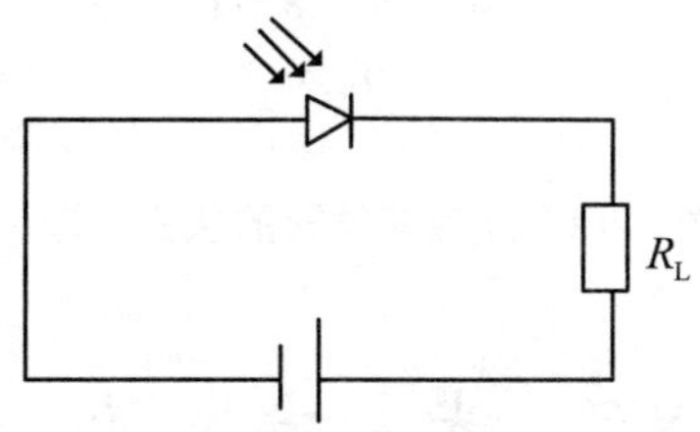

图 8-10　光敏二极管反向偏置工作状态

硅 NPN 型光电三极管有两个 PN 结，当光线透过保护膜照射到集电结（基极与集电极之间的 PN 结）而被吸收后，就会激发出光生电子空穴对，由于集电结处于反向偏置，在结区内有很强的内建电场，这些电子空穴对被内建电场分离，电子漂移到集电极，空穴漂移到基极，这就相当于外界向基极注入一个控制电流；光强越强，控制光电流越大。而发射结处于正向偏置，和一般晶体管放大作用一样，当基极没有引线时，集电极电流等于发射极电流。由此可见，光电三极管的工作有两个过程，一是光电转换，二是光电流放大。在光电三极管中，集电结是光电转换部分，而集电极、基极和发射极又构成一个有放大作用的晶体管。因此在工作原理上，可以把光电三极管看成是一个由光电二极管与普通晶体三极管结合而成的组合件，其工作原理如图 8-11 所示。

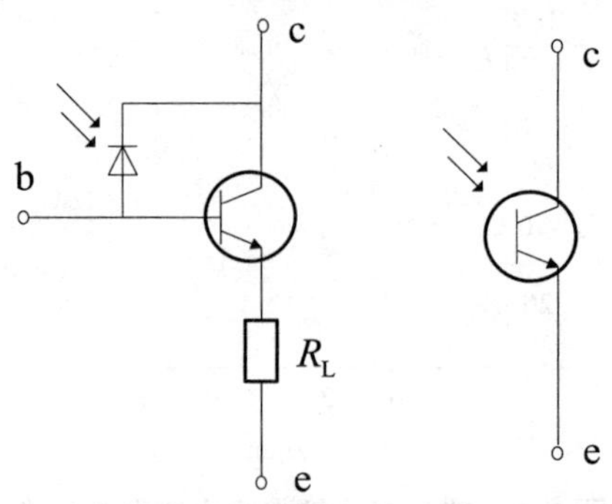

图 8-11　光电三极管原理图和电路符号

光敏三极管比光敏二极管具有更高的灵敏度，在不同的照度下，光敏三极管的伏安特性就像一般普通晶体管不同基极电流时的伏安特性一样，如图 8-12 所示。

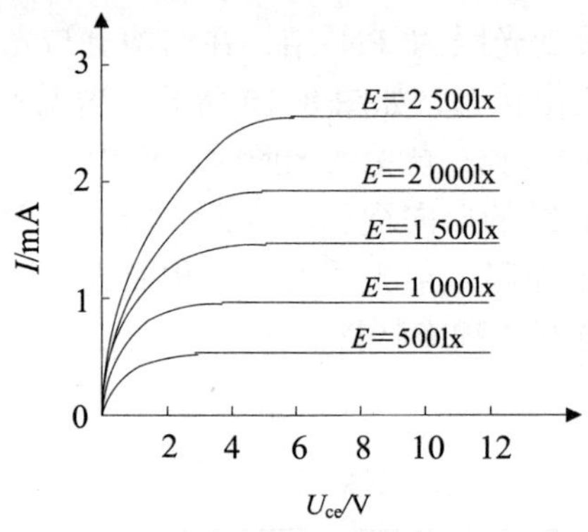

图 8-12　光敏晶体管的伏安特性

8.7　光　电　池

光电池是基于光生伏特效应制成的，是一种可直接将光能转换为电能的 PN 结型光电元件。制造光电池的材料很多，主要有硅、锗、硒、硫化镉和砷化镓等。其中硅光电池应用最为广泛，其光电转换效率高、性能稳定、光谱范围宽、频率特性好、能耐高温辐射等。

光电池按用途可分为两大类，即太阳能光电池和测量光电池。太阳能光电池主要用作能源，对它的要求是转换效率高，由于它具有在空间能直接利用太阳能转换成电能的特点，因而不仅成为航天工业上的重要能源，还被广泛地应用于供电困难的场所和人们的日常生活中。测量光电池的主要功能是作为光电探测用，即在不加偏置的情况下将光信号转换成电信号，对它的要求是线性范围宽、灵敏度高、稳定性好等，它广泛地应用于光度、色度、光学精密计量和测试中。

8.7.1 光电池的结构与等效电路

硅光电池是在一块 N 型硅片上，用扩散的方法掺入一些 P 型杂质，形成一个大面积的 PN 结，再在硅片的上、下两面制成两个电极，为了减少反射光，增加透射光，一般都在受光面上涂有 SiO_2 防反射膜，同时也可以起到防潮、防腐蚀的保护作用。由于光子入射深度有限，为使光照到 PN 结上，实际使用的光电池制成薄 P 型或薄 N 型，即迎光面较薄。

光照射到大面积 PN 结的 P 区，当光子能量大于 P 区半导体的禁带宽度时，P 区每吸收一个光子就产生一对光生电子-空穴对，当表面产生很多光生电子-空穴对时，由于浓度差，电子向 N 区扩散，到达 PN 结，在结电场的作用下，越过 PN 结到达 N 区，P 区失去电子带正电荷，N 区得到电子带负电荷，因而 PN 结产生电势。当光照射到 PN 结上时，如果在两极间串接负载电阻，则在电路中便产生电流，如图 8-13 所示。

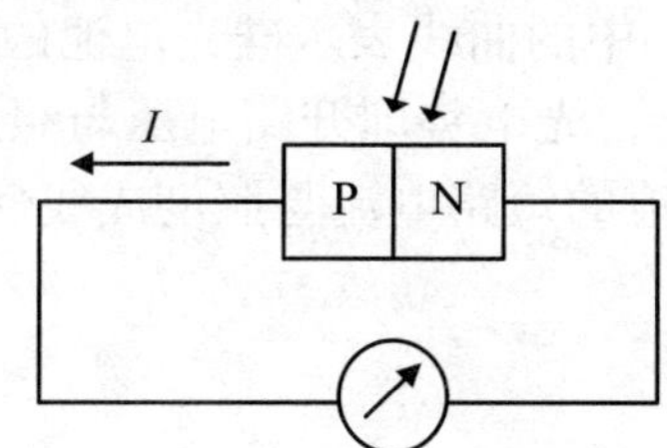

图 8-13　光电池工作原理示意图

由于光电池的基本结构就是一个 PN 结，它在光照射下要产生电动势或电流，故可用一个电流源 I_P 与一个晶体二极管并联作为其等效电路，I_P 是恒流源，代表由光照度引起的光电流，如图 8-14 所示。

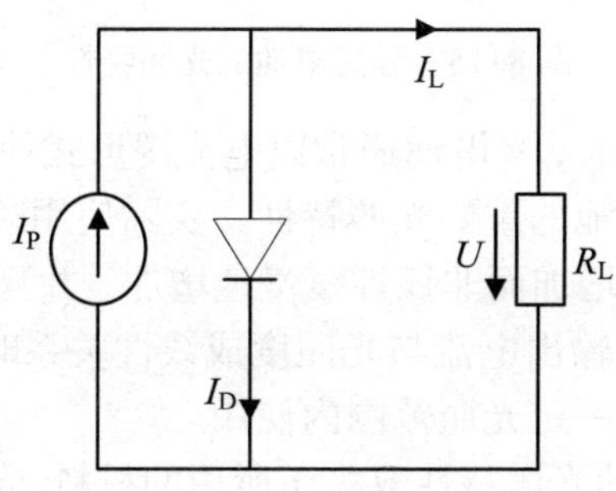

图 8-14　光电池等效电路

光电池的电流方程式可表示为

$$I_L = I_P - I_D = I_P - I_S(e^{qU/kT} - 1) \quad (8\text{-}10)$$

式中：q 为电子电荷量；k 为玻尔兹曼常数；T 为热力学温度；I_S 为二极管反向饱和电流；I_P 为光照度引起的光电流；I_L 为负载电流；R_L 为负载；U 为光电池两端电压。

当$I_L=0$时，$R_L=\infty$（开路），此时光电池两端的电压为开路电压，以U_{oc}表示，由式（8-10）可得

$$U_{oc}=\frac{kT}{q}\ln\left(\frac{I_P}{I_S}+1\right) \tag{8-11}$$

容易得出：当$I_P>>I_S$时，$U_{oc}\approx(kT/q)\ln(I_P/I_S)$。

$$I_P=S_E E \tag{8-12}$$

式中：S_E表示光电池的光电灵敏度；E表示入射光照度；

由式（8-11）和式（8-12）可知，光电池的短路电流与入射光照度成正比，而开路电压与光照度的对数成正比。

光电池基本特性如下：

（1）光照特性。图 8-15 中的曲线表示硅光电池的光生电势和光生电流与光照度之间的关系。由图可以看出，光电势即开路电压与照度E成非线性关系，且照度在 2 000lx 时趋于饱和。光电池的短路电流与照度成线性关系，而且受照面积越大，短路电流也越大。

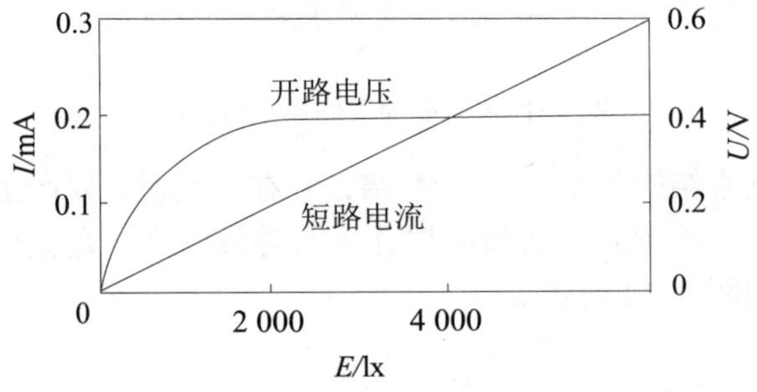

图 8-15　硅光电池的光照特性

当光电池作为探测元件时，光电池通常以电流源形式使用，短路电流与光照度（光通量）成线性关系，是光电池的重要光照特性。实际使用时都接有负载电阻R_L，输出电流I_L随照度（光通量）的增加而非线性缓慢地增加，并且随负载R_L的增大线性范围也越来越小。因此，在要求输出电流与光照度成线性关系时，负载电阻在条件许可的情况下越小越好，并限制在一定光照范围内使用。

（2）光谱特性。光电池的光谱特性取决于所用的材料，光电池的光谱特性如图 8-16 所示。其中，曲线 1 为硒光电池的光谱特性，曲线 2 为硅光电池的光谱特性。由曲线可以看出，硒光电池在可见光谱范围内有较高的灵敏度，峰值波长在 540nm 附近，它适宜于探测可见光。硅光电池峰值波长在 850nm 附近，光电池的光谱峰值位置不仅与制造光电池的材料有关，并且随使用温度不同而有所移动。

当光照射光电池时，由于载流子在 PN 结区内扩散、漂移、产生、复合都要有一个时间过程，所以产生的光电流滞后于光照变化。光电池的频率特性除了与载流子运

动的内在因素有关外，还与材料、结构、光敏面的大小及使用条件有关。图 8-17 中的纵坐标表示高频时的输出电流与低频最大输出电流之比。由图 8-17 可知，硅光电池的频率特性比硒光电池频率特性好。硒光电池的频率特性曲线在高频段光电流下降得很厉害，因此不宜于探测交变光通量。

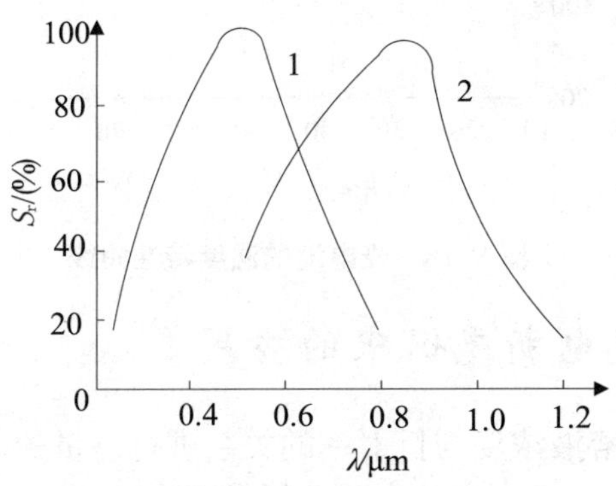

图 8-16　硒和硅光电池的光谱特性曲线

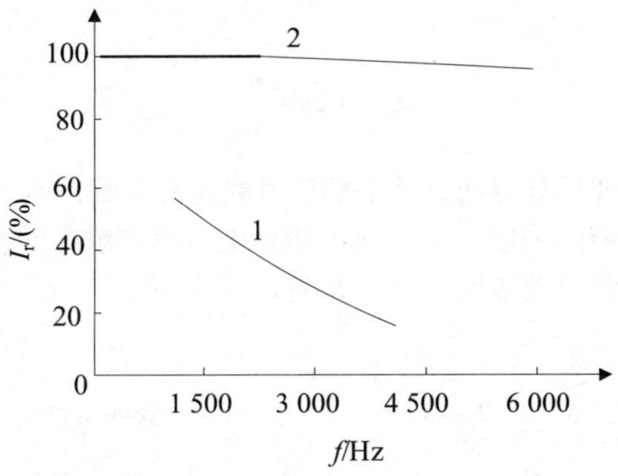

图 8-17　光电池的频率响应曲线

1—硒光电池；2—硅光电池

（3）温度特性。光电池的温度特性曲线是描述开路电压与短路电流随温度变化的情况。一般来说，光电池的电参数都是在 30℃条件下测得的。当环境温度发生变化时，开路电压和短路电流均发生变化。光电池的温度特性曲线如图 8-18 所示。

由图可看出，硅光电池的开路电压具有负温度系数，即随着温度的升高，U_{oc} 值减小，其值为 2～3mV/℃；而短路电流具有正的温度系数，即随着温度的升高，短路电流增加，但增加的比例很小，为 10^{-5}～10^{-3}mA/℃数量级。值得注意的是，当光电池受强光照射时，必须考虑光电池的工作温度。当硒光电池的结温度超过 50℃，硅光电池超过 200℃时，它们的晶格结构就会受到破坏，从而导致器件的损坏。通常硅光电池使用的结温不允许超过 125℃。

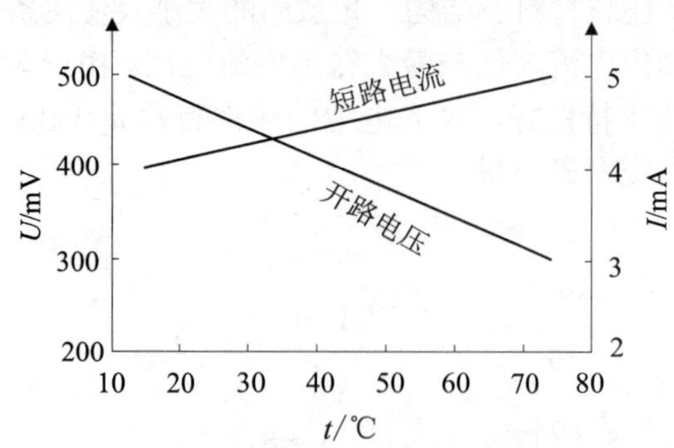

图 8-18　光电池的温度特性曲线

8.7.2 光电池在光电折光仪中的应用

折光仪是根据被测溶液浓度与折射率的关系进行测量的。根据全反射原理，当光线从光密介质（折射率为 n）向光疏介质（折射率为 $n' < n$）入射时，随着入射角的增大，反射光线的强度逐渐增强，而折射光线的强度则逐渐减弱。当入射角大于由下式决定的 ϕ_c 时，即

$$\phi_c = \arcsin\frac{n'}{n} \tag{8-13}$$

所有入射光在两介质分界面处被全部反射到光密介质，ϕ_c 称为临界角。而许多溶液的折射率取决于溶液的浓度，临界角 ϕ_c 也就随着溶液浓度的变化而变化。利用测量临界角的方法间接测量溶液浓度的原理如图 8-19 所示。

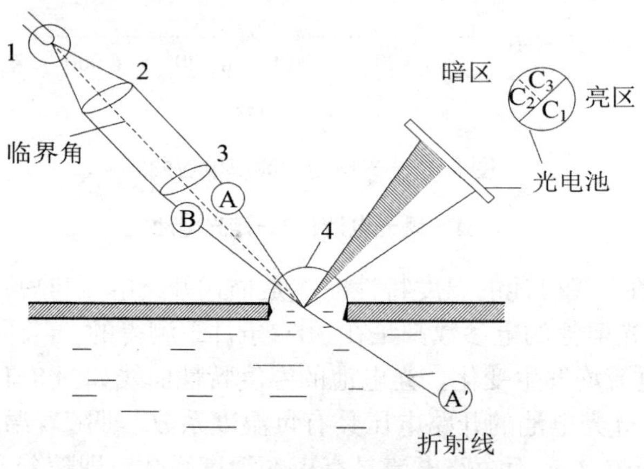

图 8-19　光电折射仪测量溶液浓度

1—光源；2、3—透镜；4—棱镜

从光源 1 发出的光线被透镜 2 准直成平行光束，然后又被透镜 3 聚焦在棱镜 4 与

生产溶液（待测浓度的溶液）的交界面上。该入射光束中的一部分光线（位于临界角虚线上方的光线，例如光束 A），由于其入射角小于临界角而折射进入溶液之中，其反射光通量很小，所以在光电接收器件的接收面上形成“暗区”；入射光束的另一部分光线（位于临界角虚线下方的光线，例如光束 B），由于其入射角大于临界角而产生全反射，从而在光电器件的接受面上形成“亮区”。“亮”“暗”区的交界线位置，取决于临界角的大小，亦即与被测溶液的浓度（或者说折射率）相对应。当被测溶液的浓度变化时，亮、暗区交接线在光电池上的位置也发生变化，从而改变了光电池的光照面积，光电池的输出也将随之变化。图 8-19 所示测量装置使用了三块光电池，其中 C_1 为参比光电池，始终处于亮区；C_2 为测量光电池；C_3 为补偿光电池。

8.8　PSD 光电位置探测器

半导体光电位置敏感器件（Position Sensitive Detector，PSD）是一种对其感光平面上入射点位置敏感的器件，即当入射光点落在器件感光面的不同位置时，将对应输出不同的电信号，通过对此输出信号的处理，即可确定入射光点在器件感光面上的位置。PSD 可分为一维 PSD 和二维 PSD。一维 PSD 可以测定光点的一维位置坐标，而二维 PSD 可以检测出光点的平面二维位置坐标。PSD 器件已被广泛应用于激光自准直、光点位移量和二维位置测量等领域。

图 8-20 为一个 PIN 型 PSD 的断面结构示意图，该 PSD 包含有 3 层，上面为 P 层，下面为 N 层，中间为 I 层，它们全被制作在同一硅片上，P 层不仅作为光敏层，而且还是一个均匀的电阻层。

当入射光照射到 PSD 的光敏面上时，在入射位置上就产生了与光能成比例的电荷，结区产生的空穴载流子向 P 层漂移，而光生电子则向 N 层漂移。到达 P 层的空穴分成两部分：一部分沿表面电阻 R_1 流向 1 端形成光电流 I_1；另一部分沿表面电阻 R_2 流向 2 端形成光电流 I_2。由于 P 层的电阻是均匀的，所以由电极 1 和电极 2 输出的电流分别与光点到各电极的距离（电阻值）成反比，故只要测出 I_1 和 I_2 便可求得光照射的位置。

设电极 1 和电极 2 间的距离为 $2L$，电极 1 和电极 2 输出的光电流分别为 I_1 和 I_2，则电极 3 上的电流为总电流 I_P，且 $I_P = I_1 + I_2$。

若以 PSD 的中心点位置作为原点时，光点离中心点的距离为 x_A，则有

$$\frac{I_1}{I_2}=\frac{R_2}{R_1}=\frac{L-x_\text{A}}{L+x_\text{A}} \tag{8-14}$$

$$I_1+I_2=I_\text{P} \tag{8-15}$$

可得

$$I_1=I_\text{P}\frac{L-x_\text{A}}{2L},\ I_2=I_\text{P}\frac{L+x_\text{A}}{2L} \tag{8-16}$$

$$x_A = \frac{I_2 - I_1}{I_2 + I_1} L \tag{8-17}$$

式中：$I_2 - I_1$ 和 $I_1 + I_2$ 的比值线性地表达了其与光点位置的关系。这个比值与入射光强和光斑大小无关，只取决于器件的结构及入射光点能量中心的位置，从而克服了光强度（波长或调制频率）变化对检测结果的影响。

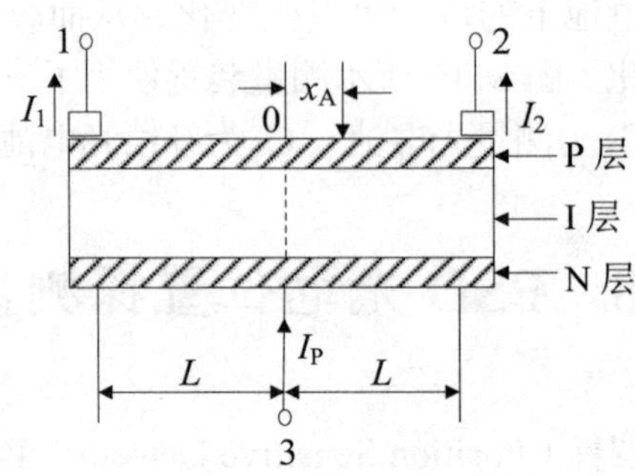

图 8-20　PSD 断面结构示意图

1．**一维** PSD

一维 PSD 器件主要用来测量光点在一维（x 坐标）方向上的位置或位置移动量，图 8-21（a）为一维 PSD 器件的原理结构示意图，其中 1 和 2 为信号电极，3 为公共电极。感光面大多呈细长矩形条。图 8-21（b）为一维 PSD 的等效电路，它由并联电阻 R 、电流源 I_P 、理想二极管 VD，结电容 C_j 和横向分布电阻 R_D 组成。PSD 器件输出总电流与入射光强有关，而各信号电极输出光电流之和等于总光电流，因此从总光电流可求得相应的入射光强。一维 PSD 器件不但能检测光斑中心在一维空间的位置，而且能检测光斑的强度。

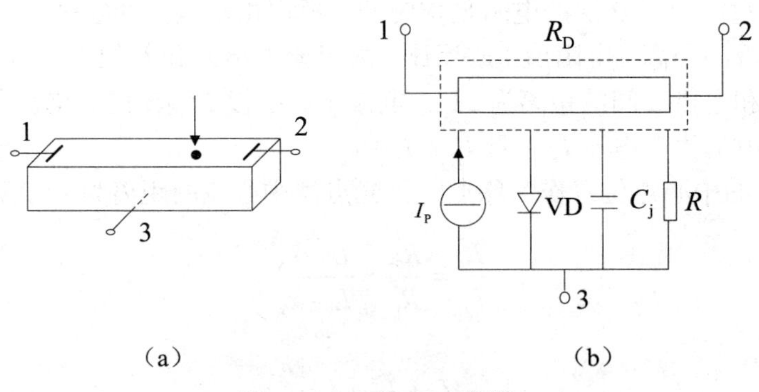

图 8-21　一维 PSD 器件
（a）原理结构；（b）等效电路

2．**二维** PSD

二维 PSD 器件用来测定光点在平面上的二维 (x,y) 坐标，它的感光面是方形的，比一维 PSD 多一对电极，其结构如图 8-22 所示。在方形 PIN 硅片的光敏面上设置两对电极。其位置分别为 x_1、x_2 和 y_1、y_2，其公共电极常接电源 V_b。光电流 I_P 由两个方向的四路电流分量构成，即 I_{x1}、I_{x2}、I_{y1}、I_{y2}，将这些电流作为位移信号输出。

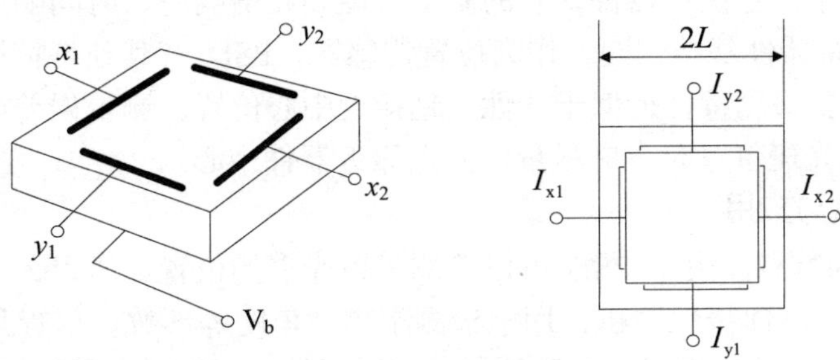

图 8-22　二维 PSD 器件

当光斑落到二维 PSD 器件上时，光斑中心位置的坐标值可分别表示为

$$x=\frac{I_{x2}-I_{x1}}{I_{x2}+I_{x1}}L \tag{8-18}$$

$$y=\frac{I_{y2}-I_{y1}}{I_{y2}+I_{y1}}L \tag{8-19}$$

一般型 PSD 暗电流小，但距离器件中心较远接近边缘部分时误差较大。为了减小测量误差，对二维 PSD 器件的光敏面进行了改进。改进后 PSD 采用弧形电极，电流信号分别从四个对角线端引出，如图 8-23 所示，这种结构的 PSD 不仅可以减小位置输出的非线性误差，同时暗电流小，加反偏电压容易。

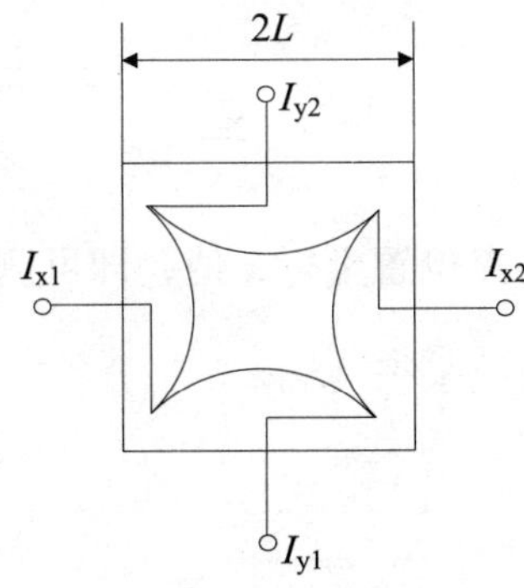

图 8-23 改进二维 PSD

改进二维 PSD 入射光点位置 (x,y) 的计算公式为

$$x=\frac{(I_{x2}+I_{y1})-(I_{x1}+I_{y2})}{I_{x1}+I_{x2}+I_{y1}+I_{y2}}L \tag{8-20}$$

$$y = \frac{(I_{x2} + I_{y2}) - (I_{x1} + I_{y1})}{I_{x1} + I_{x2} + I_{y1} + I_{y2}} L \quad (8-21)$$

PSD 器件属于光生伏特器件，它的基本特性如光谱响应、时间响应和温度响应等与一般硅光生伏特器件基本相同。作为位置传感器，PSD 有其独特特性，即位置检测特性。PSD 的位置检测特性近似于线性，越接近中心位置，测量误差越小。因此，当利用 PSD 来检测光斑位置时，应尽量使光点靠近器件中心。

3．PSD 特点与应用

（1）PSD 的特点。由于 PSD 可以检测入射光点的位置，所以，再加上光学成像镜头后可以构成“PSD 摄像”机，用于检测距离、角度等参数。尽管几乎所有的 PSD 应用场合，均可由扫描型阵列光电器件如 CCD 光敏二极管阵列等取代，但与阵列光电器件相比较，PSD 具有以下特点：①响应速度高，PSD 的响应速度一般只有几微秒到几十微秒，比扫描型光电器件的响应速度要高得多。②位置分辨率高，扫描光电阵列器件的分辨率受到像元尺寸的限制，而 PSD 为模拟输出，显然可以达到更高的分辨率。③位置输出与光点强度及尺寸无关，只与其位置有关。这一特点使得在 PSD 使用时无需苛求复杂的光学聚焦系统。④可同时检测入射光点的强度及位置。将输出信号进行一定运算处理后可获得位置输出信号，而将所有信号电极的输出相加后得到与入射光强度成正比的输出。光电阵列器件可以同时完成入射光点强度与位置两个参数的检测。⑤信号检测方便，价格相对比光电阵列器件要便宜得多。因此在许多场合应用 PSD 比光电阵列器件更有优势。

（2）距离的检测。应用 PSD 进行距离测量是利用了光学三角测距的原理。如图 8-24 所示，光源发出的光经透镜 L_1 聚焦后投射向待测体，反射光由透镜 L_2 聚焦到一维 PSD 上。若透镜 L_1 和 L_2 中心距离为 b，透镜 L_2 到 PSD 表面之间的距离（即透镜 L_2 的焦距）为 f，聚焦在 PSD 表面的光点距离透镜 L_2 中心的距离为 x，则根据相似三角形的性质，待测距离 d 为

$$d = \frac{bf}{x} \quad (8-22)$$

因此，只要由 PSD 测出光点位置坐标 x 值，即可测出待测物体的距离。

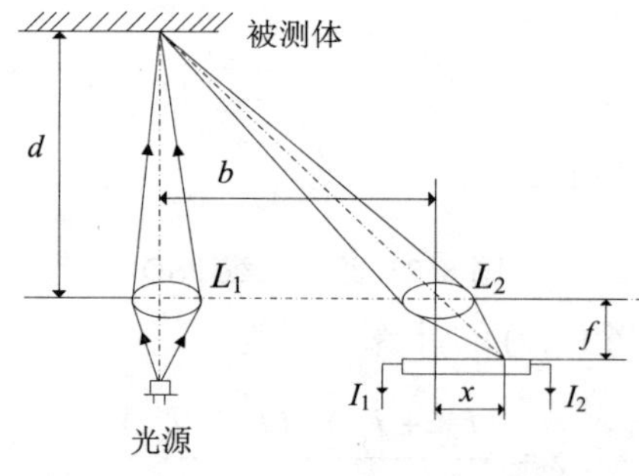

图 8-24　PSD 三角测距原理图

（3）精密定位系统。利用一维 PSD 构成的精密定位系统如图 8-25 所示。在需定位的移动部件的适当位置上装一光源（通常为 LED），将一维 PSD 固定在移动部件下方的基座上。当移动部件上的光源偏离 PSD 中心位置时，如图中虚线所示，由透镜成像在 PSD 上的光点将偏离其中心，两电极输出有差，差动放大输出作为误差信号去控制电机传动机构，使部件水平移动，直到光源位置对准 PSD 中心为止。PSD 精密定位装置结构简单，并能达到较高定位精度。

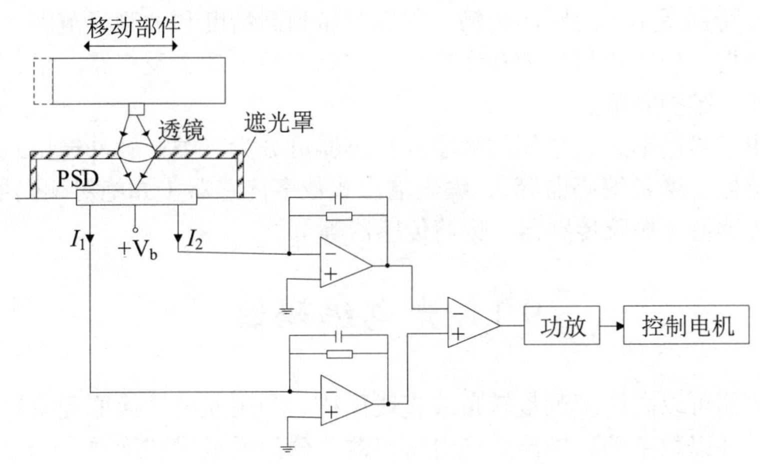

图 8-25　PSD 一维精密定位系统图

思考题与习题

1. 什么是外光电效应？什么是内光电效应？
2. 比较光电管和光电倍增管相同和不同之处。
3. 比较光电二极管和光电池的相同和不同之处。
4. 画出光电池的等效电路，写出开路电压和短路电流表达式。
5. 分析光电折光仪的工作原理。

第 9 章　数字式传感器

数字式传感器是一种能将待测量（如位移、温度、压力、应力等）直接转换成数字量或准数字量输出的传感器。数字式传感器能把被测模拟量直接转换成数字量输出，不需要 A/D 转换。数字式传感器具有高抗干扰能力和高信噪比，常能免于噪声和外来信号的干扰，特别适用于远距离传输；能同时做到高精度和大测量范围；易于与计算机接口交换数据，便于信号处理和实现自动控制；便于动态及多路测量，工作可靠性高，安装方便，维护简单。

按照输出信号的形式，常用的数字式传感器可分为三类：脉冲输出式数字传感器（如光栅传感器、增量编码器等）、编码输出式数字传感器（如绝对编码器等）、频率输出式数字传感器（振弦传感器、振筒传感器等）。

9.1　光电编码器

光电编码器可以高精度测量转角或直线位移。利用光电转换原理将轴角信息转换为电信息量，并以数字编码输出。光电编码器可分为增量式和绝对式光电编码器。增量式编码器具有结构简单、价格低、精度易于保证等优点，目前被广泛采用。绝对式编码器能直接给出对应于每个转角的数字信息，便于计算机处理，但当进给数大于一转时，需作特别处理。

9.1.1 增量式编码器

脉冲盘式编码器又称为增量式编码器，增量式编码器一般只有三个码道，它不能直接产生几位编码输出，故它不具有绝对码盘编码的含义，增量式编码器不能直接输出数字编码，需要增加相关数字电路才可能得到数字编码。这是增量式编码器与绝对式编码器的不同之处。

图 9-1 为增量式编码器的结构图。增量式角度数字编码器在圆盘上开有相等角距的缝隙，外圈 A 为增量码道，内圈 B 为辨向码道，内、外圈的相邻两缝隙之间错开半条缝宽的距离，码盘上最外圈码道上只有一条透光的狭缝，作为码盘的基准位置，每当工作轴旋转一周产生一个 Z 相脉冲信号（零位脉冲），通常 Z 相脉冲用于各轴机械原点定位。

光源通过码盘上的三个码道，由三个光电元件接收，其对应输出 Z（零位脉冲）、A（增量脉冲）及 B（辨向脉冲）三位脉冲信号，在码盘的相对两侧面分别安装光源和光电接收元件。当转动码盘时，光线经过透光和不透光的区域，每个码道将有一系列光电脉冲由光电元件输出，码道上有多少缝隙就将有多少个脉冲输出。

光电编码器一般采用封闭式结构，内装发光二极管、光电接收器和编码盘等，通过联轴器与被测轴连接，将角位移转换成 A、B 两相脉冲信号，供双向计数器计数，同时还输出一路零脉冲信号，作为零位标记，A、B 两相脉冲信号相差 90°相位，最高工作频率达 30kHz。增量编码盘的精度和分辨率与绝对编码盘一样，主要取决于码盘本身的精度。

无论正转还是反转，信号 A 和 B 是相位差 90° 的近似正弦波，经放大、整形后变成脉冲数字信号。若 A 相超前于 B 相，对应工作轴正转；若 B 相超前于 A 相，对应工作轴反转。根据 A、B 相任何一光电元件输出脉冲数的大小就可以确定编码盘的相对转角；根据输出脉冲的频率可以确定码盘的转速。增量式编码器随转轴旋转的码盘给出一系列脉冲，然后根据旋转方向用可逆计数器对这些脉冲进行加减计数，以此来表示转过的角位移量。

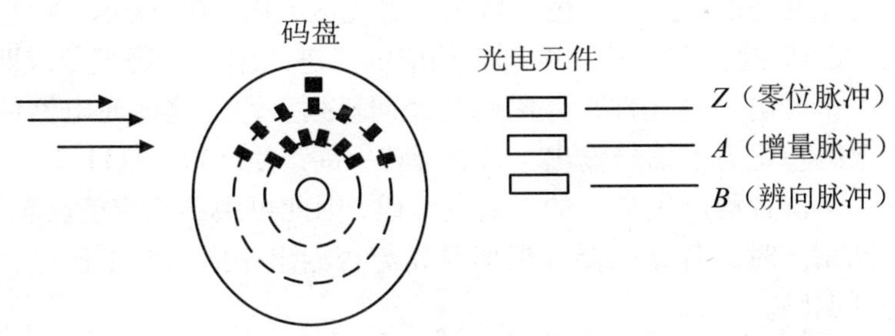

图 9-1 增量式编码器的结构图

为了辨别码盘旋转方向，可采用如图 9-2 所示辨向原理图实现。光电元件 A 和 B 输出信号经放大整形后，产生 P_1 和 P_2 脉冲。将它们分别接到 D 触发器的 D 端和 CP 端，由于 A 和 B 两道缝距相差 90° ，D 触发器在 CP 脉冲（ P_2 ）的上升沿触发。当正转时，P_1 脉冲超前 P_2 脉冲 90° ，触发器的 $Q=1$，表示正转；当反转时，P_2 超前 P_1 脉冲 90° ，触发器的 $Q=0$，即 $Q=0$ 表示反转。分别用 $Q=1$ 和 $Q=0$ 控制可逆计数器是正向还是反向计数，即可将光电脉冲变成编码输出。Z 相脉冲接至计数器的复位端，实现每转动一圈复位一次计数器的目的。无论正转还是反转，计数器每次反映的都是相对于上次角度的增量，故这种测量称为增量法。

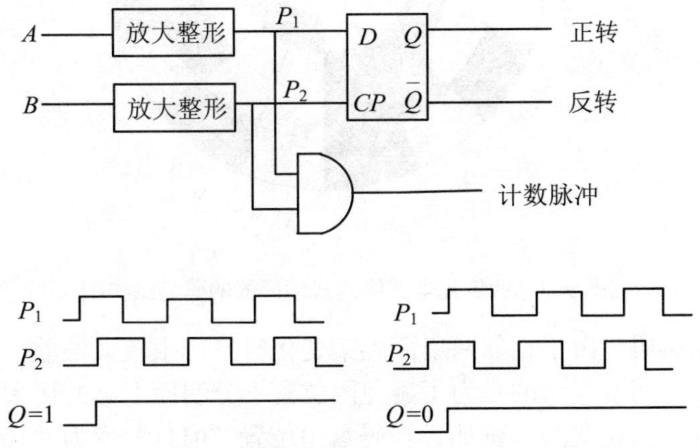

图 9-2 编码盘辨向原理图

9.1.2 绝对式编码器

绝对式编码器将被测角转换成相应的编码，指示其绝对位置，这种编码器是通过读取编码盘上的图案来表示数据的。

绝对式编码器光源发射的光线经柱面透镜变成一束平行光，照射在编码盘上。编码盘上有按一定编码规律刻画的透光和不透光扇形区，称为码道。光电接收元件的排列与各码道一一对应。通过编码盘的光线经狭隙形成一束细光照射在光电接收元件上；把光信号转换成电信号，读出与转角位置相对应扇区的一组代码。图 9-3 为光电绝对式编码器的码盘，该码盘为四位二进制编码盘，它是在一块圆形玻璃上采用腐蚀工艺刻出透光和不透光的码形，其中黑色区域为不透光区，用“0”表示；白色区域为透光区，用“1”表示。如此，在任意角度都有相应的二进制编码。码盘分成四个码道，每一条码道对应一个光电接收元件，并沿码盘径向排列。通过这些光电器件的检测把代表被测位置的数码转化为电信号输出。码盘每转一周产生 0000~1111 十六个二进制数，对于转轴的每一个位置均产生唯一的二进制编码，因此可用于确定旋转轴的绝对位置。当码盘处于不同角度时，各光电器件根据受光与否输出相应的电平信号，由此产生绝对位置的二进制编码。

不难看出，码盘的码道数就是该码盘的数码位数，且高位在内，低位在外。绝对编码器的分辨率取决于二进制编码的位数，即码道的个数。若码盘的码道数为 n，则所能分辨的最小角度为 $360°/2^n$，分辨率为 $1/2^n$。

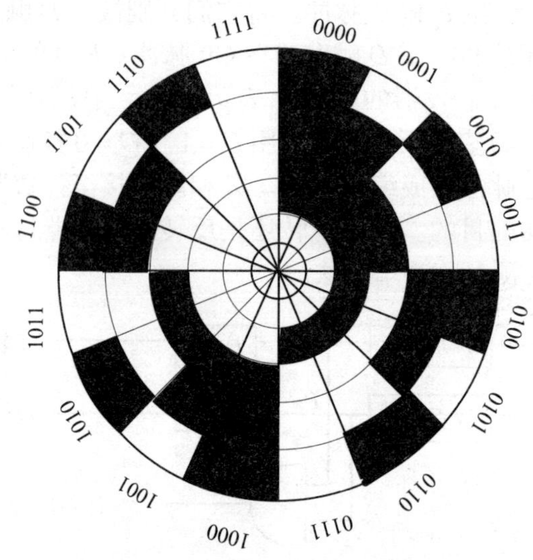

图 9-3　四位光电式绝对式编码器的码盘结构图

普通二进制编码盘由于相邻两扇区图案变化时易产生较大误差，因而在实际应用中大都采用格雷编码盘，目的是为了避免因位置不分明而引起的粗大误差。当码盘回转在两码段边缘交替位置时，例如，当码盘由位置“0111”变为“1000”时，四位数要同时变化，可能将数码误读成“1111”，“1011”，“1101”，…，“0001”等，产生无法估计的数值误差。而格雷编码任意相邻的两个代码间只有一位代码有变化，即由“0”变为“1”或由“1”变为“0”，因此只可能读成相邻两个数中的一个数。当格雷码盘从一个计数状态转到下一个计数状态时，只有一位二进制码改变，因此能把误差控制在一个数量单位内。码盘的不同位置与 8421 编码和格雷编码的对应关系见表 9-1。

表 9-1　码盘的不同位置与对应的数码

角 度	位置序号	二进制码	格雷码	十进制数
0*a*	0	0 0 0 0	0 0 0 0	0
1*a*	1	0 0 0 1	0 0 0 1	1
2*a*	2	0 0 1 0	0 0 1 1	2
3*a*	3	0 0 1 1	0 0 1 0	3
4*a*	4	0 1 0 0	0 1 1 0	4
5*a*	5	0 1 0 1	0 1 1 1	5
6*a*	6	0 1 1 0	0 1 0 1	6
7*a*	7	0 1 1 1	0 1 0 0	7
8*a*	8	1 0 0 0	1 1 0 0	8
9*a*	9	1 0 0 1	1 1 0 1	9
10*a*	10	1 0 1 0	1 1 1 1	10
11*a*	11	1 0 1 1	1 1 1 0	11
12*a*	12	1 1 0 0	1 0 1 0	12
13*a*	13	1 1 0 1	1 0 1 1	13
14*a*	14	1 1 1 0	1 0 0 1	14
15*a*	15	1 1 1 1	1 0 0 0	15

使用绝对式编码器时，如果被测转角不超过 360°，那么它提供的是转角的绝对值，即从起始位置所转过的角度。在使用过程中如果遇到停电，在恢复供电后的显示值仍然能正确反映当时的角度。当被测角大于 360° 时，为了仍能得到转角的绝对值，可以用两个或多个码盘与机械减速器配合，扩大角度量程；如果使用两个码盘，两者间的转速比为 10∶1，此时测角范围可扩大 10 倍。

9.2　频率传感器

目前构成频率式传感器最简单的方法有两种：一种方法是利用电子振荡器的原理，只要使振荡电路中某个部分随被测量的变化而改变，就可改变振荡器的振荡频率。典型例子如改变 *LRC* 振荡电路中的电容或电感。另一种方法是利用机械振动系统，通过其固有振动频率的变化来反映被测参数的值。

管、弦、钟、鼓等乐器利用谐振原理奏乐，这早已为人们所熟知。弹性振体频率式传感器是用振弦、振筒等弹性振体的固有振动频率（自振谐振频率）来测量有关参数的，即把振弦、振筒等弹性振体的谐振特性成功地用于传感器技术。

弹性振体的固有频率是其物理特性参数的函数。只要被测量与其中某一物理参数有相应的变化关系，就可以通过测量振弦、振筒等弹性振体固有振动频率来达到测量被测参数的目的。这种传感器的最大优点是性能十分稳定，特别适合在高温、高湿、高压等恶劣环境中使用。

频率式传感器是把被测量转换成与之相对应且便于处理的频率输出的数字传感器。振动式检测元件可将被测量（如力、压力、密度等）的变化转换为谐振元件的固有频率的变化，利用谐振技术完成参数的检测。由于输出信号为振动频率信号，易于直接与计算机等数字式检测系统配套使用，具有体积小、质量轻、分辨率高、精度高、便于信号的传输和处理等特点，根据谐振原理的不同，振动式检测元件有振弦式、振膜式及振筒式几种。

9.2.1 振弦式检测元件

振弦式检测元件利用弹性元件在力或压力作用下，其固有频率发生变化，将作用力转换成频率信号输出，便于数据的传输、处理和存储，是很有发展前途的一类检测元件。

振弦式检测元件的基本结构如图 9-4 所示，检测元件由钢弦、支撑、膜片和永久磁铁所组成。钢弦的一端被固定在支撑上，另一端固定在膜片上，整个钢弦处在永久磁铁所形成的磁场之中。当膜片的下部受到力的作用时，钢弦的原始张力发生变化，从而导致钢弦的固有频率发生变化，钢弦的固有频率 f_0 与钢弦所受的应力或张力之间的关系为

$$f_0 = \frac{1}{2l}\sqrt{\frac{\sigma}{\rho}} = \frac{1}{2l}\sqrt{\frac{T}{\rho'}} \tag{9-1}$$

式中：l 为钢弦长度；σ 为钢弦所受应力；T 为钢弦所受张力；ρ 为钢弦材料密度；ρ' 为钢弦的线密度，即单位弦长的质量。

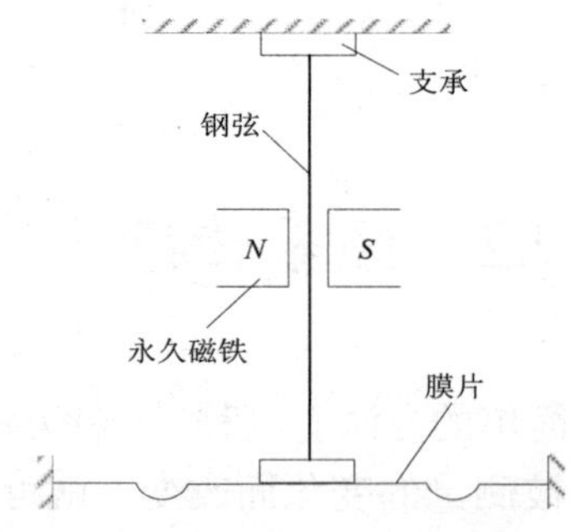

图 9-4　振弦式检测元件的基本结构

钢弦激振后，按固有频率振动。由于振动而切割它周围由永久磁铁形成的磁力线，从而在振弦上产生交变的感应电势，此电势的频率等于钢弦的固有振动频率。一般钢

弦的长度和密度可视为常数，因此感应电势的频率就与所加的力或应力有关。

振弦式压力传感器是依靠被测压力改变与弹性元件相连的振动元件的谐振频率，经过适当的电路输出脉冲频率信号或电流（电压）信号。

振弦的振动是靠放置在振弦旁的磁场的电磁力的作用产生和维持的。电磁力的激振方式有连续式和间歇式两种。图 9-5 为连续式激振方式的压力传感器电路图。图中利用永久磁铁产生连续磁场，置于磁场中的振弦只要受到扰动就会以固有频率振动，并形成感应电势。感应电势经放大器 A 放大后输出，其频率即为振弦的频率。同时输出电势经 R_4、D、R_5 及 C 组成的半波整流电路控制场效应管的栅极，改变场效应管的源漏极之间的等效电阻（相当于 R_1 的阻值），进一步改变放大器的负反馈系数，从而起到电路的自动稳定振幅的作用。

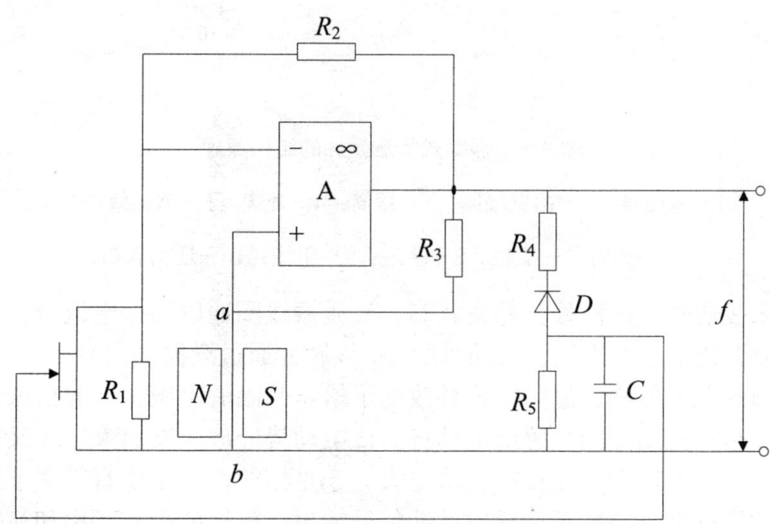

图 9-5　连续式激振方式的压力传感器电路

9.2.2 振筒式检测元件

振筒式检测元件也是应用弹性元件的固有振动频率来测量有关的参数，主要用于测量气体的压力和密度。

振筒式检测元件的结构原理如图 9-6 所示，它是由振筒、外壳、基座、激励线圈和其内的磁芯、拾振线圈和其内的永磁棒、引线以及环氧树脂制成的支柱等所组成的。振筒为敏感元件，一般由壁厚约为 0.08mm 的铁镍合金制成，通过改变筒壁厚度，可获得不同的测压范围。振筒的一端密封，另一端固定在基座上，其内腔与进气的通道相通，在基座上还固定有支柱，支柱上装有相互垂直且有一定距离的激励线圈和拾振弦圈。这种安装方式是为了防止和减少两只线圈间的电磁耦合，为了防止外磁场对传感器的干扰，应当把维持振荡的电磁装置屏蔽起来。通常可用高导磁率合金材料制成同轴外筒，即可达到屏蔽目的。外壳起着防止外磁场干扰及机械保护作用。外壳与振筒之间为真空参考室。

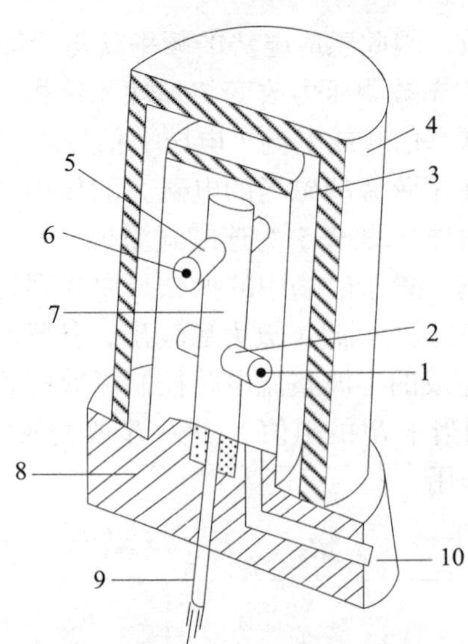

图 9-6 振筒式检测元件的结构原理

1—永磁棒；2—拾振线圈；3—振筒；4—外壳；5—激振线圈；

6—磁芯；7—支柱；8—基座；9—引线；10—压力入口

当电源未接通时，振筒处于静止状态，当激振线圈通以激振电流时，放大器的固有噪声便在激振线圈中产生微弱的随机脉冲，该脉冲通过激振线圈时产生电磁脉动力，从而引起振筒的变形位移。振筒的位移改变了拾振弦圈的磁阻，引起拾振弦圈的磁通变化，从而在拾振弦圈中产生感应电动势。该电动势经放大器放大后，又反馈给激振线圈以进一步增加激振力，使振筒变形更大，于是振筒在一定固有频率下振动。拾振弦圈将振筒的机械振动频率转换成电脉冲信号输出。振筒的固有频率和筒壁所受的应力有关，当筒内气体压力变化时，将会引起筒壁应力变化，使沿轴向和径向被张紧的振筒刚度发生变化，从而改变振筒的谐振频率。拾振弦圈一方面直接检测出随压力而变的振动频率增量，通过数字电路转换并显示出来；另一方面不断把感应电势反馈到激振线圈产生激振力使振筒维持振动。振动频率 f 与压力 p 的关系可表示为

$$f = f_0\sqrt{1+ap} \tag{9-2}$$

式中：f_0 为振筒所受压力为零时的固有频率；a 为与振筒的材料、尺寸有关的常数。

振筒式压力传感器存在着温度误差。传感器通过两种不同途径受到温度的影响。

（1）振筒金属材料的弹性模量 E 随温度而变化，几何尺寸如长度、厚度和半径等也随温度略有变化，但这些影响相对比较小。

（2）温度对被测气体密度的影响。振筒内封闭的气体质量是随气体压力和温度变化的。测量过程中，被测气体充满筒内空间，因此，当圆筒振动时，其内部的气体也随振筒一起振动，气体质量必然附加在振筒的质量上。气体密度的变化引起了测量误差。实验测试表明，在 −55～125℃ 范围，输出频率的变化约为 2%，即温度误差约为

0.01%/℃。在要求不太高的场合，可以不加考虑，但在高精度测量的场合，必须进行温度补偿。

温度误差补偿方法目前实用的有两种。可用一只半导体二极管作为感温元件，利用其偏置电压随温度而变的原理进行传感器的温度补偿。二极管安装在传感器底座上，与压力传感器感受相同环境温度。二极管的偏置电压灵敏度可达 2mV/℃，二极管的感温灵敏度比热电偶高几十倍，而且其电压变化与温度近似是直线关系。也可采用其他测温元件如铂电阻测温，进行温度补偿。

通过对振筒压力传感器在不同温度、不同压力值下的测试，可得到对应于不同压力下的传感器的温度误差特性。利用这一特性，在计算机软件支持下，对传感器温度误差进行修正，以达到预期的测量精度。

振筒式传感器的精度比一般模拟量输出的压力传感器高 1~2 个数量级，工作可靠，长期稳定性好，尤其适宜于比较恶劣环境条件下测试。实测表明，该传感器在 10g 振动加速度作用下，误差仅为 0.004 5%FS。由于一系列特有的优点，近年来，高性能超声速飞机上已装备了振筒式压力传感器，以获得飞行中的正确高度和速度，经计算机直接解算可进行大气数据参数测量，同时，它还可作压力测试的标准仪器。

9.3　光栅传感器

光栅传感器是利用计量光栅的莫尔条纹现象来进行测量的，它广泛地用于长度和角度的精密测量，也可用来测量转换成长度或角度的其他物理量（如位移、尺寸、转速、力、质量、扭矩、振动、速度和加速度等）。由于光栅传感器具有精度高、量程大、分辨率高、抗干扰能力强以及可实现动态测量等特点，所以它在几何量和机械量等物理量的测量、数控系统的位置检测和数控机床的伺服系统等领域得到广泛应用。

9.3.1　结构与工作原理

光栅就是在透明的玻璃板上，均匀地刻出许多明暗相间的条纹，或在金属镜面上均匀地划出许多间隔相等的条纹，通常线条的间隙和宽度是相等的，光栅条纹密度一般为每毫米 10、25、50、100 条线等。以透光的玻璃为载体的称为透射光栅，不透光的金属为载体的称为反射光栅，根据光栅的外形可分为直线光栅和圆光栅。

光栅位移传感器的结构如图 9-7 所示。它主要由（主光栅）标尺光栅、指示光栅、光电器件和光源等组成。光栅常用的光电元件有硅光电池、光电二极管、光电晶体管等。通常，主光栅和被测物体相连，随被测物体的直线位移而产生位移。

如图 9-8 所示，主光栅是一块长条形的光学玻璃，上面均匀地刻画有宽度 a 与间距 b 相等的透光和不透光的线条，黑色的条纹是栅线，不透光；两条栅线之间为白色间隙，光线由此透过，图中 a 为栅线宽度，b 为缝隙宽度，$a+b=W$ 称为光栅的栅距。

指示光栅比主光栅短很多，通常刻有与主光栅同样刻线密度的条纹。

把主光栅和指示光栅平行放置，并且使它们的栅线相互倾斜一个很小的角度θ，当光源发出的光线透过主光栅和指示光栅时，就会在近似垂直栅线方向上出现明暗相间的条纹，这就是莫尔条纹，如图 9-9 所示。莫尔条纹是光栅非重合部分光线透过而形成的亮带，它由一系列四棱形图案组成，暗带则是由于光栅的遮光效应形成的。

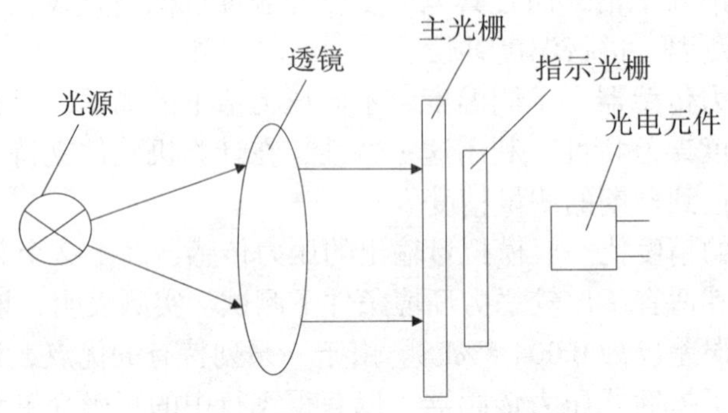

图 9-7　光栅传感器结构示意图

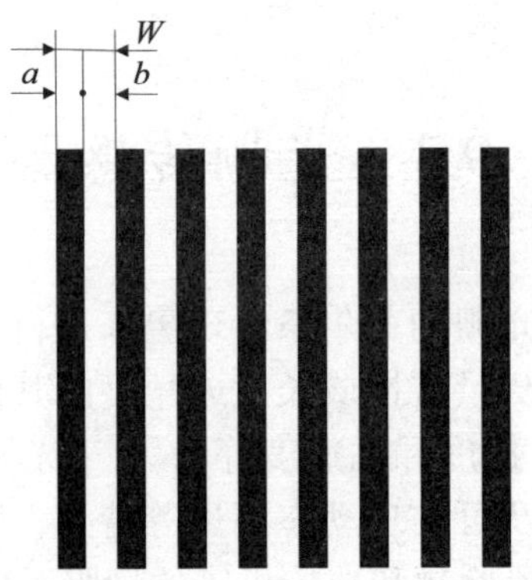

图 9-8　光栅条纹

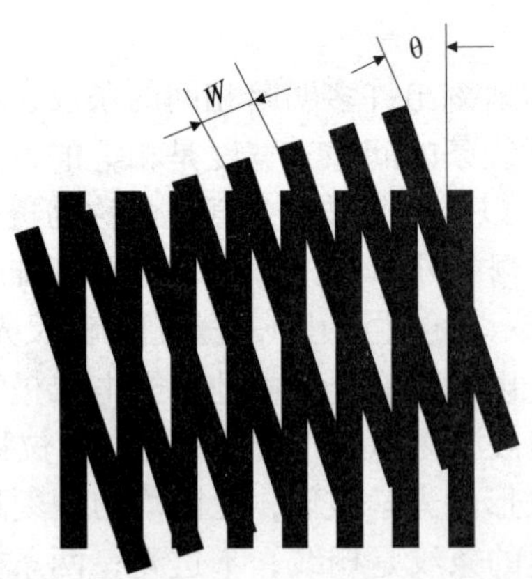

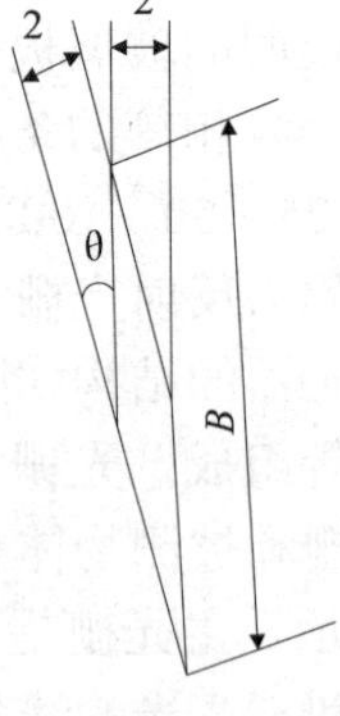

图 9-9　莫尔条纹

在光栅测量中，可利用莫尔条纹实现对输入位移量的转换。

莫尔条纹具有以下特点：

（1）莫尔条纹的位移与光栅的移动成比例。当指示光栅不动，主光栅向左右移动时，莫尔条纹将向上或向下移动。光栅每移动过一个栅距 W，莫尔条纹相应地移过一个条纹间距 B。根据莫尔条纹的移动方向，即可确定主光栅的移动方向。

莫尔条纹具有位移放大作用。莫尔条纹的间距 B 与两光栅条纹夹角 θ 之间的关系为

$$B=\frac{W}{2\sin\frac{\theta}{2}}\approx\frac{W}{\theta} \tag{9-3}$$

莫尔条纹的放大倍数为

$$K=\frac{B}{W}\approx\frac{1}{\theta} \tag{9-4}$$

可见 θ 越小，放大倍数越大。实际应用中，θ 的取值范围都很小，即当指示光栅与标尺光栅相对移动一个很小的 W 距离时，可以得到一个较大的莫尔位移移动量 B，即可以用测量条纹的移动来检测光栅微小的位移，从而实现高灵敏度的位移测量。

（2）平均光栅误差的作用。光电元件对于光栅刻线的误差起到了平均作用。刻线的局部误差和周期误差对于精度没有直接的影响。因此可得到比光栅本身的刻线精度更高的测量精度。

光栅尺在移动的时候，通过光电元件，可将莫尔条纹光强的变化转换为近似正弦变化的电信号，将此电压信号放大、整形变换为方波，经微分转换为脉冲信号，再经辨向电路和可逆计数器计数，则可用数字形式显示出位移量，位移量等于脉冲数与栅距乘积，测量分辨率等于栅距。

9.3.2 辨向原理与细分电路

在实际应用中，由于位移具有方向性，即位移有正负之分，如果采用一个光电元件则无法确定光栅的移动方向。为此，必须设置辨向电路。辨向电路的作用是在物体正向移动时，将得到的脉冲数累加，而物体反向移动时从已得到的脉冲数中减去反向得到的脉冲数，为了实现这种功能，在相隔 1/4 莫尔条纹间距的位置安放两个光电元件，获得相位差为 90°的两个信号，然后送到辨向电路中处理。

如图 9-10 所示，当光栅正向移动时，u_1 的相位滞后 u_2 90°，在位置 1，u_2' 为上升沿，触发器的 Q 端锁存为 u_1' 的状态，即 $Q=0$，可逆计数器为减法功能，在位置 2，与门的输出由 0 变为 1，计数器进行减 1 计数。可见，当光栅正向移动一个栅距时，计数值减 1。同理，当光栅反向移动时，u_1 的相位超前 u_2 90°，可逆计数器为加法功能，当光栅反向移动一个栅距时，可逆计数器的计数值加 1。

光栅测量原理是以移过的莫尔条纹数量来确定位移量的，其分辨率为光栅的栅距。现代测量不断提出高精度要求，数字读数的最小分辨率也逐步减小。为了提高分辨率，测量比光栅栅距更小的位移量可以采用细分技术。

在莫尔条纹变化的一个周期内插 N 个脉冲，每个计数脉冲代表 W/N 位移量，可

相应地提高分辨率。细分方法可采用机械或电子方式实现，常用的有倍频细分法和电桥细分法。利用电子方式可以使分辨率提高几百倍甚至更高。

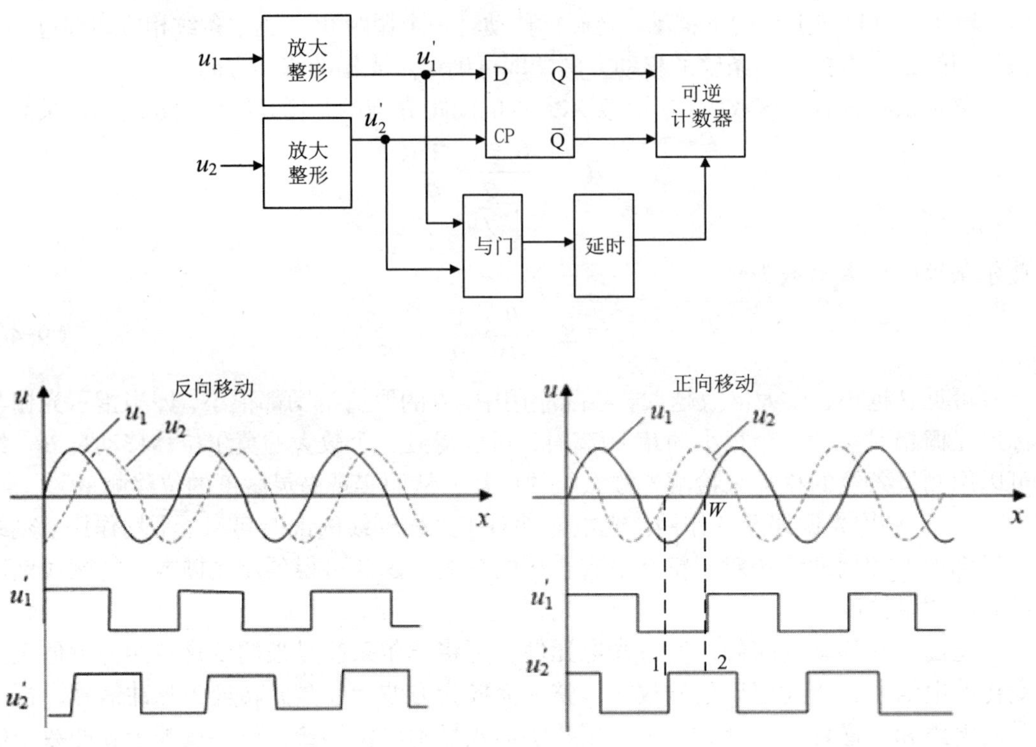

图 9-10　光栅辨向原理

9.4　感应同步器

感应同步器是利用两个平面形绕组的互感随位置不同而变化的原理制成的，可用来测量直线或转角位移。其中，测量直线位移的称为直线感应同步器，测量转角位移的称为圆感应同步器。同步器具有测量精度和分辨率高，抗干扰能力强，受环境影响小，使用寿命长，维护简单，可拼接成各种测量长度，便于复制和成批生产等优点。因此，感应同步器在位移检测特别是各种机床的位移数字显示、自动定位和数控系统中得到了广泛应用。

直线感应同步器由定尺和滑尺组成，定尺和滑尺由基板、绝缘材料和绕组三部分组成。其中：滑尺绕组的外面包有一层与绕组绝缘的接地屏蔽层，由于感应同步器的基板固定于机床之上，根据热胀冷缩原理，当温度变化时，不同材料会发生不同大小的热变形。如果两者材料的热膨胀系数差异较大，就会产生较大的测量误差。因此，感应同步器的基板材料一般采用与机床材料热膨胀系数相近的钢板或铸铁板。

绕组用电解铜箔腐蚀制成，先在基板上涂一层绝缘黏合材料，将铜箔粘牢，用制造印刷线路板的腐蚀方法制成节距 W 一般为 2mm 的方齿形线圈。绝缘材料一般选用环氧树脂，屏蔽层用铝箔或铝膜制成，起静电屏蔽作用。定尺是连续绕组，滑尺上的绕组分为两组，分段分布，在空间相差 90°，即 1/4 周期，分别称为正弦绕组（S 绕组）和余弦绕组（C 绕组）。

感应同步器定尺的连续绕组和滑尺的分段绕组相当于变压器的原边绕组和副边绕组，利用交变电磁场和互感原理工作。定尺通常固定在机床的基座上，滑尺装置在机器可动部件上，为了辨别运动方向，滑尺上正弦绕组和余弦绕组输出相位差为 90°的两个信号。定尺和滑尺平行地面对面叠合，中间相隔一个小的空隙。由于其间气隙的变化要影响到电磁耦合度的变化，所以气隙一般必须保持在（0.25 ± 0.05）mm 的范围内。

9.4.1 感应同步器工作原理

感应同步器是根据法拉第电磁感应定律而工作的，即无论什么原因，通过回路的磁通发生变化时，回路中必然产生感应电动势，感应电动势的大小与磁通量对时间的变化率成正比，即

$$e=-k\frac{\mathrm{d}\Phi}{\mathrm{d}t} \tag{9-5}$$

式中，e 为感应电动势，Φ 为磁通量，k 为比例系数。

对于定尺和滑尺上相邻的两个线圈，当定尺中通以直流电流时，它在周围的空间中就会产生磁场。当滑尺相对于定尺沿它的长度方向移动时，通过滑尺的平面绕组上的磁通量就会发生周期性的变化，图 9-11 所示为感应电动势幅值与定滑尺之间相对位移关系曲线。

图 9-11 中，当励磁线圈通以图示方向的电流以后，在线圈中所产生的磁力线方向由右手定则可以确定。当励磁绕组与感应绕组在图 9-11（a）所示的位置时，感应绕组线圈中穿入的磁通最多，为最大耦合，感应电动势达到最大。当感应绕组向右移动，穿入其中的磁通逐渐减少，当移至图 9-11（b）位置时，感应绕组左半部分与右半部分的磁通量刚好完全抵消，感应电动势为零。当感应绕组继续向右移动，其线圈中穿入的磁通量逐渐减少，而穿出的磁通量逐渐增大，因而线圈中的感应电动势也逐渐增大，但为负值。当感应绕组移动至图 9-11（c）位置时，其线圈中穿出的磁通最多，而穿入的磁通量为零，此时，线圈中的感应电动势达到与图 9-11（a）极性相反的最大感应电动势。如此继续移动，其感应电动势幅值的变化规律就是一个周期性的余弦曲线。在一个周期中对应某一感应电动势幅值有两个位移点，如图 9-11 中的 M 、N 点。因此，不能直接用感应电动势的幅值来测量机械位移量。如果滑尺上只有一个绕组，则不能确定单一的位移。为此，滑尺上一般配置一个正弦绕组和一个余弦绕组来确定位移量。

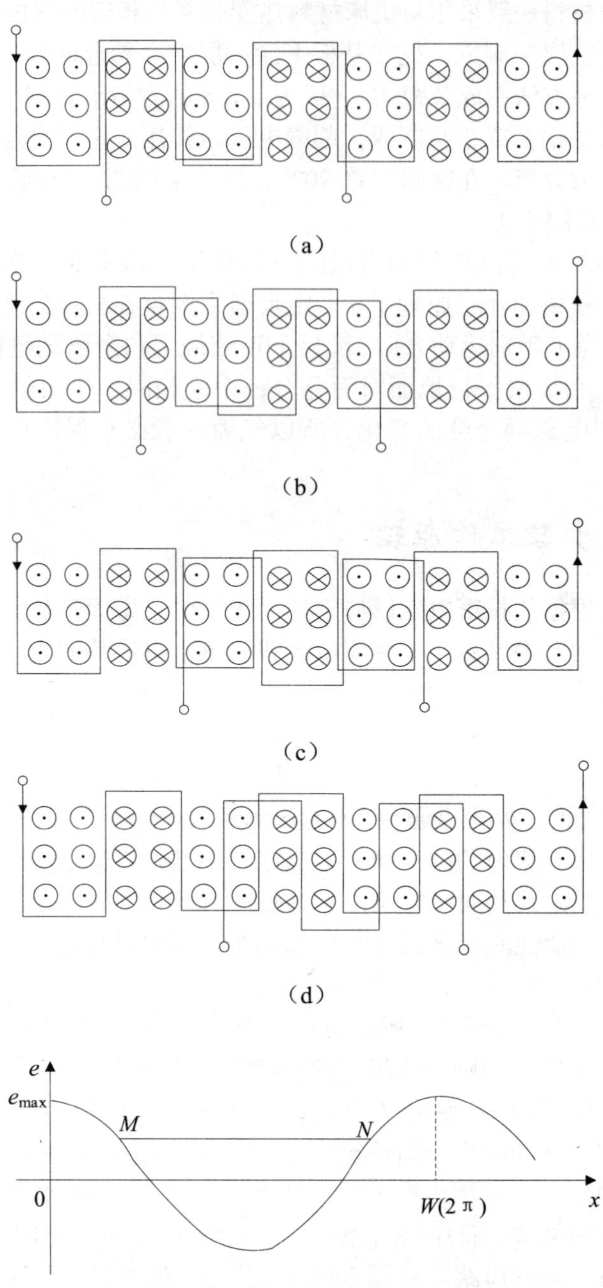

图 9-11　感应电动势幅值与定滑尺相对位移的关系

(a) $e=e_{max}$；(b) $e=0$；(c) $e=-e_{max}$；(d) $e=0$

定尺或滑尺其中一种绕组上，通以交流激励电压，由于电磁耦合，在另一种绕组上产生感应电动势，该电动势随定尺与滑尺的相对位置不同而呈正弦、余弦函数变化。再对此信号进行处理，便可测量出直线位移量。

如图 9-12(a)所示，如果在滑尺的正弦绕组和余弦绕组上单独施加正弦励磁电压，感应同步器定尺的感应电动势与定滑尺相对位置的关系如图 9-12（b）曲线 1 和曲线 2 所示。

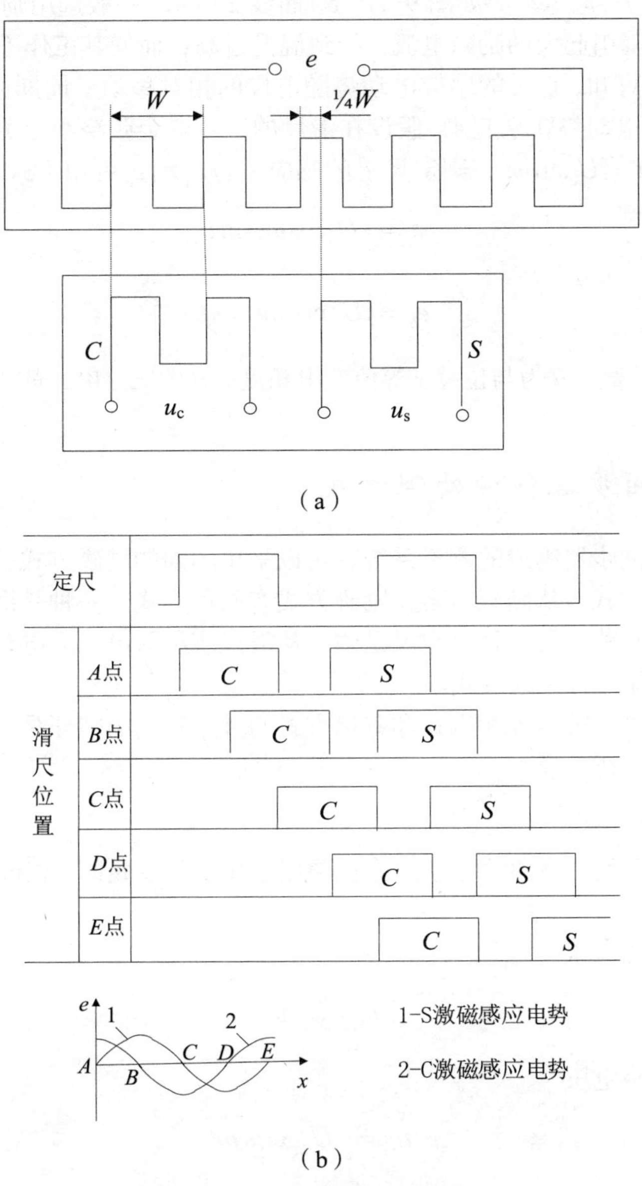

图 9-12 感应同步器工作原理图

当滑尺处于 A 点时，正弦绕组 S 和定尺绕组位置相差 1/4 节距，即在定尺绕组内产生的感应电动势为零，随着滑尺的移动，电动势逐渐增大，直到 B 点时，即滑尺的正弦绕组 S 和定尺绕组位置重合时，耦合磁通最大，感应电动势也最大，滑尺绕组继续右移，定尺绕组的电动势随耦合磁通的减小而减小，直至移动到 C 点（1/2 节距处）时，又回到与初始位置完全相同的耦合状态，感应电动势为零，滑尺再继续右移到 D 点（3/4 极距处）时，定尺中的感应电动势达到负的最大值，在移动一个整节距（E 点）

时，两绕组的耦合状态又回到初始位置，定尺感应电动势又为零，定尺上的感应电动势随滑尺相对定尺的移动呈现周期性变化。同理，如果在滑尺余弦绕组上单独施加励磁电压，则定尺的感应电动势如图 9-12（b）曲线 2 所示。一般选用励磁电压为 1～2V，过大的励磁电压降引起大的励磁电流，导致温升过高，而使其工作不稳定。

由上述分析可知，定尺的感应电动势随滑尺的相对移动呈周期性变化，这样便把机械位移和感应电动势联系起来，假设在滑尺的正弦或余弦绕组上分别加上正弦电压 $u_s = U_s \sin\omega t$ 和 $u_c = U_c \sin\omega t$，则定尺上的感应电势 e_s 和 e_c 可用下式表达：

$$e_s = kU_s \cos\omega t \sin\theta \tag{9-6}$$

$$e_c = kU_c \cos\omega t \cos\theta \tag{9-7}$$

式中：k 为比例系数；θ 为与位移 x 等值的电角度，$\theta = 2\pi x / W$。故可通过感应电动势来测量位移。

9.4.2 感应同步器信号处理方式

对于由感应同步器组成的测量系统，可以采用不同的励磁方式，并可对输出信号采用不同的处理方式。从励磁而言，励磁方式有两种方式：一种是滑尺励磁，从定尺绕组取出感应电动势；另一种是定尺励磁，从滑尺绕组取出感应电动势。目前，在实际应用中多采用第一种激励方式。

信号处理方式可分为鉴相方式和鉴幅方式两种。它们的特征是用输出感应电动势的相位或幅值来进行处理。

1. 鉴相方式

如图 9-12 所示，在滑齿的正弦、余弦绕组上供给频率相同、相位差为 90° 的交流励磁电压，即

正弦绕组励磁电压

$$u_s = U_m \sin\omega t \tag{9-8}$$

余弦绕组励磁电压

$$u_c = -U_m \cos\omega t \tag{9-9}$$

正余弦绕组在空间相差 $\left(n+\frac{1}{4}\right)W$，其中 n 为正数，两个励磁绕组分别在定尺绕组上感应出电动势，其值分别为

$$\begin{cases} e_s = kU_m \sin(2\pi x / W)\cos\omega t \\ e_c = kU_m \cos(2\pi x / W)\sin\omega t \end{cases} \tag{9-10}$$

按叠加定理求得定尺总感应电动势为

$$e = e_s + e_c = kU_m \sin(\omega t + \theta_x) \tag{9-11}$$

式中的 $\theta_x = 2\pi x / W$ 称为感应电动势的相位角，它在一个节距 W 之内与定尺和转尺的相对位移 x 有一一对应关系，每经过一个节距，变化一个周期 2π。

由此可见，通过鉴别感应电动势的相位，例如同励磁电压 $U_m \sin \omega t$ 比相，即可测出定尺和转齿之间的相对位移 x。

2．**鉴幅方式**

仍如图 9-12 所示，加到滑尺两相绕组交流励磁电压如下：

$$u_s = U_s \sin \omega t \quad u_c = -U_c \sin \omega t \tag{9-12}$$

它们分别在定尺绕组上感应出的电动势为

$$e_s = kU_s \sin(2\pi x/W) \cos \omega t \tag{9-13}$$

$$e_c = -kU_c \cos(2\pi x/W) \cos \omega t \tag{9-14}$$

定尺的总感应电动势为

$$e = e_s + e_c = k \cos \omega t (U_s \sin \theta_x - U_c \cos \theta_x) \tag{9-15}$$

采用函数变压器使励磁电压幅值为

$$U_s = U_m \cos \theta_d \quad U_c = U_m \sin \theta_d \tag{9-16}$$

式中的 θ_d 为励磁电压的电相角，则感应电动势可写成

$$\begin{aligned} \mathrm{e} &= kU_m \cos \omega t (\cos \theta_d \sin \theta_x - \sin \theta_d \cos \theta_x) \\ &= kU_m \cos \omega t \sin(\theta_x - \theta_d) \end{aligned} \tag{9-17}$$

式（9-17）把感应同步器定尺转尺间的相对位移角 θ_x 与励磁电压的电相角 θ_d 联系了起来。

设在原始状态时 $\theta_d = \theta_x$，则 $\mathrm{e} = 0$。然后转尺相对定尺有一位移，则感应电动势增量为

$$\Delta e = kU_m \sin \Delta\theta_x \cos \omega t \approx kU_m (2\pi \Delta x/W) \cos \omega t \tag{9-18}$$

由此可见，在位移增量 Δx 较小的情况下，感应电动势增量的幅值 Δe 与 Δx 成正比，通过鉴别感应电动势 Δe 的幅值，就可测出 Δx 的大小。

实际中设计了一个这样的电路系统，每当位移 Δx 超过一定值（如 0.01mm），就使 Δe 的幅值超过某一预先调定的门槛电压，发出一个脉冲，并利用这个脉冲去自动地改变励磁电压幅值，使新的 θ_d 跟上新的 θ_x，这样便把位移量转换成数字量，从而实现了对位移的数字化测量。

9.4.3 感应同步器的应用

感应同步器的应用非常广泛，可用于测量线位移、角位移以及与此相关的物理量，如转速、振动等。直线感应同步器常用于大型精密机床、铣床及其他数控机床的定位、控制和数显；圆感应同步器常用于雷达天线定位跟踪、导弹制导、精密机床或测量仪器设备的分度装置等。图 9-13 为感应同步器鉴相数字位移测量装置框图。

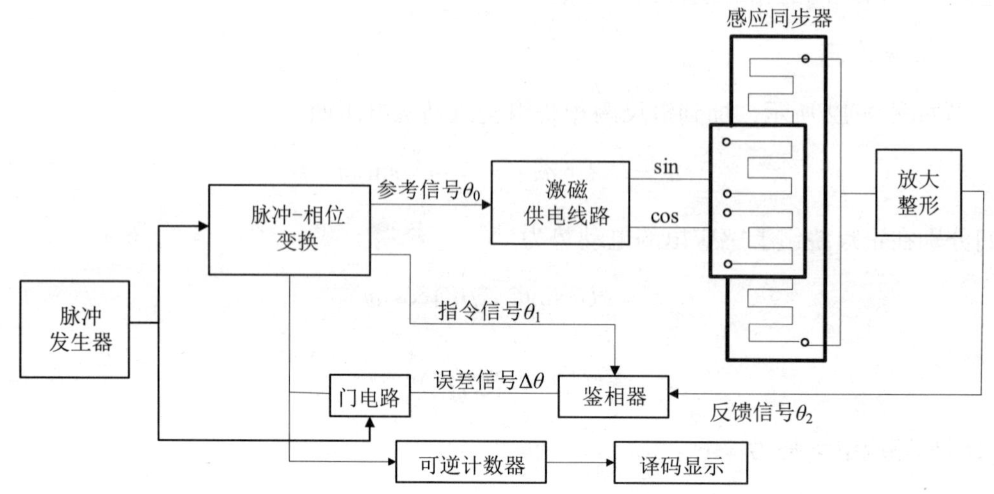

图 9-13 感应同步器鉴相数字位移测量装置框图

感应同步器特点如下：

（1）感应同步器有许多极，其输出电压是许多极感应电压的平均值，因此检测装置本身微小的制造误差，也会由于取平均值而得到补偿，测量精度较高。

（2）测量距离长，感应同步器可以采用拼接的方法，增大测量尺寸。

（3）对环境的适应性较强，因其利用电磁感应原理产生信号，所以抗油、水和灰尘的能力较强；结构简单，使用寿命长，维护简单。

思考题与习题

1. 简述增量式编码器和绝对式编码器的工作原理。
2. 为什么绝对式编码器通常采用格雷码？
3. 当使用光栅传感器检测位移时，怎样判断位移方向？说明辨向电路的工作原理。
4. 简述光栅传感器的工作原理。
5. 简述感应同步器测量位移的工作原理。

第 10 章　气敏、湿敏传感器

10.1　气敏传感器

在日常生活和生产活动中，经常接触到的各种各样的气体直接关系到人们的生命和财产安全，对有害气体或可燃性气体进行有效的检测和控制尤其重要。例如，化工生产中气体成分的检测与控制，煤矿瓦斯浓度的检测与报警，环境污染情况的监测，煤气泄漏，火灾报警，燃烧情况的检测与控制等。气敏传感器用于测量气体的成分及浓度，并将被测气体的浓度转换为电压输出，测出电压可知气体浓度。

气敏传感器又称“电子鼻”，它能够感知被测环境中某种气体的存在及其浓度，将气体的种类及其浓度有关的信息转换为电信号，根据这些电信号的强弱便可获得各种有害气体或可燃性气体在环境中的存在情况，进而报警或控制。气敏电阻是一种半导体器件，用金属氧化物气敏材料加入微量的添加剂（如铅、铂、金、银等元素）和少量催化剂，按一定的比例混合烧结而成，主要用于检测工业、生活中经常遇到的各种可燃的还原性气体如石油气、酒精蒸气、汽车尾气、甲烷、乙烷、煤气、天然气、氢气等。气敏传感器在环境保护、消防、化工和安全生产等方面得到了广泛的应用。

由于被测气体的种类繁多，性质各不相同，所以气敏传感器的种类也有很多。根据工作原理可分为半导体式、接触燃烧式、固体电解质式、电化学式和其他类型。半导体式气敏传感器是利用半导体气敏元件（主要是金属氧化物）同被测气体接触，造成半导体的电导率发生变化的原理来检测气体成分或浓度。在众多的气敏传感器中，半导体式气敏传感器具有灵敏度高、响应快、成本低、使用简单等特点，应用极其广泛。

按照半导体变化的物理特征，可分为电阻型和非电阻型两类。电阻型气敏电阻是利用敏感元件吸附气体后电阻值随着被测气体的浓度改变而改变来检测气体的浓度或成分的。非电阻型气敏器件是利用 MOS 二极管的电容-电压特性的变化，以及 MOS 场效应管的阈值电压的变化等物理特性而制成的气敏元件。此类器件的制造工艺成熟，便于器件集成化，因而其性能稳定且价格便宜。

半导体气敏传感器是指用半导体氧化物陶瓷材料作为敏感元件制作的气敏传感器，按照半导体与气体相互作用时产生的变化只限于半导体表面或深入到半导体内部，又可分为表面电阻控制型和体电阻控制型。前者在半导体表面吸附气体后，使半导体的载流子增多或减小来引起半导体电导率变化，但内部化学组成不变；后者在半导体与气体发生反应后，使半导体晶格发生变化来引起电导率改变。

半导体气敏传感器是利用气体在半导体表面的氧化和还原反应导致敏感元件阻值变化而制成的。当半导体器件被加热到稳定状态，在气体接触半导体表面而被吸附时，被吸附的气体分子首先在表面自由扩散，失去运动能量，一部分气体分子被蒸发掉，另一部分气体分子产生热分解而固定在吸附处（化学吸附）。当半导体的功函数小于吸附分子的亲和力时，吸附分子将从器件夺得电子而变成负离子吸附。例如，氧气等具有负离子吸附倾向的气体称为氧化性气体。如果半导体的功函数大于吸附气体分子的离解能，则吸附分子将向器件释放出电子，而形成正离子吸附。具有正离子吸附倾向的气体有 H_2、CO、碳氢化合物和醇类，称为还原性气体。

当氧化性气体吸附到 N 型半导体上，还原性气体吸附到 P 型半导体上时，半导体载流子将减少，而使电阻值增大。当还原性气体吸附到 N 型半导体上，氧化性气体吸附到 P 型半导体上时，载流子增多，使半导体电阻值下降。若气体浓度发生变化，其阻值也将变化。根据这一特性，可以从阻值的变化得知吸附气体的种类和浓度。空气中的氧成分大体上是恒定的，因而氧的吸附量也是恒定的，气敏电阻的阻值大致保持不变。被测气体与敏感元件接触后，元件表面将产生吸附作用，元件的阻值将随气体浓度变化而变化，从浓度与电阻值的变化关系即可得知气体的浓度。

金属氧化物在常温下是绝缘的，制成半导体后显示出气敏特性。该类气敏元件通常工作在高温状态（200~450℃），以加速上述的氧化还原反应。制作气敏电阻时，在金属氧化物中加入添加剂和催化剂可以降低工作温度、提高灵敏度，还可以增强对气体种类的选择性。气敏电阻传感器由气敏电阻和测量电路两部分组成，当气敏电阻表面吸附被测气体时，气敏电阻值变化，经测量电路可转换为电压输出。

10.1.1 半导体气敏传感器

电阻型半导体气敏传感器大多使用金属氧化物半导体材料作为气敏元件。N 型半导体材料有氧化锡、氧化锌、氧化钨等。P 型材料有氧化钴、氧化铅、氧化铜、氧化镍等。许多金属氧化物具有气敏效应，这些金属氧化物都是利用陶瓷工艺制成的具有半导体特性的材料，因此称为半导体陶瓷。在诸多的半导体气敏元件中，用 SnO_2 制成的元件具有结构简单、成本低、可靠性高、稳定性好等一系列优点，应用最为广泛。

SnO_2 系气敏电阻在室温下虽能吸附气体，但其电导率变化不大。但当温度增加时，电导率就发生较大的变化。SnO_2 系气敏电阻与其他金属氧化物半导体气敏元件相比具有如下特点：工作温度低，其最佳的工作温度在 300℃以下，可以节约能源，而且还可以延长加热器和器件的使用寿命，测量范围为百万分之几到百万分之几千，电阻率变化范围大，输出信号强，无需进行高倍放大，因而信号处理较方便。

半导体气敏传感器一般由敏感元件、加热器和外壳三部分组成。半导体气敏传感器按其结构可分为烧结型、薄膜型和厚膜型。其中，烧结型气敏元件是目前工艺最成熟、应用最广泛的元件。

（1）烧结型气敏电阻。烧结型气敏元件以多孔质陶瓷如 SnO_2、ZnO 为基材，烧结型气敏器件的制作是将一定比例的敏感材料（SnO_2、ZnO 等）和一些掺杂剂用水或黏合剂调和，经研磨后使其均匀混合，然后将混合好的膏状物倒入模具，埋入加热丝和测量电极，经传统的制陶方法烧结，最后将加热丝和电极焊在管座上，加上特制外壳就构成了器件。由于制作简单，它是一种最普通的结构形式，主要用于检测还原性气体、可燃性气体。

该类器件分为两种结构：直热式和旁热式。

直热式气敏器件的结构及符号如图 10-1 所示。直热式器件是将加热丝、测量丝直接埋入 SnO_2 或 ZnO 等粉末中烧结而成的，工作时加热丝通电，测量丝用于测量器件阻值，直热式气敏元件由塑料底座、引脚、不锈钢网罩、气敏烧结体四部分组成。烧结体是将两根作为电极兼加热器的螺旋形铂-铱合金线（阻值约为 2~5Ω）直接埋在 SnO_2 或 ZnO 等金属氧化物半导体粉末内烧结而成。测量电路负载电阻 R_L 串联在传感器中，加热电极通电加热，工作电极用于测量器件的电阻值。在洁净的空气中，传感器的电阻较大，负载上输出电压较小；当遇到被测气体时，传感器的电阻变得较小，则负载 R_L 上的输出电压较大。

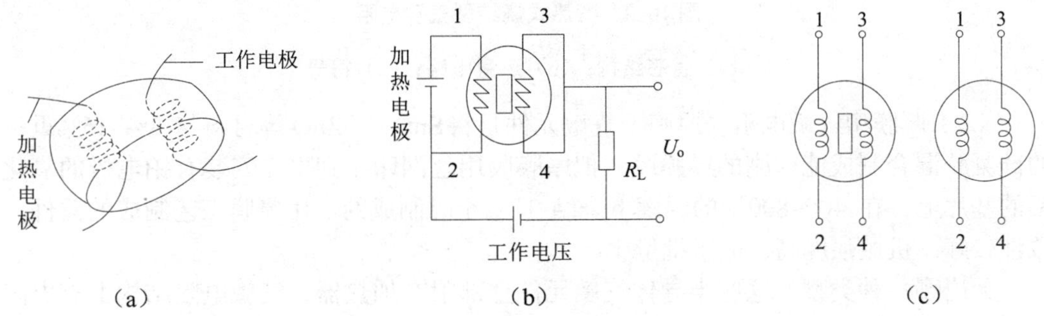

图 10-1　直热式烧结型气敏电阻

（a）烧结体结构；（b）测量电路；（c）符号

直热式管芯体积较小，这类器件制造工艺简单、成本低、功耗小，可以在高电压回路下使用，但热容量小，易受环境气流的影响，测量回路和加热回路间没有隔离而相互干扰，影响其测量参数；加热丝在加热与不加热两种情况下产生的膨胀与冷缩容易造成器件接触不良。可制成价格低廉的可燃气体泄漏报警器，如国内的 QN 型、MQ 型均为此种结构。

旁热式气敏器件的结构及符号如图 10-2 所示。它的特点是将加热丝放置在一个陶瓷管内，管外涂梳状金电极作测量极，在金电极外涂上 SnO_2 等材料。旁热式气敏传感器克服了直热式结构的缺点，使测量极和加热极分离，而且加热丝不与气敏材料接触，避免了测量回路和加热回路的相互影响，器件热容量大，降低了环境温度对器件加热温度的影响。旁热式结构的稳定性、可靠性都比直热式器件的好。封装好的气敏电阻有 6 只针状管脚，其中 4 个用于信号取出，2 个用于提供加热电流。旁热式性能稳定，消耗功率小，其结构上往往加有封压双层的不锈钢丝网防爆，因此安全可靠，目前 SnO_2 气敏电阻大多为这种结构形式。

（2）薄膜型气敏电阻。薄膜型气敏元件，是用蒸发或溅射方法，在石英或陶瓷基片上形成金属氧化物薄膜（厚度在 100nm 以下），用这种方法制成的薄膜具有很高的灵敏度和响应速度。敏感体的薄膜化有利于器件的低功耗、小型化，以及与集成电路制造技术兼容。

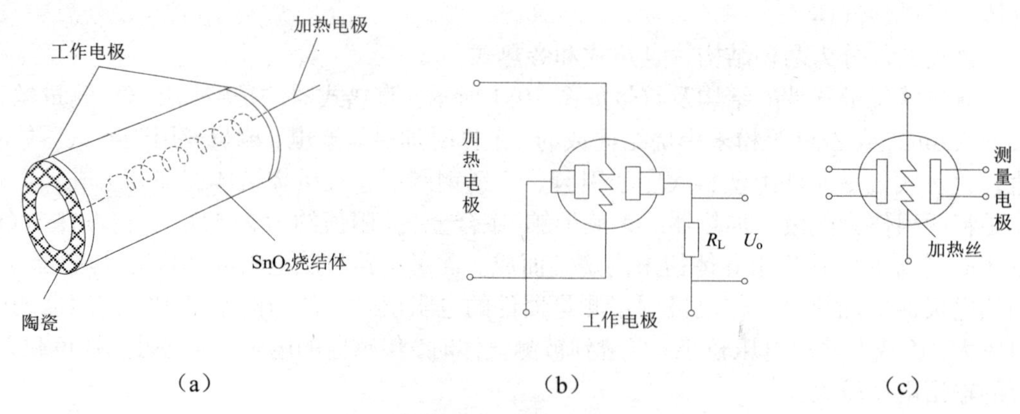

图 10-2　旁热式烧结型气敏电阻

（a）管芯结构；（b）测量电路；（c）符号

（3）厚膜型气敏电阻。厚膜型气敏元件是将SnO_2、ZnO 等材料与 3%~15%重量的硅凝胶混合制成能印刷的厚膜胶，把厚膜胶用丝网印制到事先安装有铂电极的氧化铝的基片上，在 400~800℃的温度下烧结 1~2 小时制成的。用厚膜工艺制成的器件一致性较好，机械强度高，适于批量生产。

无论哪一种类型，这些半导体气敏元件全部附有加热器，气敏电阻结构上有电阻加热电极。它的作用是将附着在敏感元件表面上的尘埃、油污等烧掉，以加速气体的吸附，并加速气体与金属氧化物的氧化还原反应，提高元件的灵敏度和响应速度，加热器的温度一般控制在 200~400℃。

SnO_2 电阻型半导体气敏电阻在测量O_2或NO_2等氧化性气体时，其电阻值随浓度增加而增大，在测量H_2、CO 等还原性气体时，其电阻值随浓度上升而减少。SnO_2的熔点为 1625℃，是一种性能稳定的 N 型半导体。为改善其性能，通常在SnO_2材料中加入一些添加剂，如添加 2%~5%的贵金属（铂、钯等）可提高其灵敏度和对气体的选择性；添加微量的稀土元素可大大提高其气体的识别能力；添加适量的氧化银以及少量的四氯化锡、酸洗石棉对乙炔有很好的选择性。

元件的烧结温度和工作温度都将影响元件的选择性。例如，在同一工作温度下，含 1.5%Pd 的元件对 CO 最灵敏；而含 0.2%Pd 时，却对CH_4最灵敏。又如同一含量 Pt 的气敏元件，在 200℃以下，检测 CO 最好；而在 300℃时，则检测丙烷；在 400℃以上检测甲烷最佳。为了改善烧结的工艺性，可加入适量的添加剂如 MnO、CuO 等，使元件有较好的长期稳定性。图 10-3 所示为SnO_2元件在测量某些气体时的输入-输出曲线。在实际使用中，环境温度和湿度对元件的灵敏度都会产生干扰，因而对测量结果都有影响，使用时通常需要加温度补偿。

氧化锌气敏元件也是 N 型半导体，它所用的添加剂有Sb_2O_3、Cr_2O_3。同样，加入适当的催化剂可提高元件的灵敏度和选择性，催化剂主要有 Pt、Pd 等。在 ZnO 与Cr_2O_3构成的元件中，使用 Pt 作为催化剂时，对乙烷、丙烷、异丁烷相当敏感，对氢、一氧化碳、甲烷不敏感。加入 Pd 作为催化剂时，特性正好相反，可提高对氢、一氧化碳、甲烷的灵敏度，而对乙烷、丙烷、异丁烷不敏感。利用这一特点，通过选用不同的催化剂，就能使元件具有某种选择性。ZnO 系气敏元件的灵敏度特性与添加剂的关系曲线如图 10-4 所示。

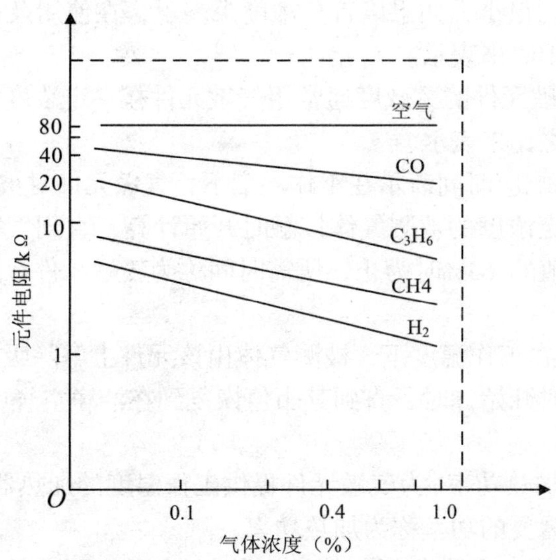

图 10-3　SnO_2 元件电阻与气体浓度的关系

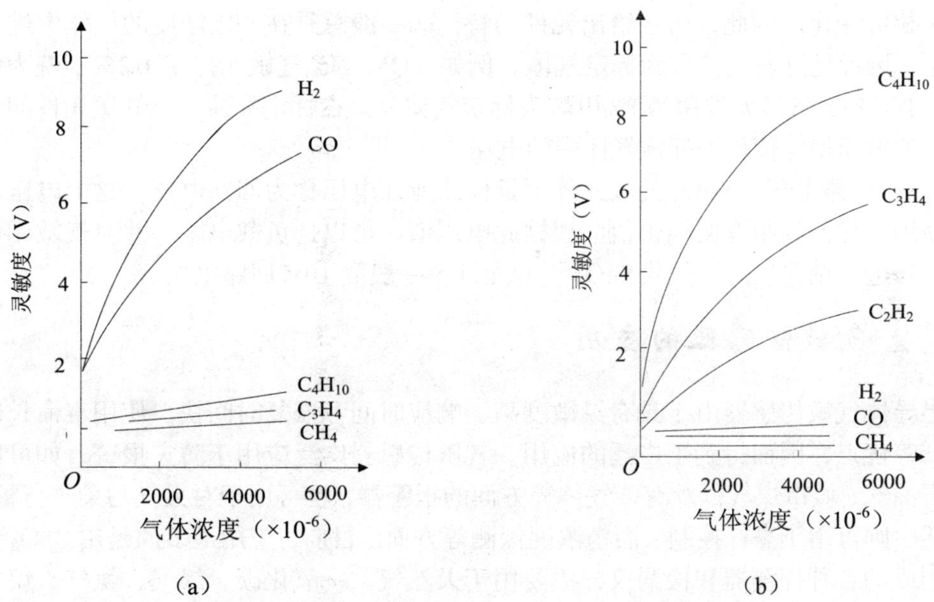

图 10-4　ZnO 系气敏元件的灵敏度特性

（a）ZnO 添加 Pd 的灵敏度特性；（b）ZnO 添加 Pt 的灵敏度特性

气敏传感器的主要参数如下。

（1）检测范围（量程）。气体的检测范围，是指传感器对某种气体在环境气体中所占比例浓度的敏感范围，通常用百分数%来表示。由于空气中 99%是由氮气和氧气所组成，只有不到 1%是二氧化碳和氦气、氖气、氩气、氙气等其它气体和杂质，许多气体在空气中所占比例很小，如果以百分浓度来表示，在使用及计算上都不方便，故在气敏传感器中常用 10^{-6} 来表示。

（2）灵敏度。气敏元件的灵敏度通常用气敏元件在一定浓度的检测气体中的电阻与正常空气中的电阻之比来表示。

（3）响应时间。响应时间表示在工作温度下，气敏元件对被测气体的响应速度。一般从气敏元件与一定浓度的被测气体接触时开始计算，直到气敏元件的阻值达到在此浓度下的稳定电阻值的 63%时为止，所需时间称为气敏元件在此浓度下的被测气体中的响应时间。

（4）恢复时间。在工作温度下，被测气体由该元件上解除吸附的速度，一般从气敏元件脱离被测气体时开始计时，直到其阻值恢复到在洁净空气中阻值的 63%时所需时间。

（5）加热电阻和加热功率。为气敏元件提供工作温度的加热器电阻称为加热电阻。气敏元件正常工作所需要的功率称为加热功率。

（6）洁净空气电压。在洁净空气中，气敏元件负载电阻上的电压定义为洁净空气电压。

（7）标定气体中的电压。SnO_2 气敏元件在不同气体、不同浓度条件下，其阻值将发生相应变化。因此，为了给出元件的特性，一般总是在一定浓度的气体中进行测度标定，因此把这种气体称为标定气体。例如，QM-N5 气敏元件用 0.1%丁烷为标定气体，TGS813 气敏元件用 0.1%甲烷为标定气体等。在标定气体中，气敏元件的负载电阻上的电压稳定值称为标定气体中的电压。

（8）回路电压。SnO_2 气敏元件测量回路所加电压称为回路电压，这个电压对测试和使用气敏元件很有实用价值。根据此电压值，可以选负载电阻，并对气敏元件输出的信号进行调整。对旁热式 SnO_2 气敏元件，一般取 10V 回路电压。

10.1.2 气敏传感器的应用

半导体气敏传感器由于具有灵敏度高、响应时间和恢复时间快、使用寿命长以及成本低等优点，因而得到了广泛的应用。气敏传感器广泛应用于防灾报警，如可制成液化石油气、城市煤气以及有毒气体等方面的报警器，也可用于对大气污染进行检测，在生活中则可用于烹饪控制、酒精浓度探测等方面。目前，应用最多的是用 SnO_2 气敏元件制成的各种探测器和检漏仪，主要用于天然气、一氧化碳、煤气、氨气、烷类气体、醇类、醚类溶剂蒸气等的探测和检漏。

1．寻找泄漏点

当泄漏事故发生后，迅速寻找泄漏点，采取适当的堵漏措施是防止事故进一步扩大的必要条件。在有些情况下，由于管线较长、容器较多、泄漏点较隐蔽等原因，特别是泄漏较轻微时，泄漏点的寻找比较困难。由于气体的扩散性，气体从容器或管线中泄漏出以后，在外部风力和内部浓度梯度的作用下，开始向四周扩散，即离泄漏点越近，气体的浓度越高。根据这一特点，使用智能气体传感器可解决这一问题。这种系统的气敏阵列选用若干敏感性部分重叠的气敏元件组成，使传感系统对某一种气体的敏感性增强，利用计算机处理气敏元件的信号变化，可以很快检测出气体的浓度变化，然后根据气体浓度变化找到泄漏点。

2．家用气体泄漏报警器

应用半导体气敏元件制成的气体泄漏报警器，可以预防由于有害气体泄漏造成的灾害事故，为人们提供安全保障。此种报警器可根据需要安放在容易检测气体泄漏的地方，一旦泄漏的气体达到危险浓度，会自动发出警报。

一种简单的用于检测气体泄漏的家庭用报警器电路如图 10-5 所示。气-电转换元件采用直热式气敏元件 TGS109。报警的蜂鸣器与气敏传感器串联，当传感器与还原性气体（如丙烷等）相接触时，传感器的阻值将随气体浓度的增加而减小。当泄漏气体的浓度超过规定限度时，则流过蜂鸣器的电流将会驱动它发出警报。此种气体泄漏报警器的特点是结构简单、工作可靠，气体报警时的限定浓度可以通过改变蜂鸣器的铁芯与振动板间的间隙进行调整。此外，也需要考虑温度、湿度和电源电压对开始报警浓度的影响，避免发生误报和漏报。

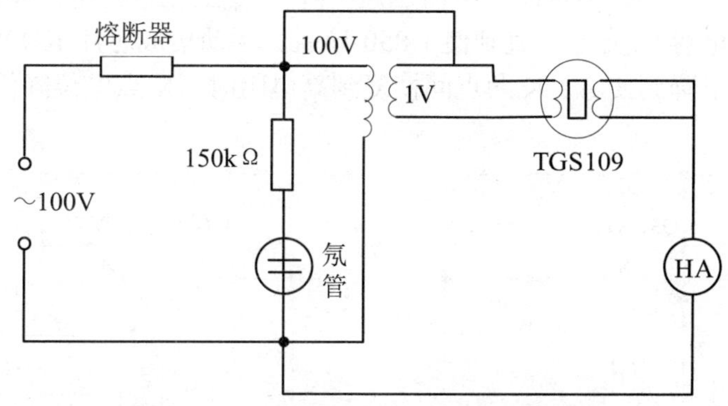

图 10-5　简易家用气体泄漏报警器电路

3．简易酒精测试器

如图 10-6 所示为简易酒精测试器。此电路中采用 TGS812 型酒精传感器，对酒精有较高的灵敏度（对一氧化碳也敏感）。其加热及工作电压都是 5V，加热电流约为 125mA。传感器的负载电阻为 R_1 及 R_2，其输出直接接 LED 显示驱动器 LM3914。当无酒精气体时，其上的输出电压很低；随着酒精气体浓度的增加，输出电压也上升，则 LM3914 的 LED 亮的数目也增加。此测试器工作时，人只要向传感器呼一口气，根据 LED 亮的数目可知是否喝酒，并可大致了解饮酒多少。调试方法是让在 24 小时内不饮酒的人呼气，调节 R_2 使 LED 中仅 1 个发光即可。

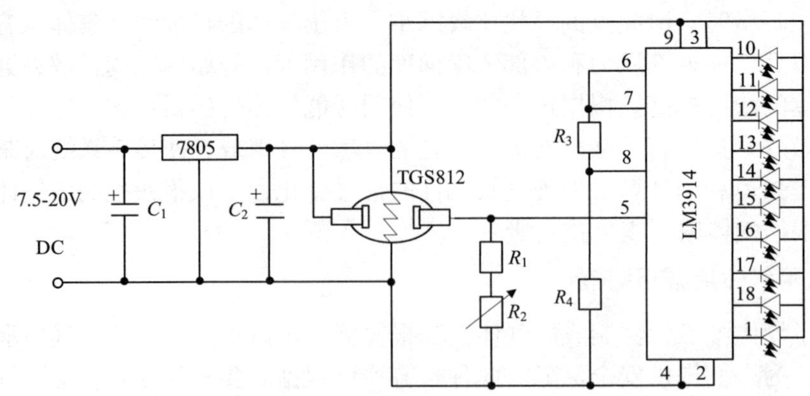

图 10-6　简易酒精测试器

4. 有毒气体监测仪

气敏传感器可用于检测环境中某种特定气体（特别是可燃气体）的成分、浓度等。图 10-7 所示是一种有毒气体监测报警电路图。其中，R_P 用于设置有毒气体浓度报警阈值电位；QM-N10 是半导体气敏电阻传感器，它是 N 型半导体元件，其内部有一个加热丝和一对探测电极。当空气中不含有有毒气体或毒气浓度很低时，A、K 两点间电阻值很大，流过 R_P 的电流很小，K 点为低电平，达林顿管 U850 不导通；若毒气气体浓度达到一定值，A、K 两点间电阻值迅速下降，R_P 上流过的电流突然增加很多，K 点电位升高，向电容 C_2 充电，直到使 U850 导通，驱动集成芯片 KD9561 发声报警。当有毒气体浓度下降到使 A、K 两点间恢复到高电阻时，K 点电位降低，U850 截止，警报消除。

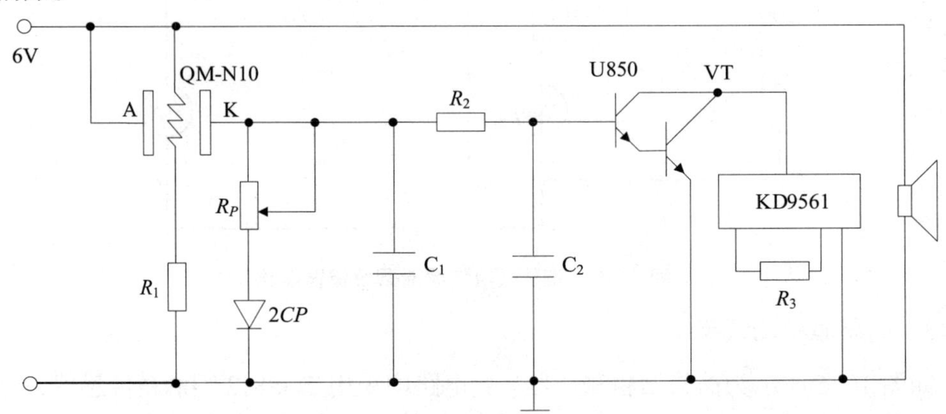

图 10-7　有毒气体监测报警电路图

5. 矿灯瓦斯报警器

矿灯瓦斯报警器直接安放在矿工的工作帽内，以矿灯蓄电池为电源。当瓦斯超限时，矿灯自动闪光，并发出报警声。其电路简单、成本低廉，便于普及推广，这对保证煤矿安全生产，提高经济效益具有一定的意义。矿灯瓦斯报警器电路如图 10-8 所示。

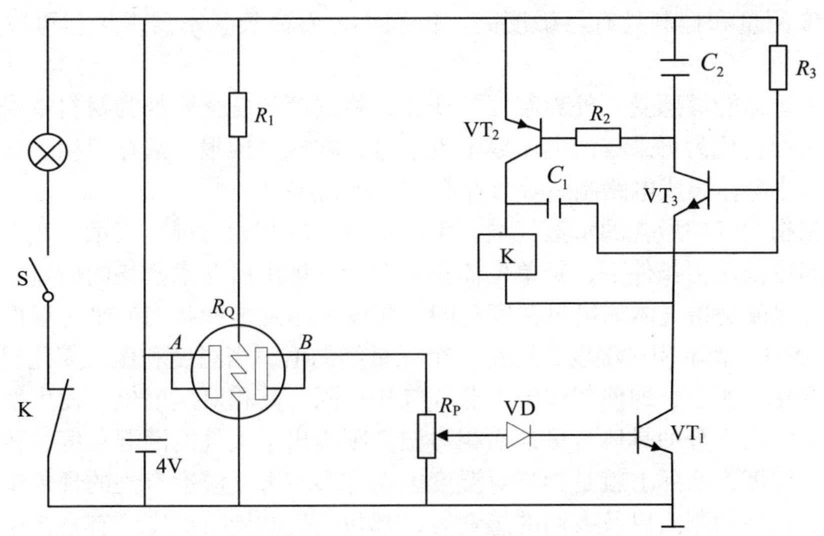

图 10-8　矿灯瓦斯报警器电路图

R_P 为瓦斯报警设定电位器。当矿内瓦斯超过某一设定点时，R_P 输出电信号通过二极管 VD 加到 VT_1 基极上，VT_1 导通，VT_2、VT_3 便开始工作。而当瓦斯浓度低时，R_P 输出的电信号电位低，VT_1 截止，VT_2、VT_3 自然也就停止工作。

VT_2、VT_3 为一个互补式自激多谐振荡器。在 VT_1 导通后，电源通过 R_3 对 C_1 充电，当 C_1 充电至一定电压时，VT_3 导通，C_2 很快通过 VT_3 充电，使 VT_2 导通，此时继电器 K 吸合，VT_2 导通时，C_1 立即开始放电，其放电途径为 C_1 正极经 VT_3 的基极、发射极、VT_1 的集电极、电源负极，再经电源正极至 VT_2 集电极至 C_1 负极，所以放电时间常数较大。当 C_1 两端电压接近零时，VT_3 截止。但在 VT_3 截止时，VT_2 还不能马上截止，原因是电容器 C_2 上还有电荷。这时 C_2 经 R_2 和 VT_2 的发射极放电，待 C_2 两端电压接近零时，VT_2 也就截止了，K 也就释放。当 VT_2 截止，C_1 又进入充电阶段，以后过程又同前述，使电路形成自激振荡，K 不断地吸收和释放。由于继电器与矿灯都是安装在工作帽上，继电器吸合时，衔铁撞击铁芯发出的“嗒、嗒”声通过矿帽传递，使矿工听得很清楚。与此同时，矿灯因 K 的吸合与释放，也不断闪光，这就更引起了矿工的警觉，敦促他及时采取通风措施，从而可杜绝重大安全事故发生。

10.2　湿度传感器

随着现代工业技术的发展，纤维、造纸、电子、建筑、食品、医疗等部门提出了高精度、高可靠性测量和控制湿度的要求，湿度的检测与控制在现代科研、生产、生活中的地位越来越重要，比如，储粮仓库中的湿度超过某一程度时，谷物会发芽或霉变。纺织厂湿度应保持在 60%~70%RH；在农业生产中温室育苗、食用菌培养、水果保鲜等都需要对湿度进行检测与控制。因此各种湿敏元件不断出现。利用湿敏电阻对湿度测量和控制具有灵敏度高、体积小、寿命长、不需维护、可以进行遥测和集中控制。

湿敏传感器能够感受到外界湿度的变化，将湿度的变化转换为材料本身物理性质的变化，从而转化为可采集的电压或电流信号，在气象预报、医疗卫生、食品加工、精密仪器与半导体集成电路制造等行业都有广泛的应用。

湿度是指大气中所含的水蒸气量，常用绝对湿度和相对湿度表示。绝对湿度是指在一定的温度及压力条件下，每单位体积的混合气体中所含水蒸气的质量。其单位为g/m^3。相对湿度是指气体的绝对湿度与同一温度下达到饱和状态的绝对湿度的比值，通常用“%RH”表示相对湿度，这是一个无量纲的值。当温度和压力变化时，因饱和水蒸气压变化，所以，即使气体中水蒸气气压相同，其相对湿度也会发生变化。绝对湿度给出空气内水分的具体含量，而相对湿度则指出了大气的潮湿程度，日常生活中所说的空气湿度，实际上就是指相对湿度。在许多与大气湿度有关的现象里，如农作物的生长、棉纱的断头以及人们的感觉等，都与大气的绝对湿度没有直接的关系，而主要与大气中的水气离饱和状态的远近程度有关。在一定的气温条件下，一定体积的空气只能容纳一定量的水气。如果水气含量达到了空气能够容纳水气的限度，这时的空气就达到了饱和状态，相对湿度为 100%。在饱和状态下，水分不再蒸发。高热的夏季遇到这种天气，人体分泌的汗水难以挥发，感到闷热，难以忍受。

水的饱和蒸气压会随着温度的降低而逐渐下降。当空气的温度下降到某一温度时，空气中的水蒸气压与同温度下的饱和水蒸气压相等。此时，空气中的水蒸气将转化为液态而凝结成露珠，此时的相对湿度是 100%。这一特定的温度称为空气的露点温度，简称露点。如果这一特定温度低于 0℃，水蒸气将结霜，因此又称为霜点温度。气温和露点的差越小，表示空气越接近饱和。空气中水蒸气压越小，露点越低，因而可以用露点表示空气中的湿度大小。

10.2.1 半导体湿敏电阻

湿敏电阻能将大气湿度，即大气中所含水蒸气量转换成相应的电信号输出。水分子易吸附于固体表面并渗透到固体内部，从而引起固态湿敏元件物理参数的变化，如电阻值的变化等。根据电阻特征来感受湿度的敏感元件称为湿敏电阻。湿敏电阻检测时必须直接暴露于所测环境中，不能密封，因此对湿敏电阻的要求是稳定性好、寿命长、耐污染、受温度影响小。

半导体陶瓷湿敏电阻是由不同类型的金属氧化物材料烧结而成，常见的有 ZnO-LiO_2-V_2O_5 系、Si-Na_2O-V_2O_5 系、TiO_2-MgO-Cr_2O_3 系和 Fe_3O_4 系等。其中，前三种的电阻率随着湿度增加而下降，称为负湿敏特性；Fe_3O_4 半导体陶瓷的电阻率随着湿度增加而增加，称为正湿敏特性。目前，常用的半导体湿敏电阻有烧结型半导体陶瓷湿敏电阻、ZnO-Cr_2O_3 陶瓷湿敏电阻和涂覆膜型 Fe_3O_4 湿敏电阻。

1. 烧结型湿敏电阻

铬酸镁-二氧化钛（$MgCr_2O_4$-TiO_2）烧结型半导体陶瓷湿敏电阻的感湿体为多孔陶

瓷，气孔率达 30~40%。$MgCr_2O_4$ 属于 P 型半导体，其特点是灵敏度适中，电阻率低，阻值温度特性好。为改善烧结特性和提高元件的机械强度及抗热骤变特性，在原料中加入 30%mol 的 TiO_2。这样在 1300℃的空气中可烧结成相当理想的瓷体。材料烧结成型后，切割成所需薄片。在薄片的两面，再印刷并烧结梳状氧化钌电极，就制成了感湿体。由于 500℃左右的高温短期加热，可去除油污、有机物和尘埃等污染。所以在这种湿敏元件的感湿体外往往罩上一层加热丝，以便对器件经常进行加热清洗，排除恶劣气氛对器件的污染。器件安装在一种高致密、疏水性的陶瓷片底座上。为避免底座上测量电极之间因吸湿和沾污而引起漏电，在测量电极的周围设置了隔漏环，铬酸镁-二氧化钛陶瓷湿敏电阻的结构、外观及感湿特性如图 10-9 所示。

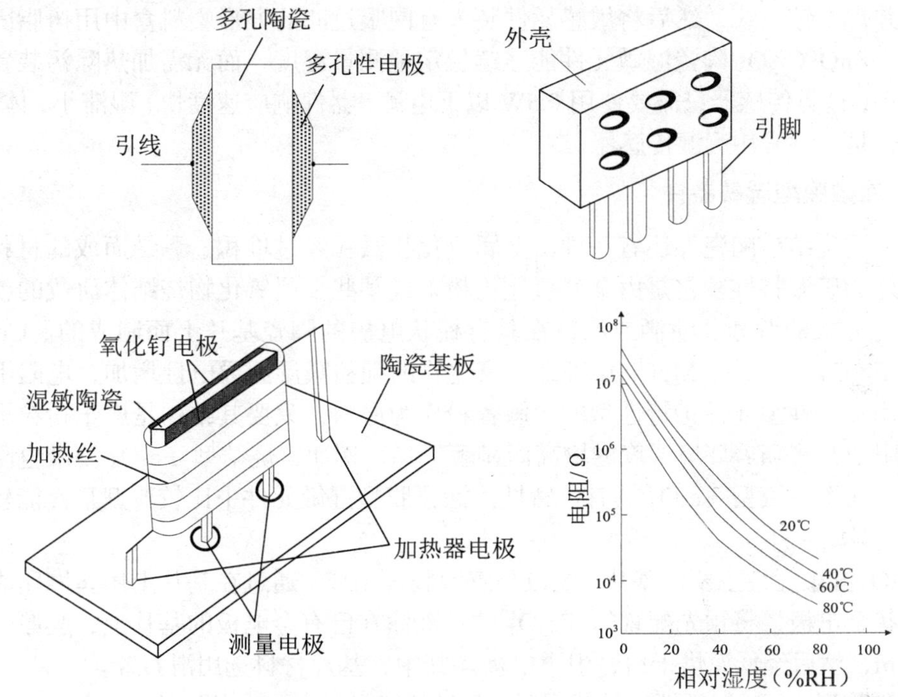

图 10-9　$MgCr_2O_3$-TiO_2 陶瓷湿敏传感器

（a）陶瓷湿敏电阻；（b）外形图；（c）感湿特性；（d）结构图

$MgCr_2O_4$-TiO_2 系列元件在全湿范围内总阻值约变化 3 个数量级，其变化是适中的。另外，不同温度下 $MgCr_2O_4$-TiO_2 陶瓷湿敏传感器湿度与电阻的关系曲线是不同的。在湿度相同的情况下，温度越高其阻值越小。陶瓷湿敏电阻随温度的变化而变化，具有负温度系数。

为了消除温度影响，应用时半导体陶瓷湿敏电阻需要温度补偿，一般采用与同样温度系数但变化方向相反的热敏电阻串联，就可达到温度补偿的目的。陶瓷湿敏电阻吸湿快（10s 左右），而脱湿要慢很多，从而产生滞后现象。当吸附的水分子不能全部脱出时，会造成重现性误差及测量误差。

半导体陶瓷湿敏电阻具有较好的热稳定性，较强的抗沾污能力。能在恶劣、易污染的环境中测得准确的湿度数据；而且还有响应快、使用温度范围宽（可在150℃以下使用）、可加热清洗、表面状态稳定、固有阻值适中，制作工艺简单、生产成本低等优点，在实用中占有很重要的地位。

陶瓷湿敏传感器一般分为加热净化型和非加热净化型两种。铬酸镁-二氧化钛陶瓷湿敏电阻器属于加热型的湿敏传感器。陶瓷表面的沾污可运用加热器来消除，这样可使陶瓷恢复到初期状态继续工作。加热净化型湿敏传感器重现率和精度均保持良好，但却使工作周期减少。非加热型陶瓷湿敏传感器是以氧化锌为主掺入三氧化二铬等烧结而成，将其表面进行活化，从而可以稳定地连续测量而不需要加热除污。

$ZnO-Cr_2O_3$ 陶瓷湿敏元件的结构是将多孔材料的电极烧结在多孔陶瓷圆片的两表面上，并焊上铂引线，然后将敏感元件装入有网眼过滤的方形塑料盒中用树脂固定而做成的，$ZnO-Cr_2O_3$ 陶瓷湿敏元件能连续稳定地测量湿度，而无需加热除污装置，因此功耗小，这类传感器只需要使用0.5W以下电源，器件响应速度快、湿滞小，体积小，成本低，是一种常用测湿传感器。

2．涂敷膜型湿敏器件

除上述烧结型陶瓷外还有一种由金属氧化物微粒经过堆积、黏结而成的材料，也具有较好的感湿特性。它是由金属氧化物粉末或某些金属氧化物烧结体研成的粉末，通过一定方式的调和、喷洒或涂覆在具有梳状电极的陶瓷基片上而制成的。Cr_2O_3、Fe_2O_3、Fe_3O_4、Al_2O_3、$MgCrO_4$ 等金属氧化物的细粉吸湿后导电性增加，电阻下降。不论是用负特性型还是正特性型的湿敏瓷粉作为原料，只要其结构是属于粉粒堆集型的，其阻值都将随着环境湿度的增高而显著下降，例如，烧结型 Fe_3O_4 湿敏电阻具有正特性，而瓷粉膜型 Fe_3O_4 具有负特性。涂覆膜型湿敏元件中比较典型且性能较好的是 Fe_3O_4 湿敏元件。

Fe_3O_4 湿敏元件主要由基片、电极和感湿膜等组成。通过在基片上用丝网印刷工艺制成梳状金电极，将预先配置的 Fe_3O_4 的胶液涂在已有金电极的基片上，膜厚一般为20~30μm，然后经低温烘干后，引出电极。其中，基片材料选用滑石瓷。

涂覆膜型 Fe_3O_4 湿敏器件的感湿膜，是结构松散的 Fe_3O_4 微粒的集合体。它与烧结陶瓷相比，缺少足够的机械强度。Fe_3O_4 微粒之间，依靠分子力和磁力的作用，构成接触型结合。虽然 Fe_3O_4 微粒本身的体电阻较小，但微粒间的接触电阻却很大，这就导致 Fe_3O_4 感湿膜的整体电阻很高。当水分子透过松散结构的感湿膜而吸附在微粒表面上时，将扩大微粒间的面接触，导致接触电阻的减小，因而这种器件具有负感湿特性。

Fe_3O_4 湿敏器件的主要优点是，在常温、常湿下性能比较稳定，有较强的抗结露能力。在全湿范围内有相当一致的湿敏特性。而且其工艺简单，价格便宜。适用于精度要求不高，测湿范围广，工作在室温附近，无油气及其他污染的场合。

由器件的工作原理可知，这是一种体效应器件。当环境湿度发生变化时，水分子要在数十微米厚的感湿膜体内充分扩散，才能与环境湿度达到新的平衡。这一扩散和平衡过程需时较长，使器件响应缓慢。并且由于吸湿和脱湿过程中响应速度的差别，使器件具有较明显的湿滞效应，这是这类器件的缺点。

10.2.2 高分子湿度传感器

高分子湿度传感器是近年来研究开发较多的湿度传感器。它的特点是：响应范围宽（0~100%RH）；可用已有的 IC 技术及薄膜制造技术，在同一基片上同时制造出许多芯片，稳定性和一致性好，成本低，并容易实现小型化、智能化、集成化。

有机高分子湿度传感器按测量原理可分为电量变化型和质量变化型两类。其中，质量变化型材料因吸湿产生质量变化，可构成声表面波型和石英晶体振荡型湿度传感器，电量变化型主要是电阻或电容随湿度变化。

用有机高分子材料制成的湿度传感器，主要是利用它的吸湿性和胀缩性。利用某些高分子电介质吸湿后介电常数发生变化的特征可制成电容式湿度传感器；利用某些高分子电解质吸湿后电阻变化的特征可制成电阻式湿度传感器；利用胀缩性高分子树脂和导电粒子吸湿后的开关特性可制成结露传感器。

1．高分子电阻型湿度传感器

高分子电阻型湿度传感器有两种机理：

（1）离子导电机理。一些湿度敏感材料（如聚苯乙烯磺酸锂）靠离子导电。随着环境湿度增大，材料对水气的吸附量增加，材料内部离子数量增多，电阻减小。

（2）材料吸湿膨胀机理。在膨胀性高分子材料中加入导电粉末（石墨、金属等）的高分子膜作为感湿材料，由于吸附水分，高分子材料膨胀，导电微粒间的距离增大，从而导致电阻增大，根据阻值的变化，就可以测量出湿度的大小，典型的如碳膜湿敏传感器件。在绝缘的聚苯乙烯基片上印刷制备两个金电极，然后在电极之间涂一层含有碳粉粒的羟乙基纤维素膜。羟乙基纤维素是非导电体，具有良好的吸水性和胀缩性，碳粉粒是导电体。当环境湿度增加时，纤维素膨胀，碳粉粒间接触变得松散，湿敏元件的电阻随之增大。碳膜湿敏器件可在全湿范围内测量，精度一般在 ± 5%RH 左右，响应时间很快，不超过 1 秒钟。这种器件的缺点是易漂移，不宜长期工作在恒湿环境中。

2．高分子电容式湿度传感器

它是在洁净的玻璃基片上，蒸镀一层极薄（50nm）的梳状金质，作为下部电极，然后在其上薄薄地涂上一层高分子聚合物（1nm），干燥后，再在其上蒸镀一层多孔透水的金质作为上部电极，两极间形成电容，最后上下电极焊接引线，就制成了电容式高分子薄膜湿度传感器。当高分子聚合物介质吸湿后，元件的介电常数随环境相对湿度的变化而变化，从而引起电容量的变化。由于高分子膜可以做得很薄，所以元件能迅速吸湿和脱湿，故该类传感器有滞后小和响应速度快等特点。

3．结露传感器

结露传感器是一种高分子类湿度传感器，主要用于结露的状态检测，它实际上是一个开关型的湿度传感器。它的性能较为特殊，它对低湿不敏感，仅对高湿敏感。

电阻型结露传感器是先在陶瓷基片上制作梳状金电极，然后在电极上涂一层感湿膜。采用不同的感湿膜可获得正特性的露点传感器或负特性的露点传感器。前者采用树脂和导电粒子构成的感湿膜，实现电子传导；后者采用能水电离的感湿膜，实现离子导电。

结露传感器的感湿膜是由亲水性树脂掺入导电性微粒，进行聚合反应，生成可以胀缩的聚合物。通过改变它们的比率就能满足湿敏度、耐湿性、稳定性的要求及阻值的调整。在低湿时，感湿膜吸收的水分小，亲水性树脂处于收缩状态，导电微粒间距较小，阻值较低；湿度增加时感湿膜吸收水分增多，导电微粒间距增大，阻值相应增大；当湿度达到结露状态时，亲水性树脂吸湿性大增，感湿膜急剧膨胀，使电阻值也急剧增大，在结露点形成阻值的开关状态。

结露传感器的结构和感湿特性如图 10-10 和图 10-11 所示，在相对湿度较低时，阻值变化不大。但湿度达到结露时阻值迅速增大，剧增 2~3 个数量级，所以它具有良好的开关特性。由于感湿膜很薄，故响应时间很短，常湿下仅为 1~2s。结露传感器的性能十分稳定，耐高温高湿，这是其他湿度传感器无法比拟的，它广泛应用在各种电子产品上，如摄像机、磁带录像机、复印机等的结露保护，也用于电器设备的安全和保护方面。

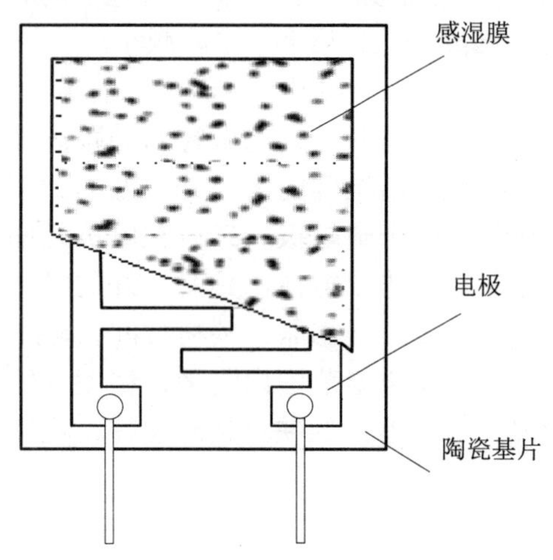

图 10-10　结露传感器结构

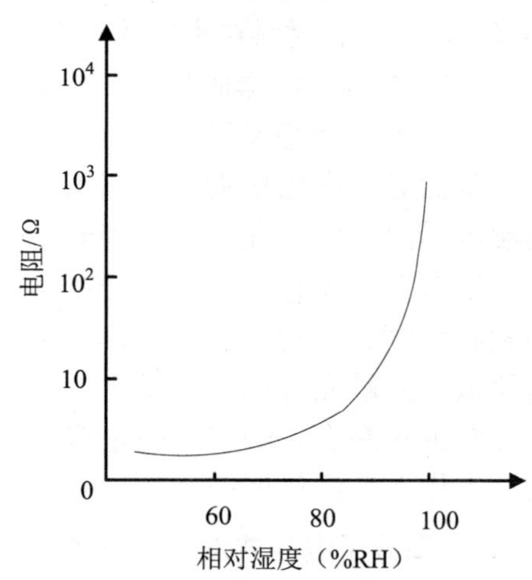

图 10-11　结露传感器感湿特性

10.2.3 湿敏电阻传感器的应用

随着社会的发展，科研、农业、暖通、纺织、制药、烟草、机房、航空航天、电力等工业部门越来越需要采用湿度传感器，来更好地保障产品质量。同时，湿度在日常生活的应用越来越让国人了解到其重要性，湿度如今在加湿、除湿、美容养颜、自动控制、生物培养、室内检测等许多应用中起着非常明显的作用。

1．结露传感器用于录像机保护

图 10-12 是结露传感器在磁带录像机上的典型应用。当出现结露情况时，就会出现水分附着现象，如果这时录像机工作，磁带与走带机构摩擦力就会大增，将会损坏

磁带和机器。为此，在录像机电路上增加了结露检测电路，当检测到结露时强制录像机停止工作，保护电器不至于损坏。

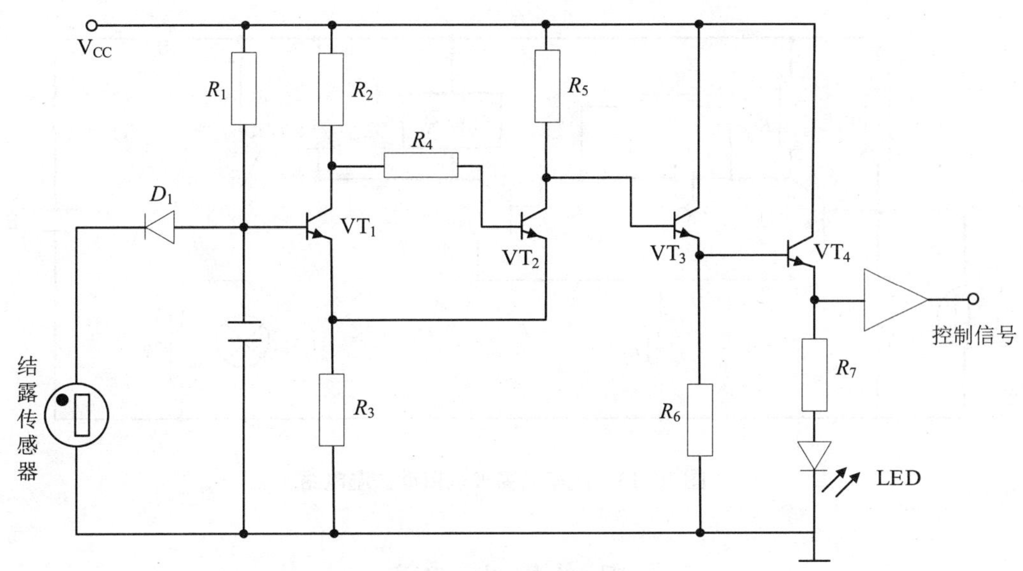

图 10-12 录像机结露保护电路

检测电路的工作原理如下：结露传感器的阻值信号通过晶体管 VT_1 、VT_2 构成的射极耦合施密特触发器电路工作在双稳状态，在正常状态下，结露传感器电阻值为 2kΩ 左右，VT_1 的基极电压小于 0.6V，VT_1 管子截止，而 VT_2 饱和导通，集电极低电位，驱动电路无信号输出，录像机正常工作；当环境出现结露状态时，结露传感器阻值迅速增大，若阻值增大到 50kΩ 以上时，加到 VT_1 基极的电压大于 U_H，VT_1 导通，VT_2 截止，VT_2 集电极电压上升。当阻值大于 200kΩ 以上时，则电路保持这种状态，驱动电路输出控制信号，一方面强制机器停止工作，另一方面启动风机驱除潮气。若结露状态结束，传感器电阻值降至 30kΩ 以下时，这时加到 VT_1 基极的电压小于 U_L。VT_1 截止，VT_2 导通。施密特双稳电路恢复到原稳定状态。由于 $U_H \neq U_L$，施密特双稳触发电路开关特性具有回差，因此有较好的抗干扰能力，可有效防止干扰引起的误动作。图中发光二极管 LED 用于结露指示，二极管 D_1 用于温度补偿。

2．汽车后窗玻璃自动去湿装置

图 10-13 所示是一种用于汽车驾驶室挡风玻璃的自动去湿电路。其目的是防止驾驶室挡风玻璃结露或结霜，保证驾驶员视线清楚，避免事故发生。该电路也可用于其他需要去湿的场合。

图 10-13 中，R_L 为嵌入玻璃的加热电阻，RH 为设置在后窗玻璃上的湿度传感器。在实际应用中，需要考虑湿度传感器的线性处理和温度补偿，常常采用运算放大器构成湿度测量电路。

常温常湿下，调整各电阻值使得 VT_1 导通，VT_2 截止；当下雨天湿度增大时，RH

值下降，使得VT_1截止，VT_2导通，继电器K得电吸合，接通电阻丝R_L加热，驱散潮气；当湿度减小到一定程度，触发电路转到初始状态，电阻丝R_L断电，实现自动防湿控制。两个晶体管VT_1和VT_2组成的施密特双稳触发器电路可防止继电器频繁起动。

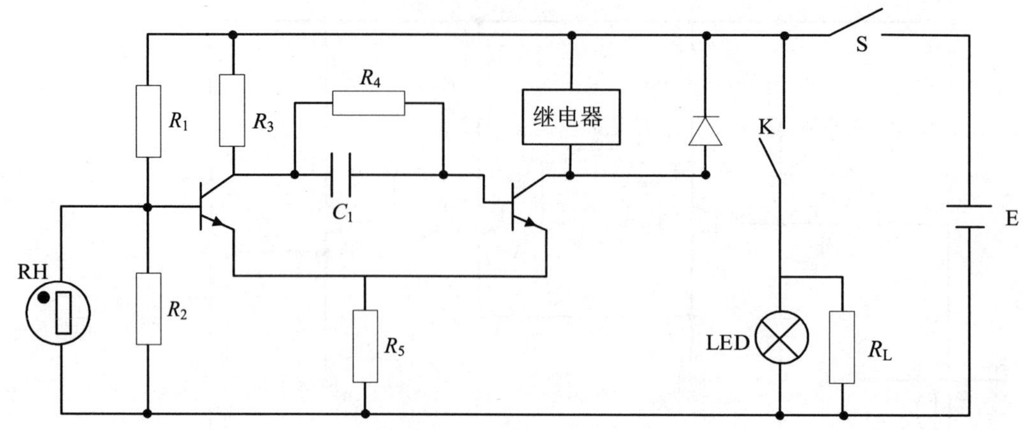

图 10-13　汽车后窗玻璃自动去湿电路

思考题与习题

1. 半导体气敏电阻按结构可以分为几类？试叙述半导体烧结型气敏电阻的工作原理。
2. 气敏电阻都附有加热器，加热器的作用是什么？
3. 如何提高ZnO气敏电阻对H_2和CO气体的选择性？
4. 直热式和旁热式SnO_2气敏传感器结构有什么不同？各有什么优缺点？
5. 气敏传感器可以应用在哪些方面？
6. 分析酒精探测器的原理图，并简述其工作原理。
7. 什么是湿敏电阻？湿敏电阻有哪些类型？各有什么特点？
8. 什么是绝对湿度和相对湿度？
9. 露点传感器的特点是什么？说明录像机露点保护电路的工作原理。

第 11 章　红外、超声传感器

利用红外线的物理性质进行参数检测的传感器，称为红外传感器。利用红外传感器可实现非接触温度测量、气体成分分析、测距和无损探伤等，在医学、军事、空间技术和环境工程等领域得到广泛应用。

红外线是一种电磁波，它的波长范围为 0.78~1 000μm，不为人眼所见。红外线在电磁波谱中的位置如图 11-1 所示。在红外技术中，一般将红外辐射分成四个区域，即近红外区、中红外区、远红外区及极远红外区，远近是指红外辐射在电磁波谱中与可见光的距离。

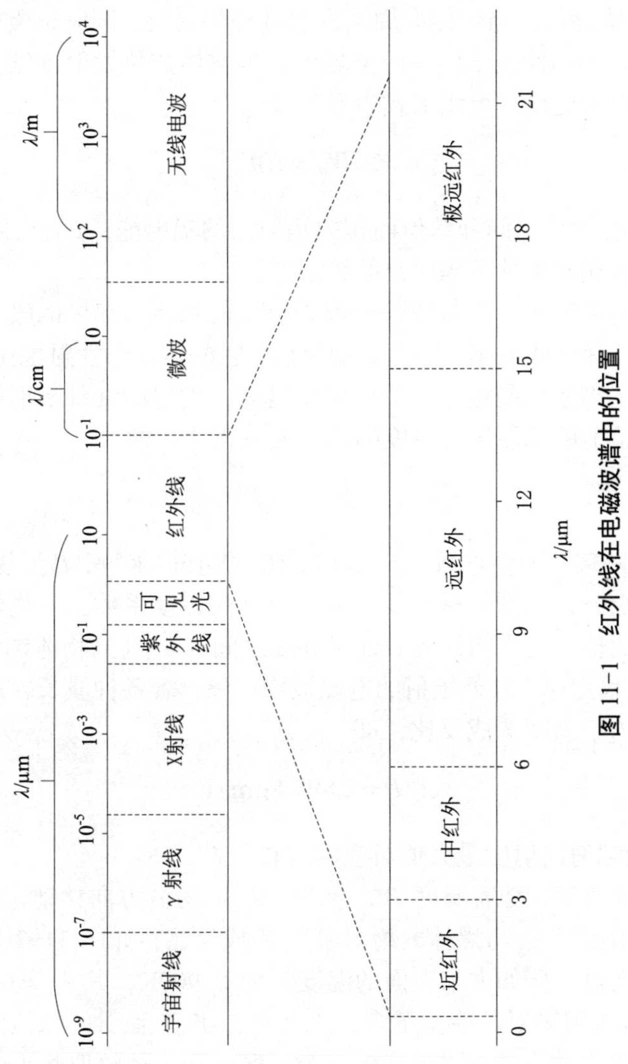

图 11-1　红外线在电磁波谱中的位置

红外辐射的物理本质是热辐射。自然界中的一切物体，只要它的温度高于绝对零度（-273.15℃）就存在分子和原子无规则的运动，其表面就不断地辐射红外线。物体的温度越高，辐射出的红外线越多，红外辐射的能量就越强。研究发现，太阳光谱中各种单色光的热效应从紫色到红色是逐渐增强的，最强热效应出现在红外频率范围，因此红外辐射又称为热辐射。红外辐射被物体吸收后可以转化为热能，引起物体温度的升高。

红外辐射作为电磁波的一种形式，和其他的电磁波一样，可以以波的形式在空间直线传播，具有电磁波的一般特性，如反射、折射、散射、干涉和吸收等。

11.1 红外辐射的基本定律

（1）基尔霍夫定律。当物体向周围发射红外辐射时，同时也吸收周围物体发射的红外辐射。如果几个物体处于同一温度场中，各物体的热发射本领正比于它的吸收本领，这就是基尔霍夫定律。可用下式表示为

$$W_R = aW_o \tag{11-1}$$

式中：W_R 为物体在单位时间和单位面积内辐射出的辐射能；a 为物体辐射吸收度；W_o 是常数，为黑体在相同条件下辐射出的辐射能。

黑体是在任何温度下全部吸收任何波长辐射的物体，黑体的吸收本领与波长和温度无关，即 $a=1$。黑体吸收本领最大，加热后，它的热辐射发射也比任何物体都要大。

（2）斯蒂芬-玻尔兹曼定律。物体温度越高，发射的红外辐射能越多，在单位时间内其单位面积辐射的总能量与温度的四次方成正比，即

$$W = \sigma\varepsilon T^4 \tag{11-2}$$

式中：σ 为斯蒂芬-玻尔兹曼常数，$\sigma = 5.67\times10^{-8}\,\text{W/(m}^2\cdot\text{K}^4)$；$T$ 为物体的热力学温度；ε 为温度为 T 时全波长范围的材料发射率，也称为黑度系数，即物体表面辐射本领与黑体辐射本领的比值，通常物体的 ε 处于 0~1 之间，$\varepsilon=1$ 的物体称为黑体。

（3）维恩位移定律。红外辐射的电磁波中，包含着各种波长，其峰值辐射波长 λ_m 与物体自身的热力学温度 T 成反比，即

$$\lambda_m T = 2\,897.8\mu\text{m}\cdot\text{K} \tag{11-3}$$

式中：λ_m 为单色辐射出射度最大值对应的波长。

维恩位移定律表明，随着温度 T 的增高，λ_m 向短波方向移动，黑体光谱辐射出射度峰值对应的峰值波长 λ_m 与黑体的绝对温度 T 成反比，如图 11-2 所示。图中的虚线就是这些峰值的轨迹。例如太阳表面的温度约为 5 900K，其 $\lambda_m \approx 0.49\mu\text{m}$，即在可见波段 0.49μm 附近太阳辐射的能量最多，人体（310K）辐射的峰值波长约为 9.4μm。太阳辐射的 50%以上功率是在可见光区和紫外区，而人体辐射几乎全部在红外区。

维恩位移定律将热辐射的颜色随温度变化的规律量化了。当温度不太高时，热辐

射绝大部分是肉眼看不见的红外线，其中包含极小部分长波的可见光，即红光。进一步计算表明，当温度达到约 3 800K 时，λ_m 达到可见光谱红端的 760nm。若温度在 5 000~6 000K 区间内，λ_m 位于可见光波段的中央，它引起人眼的感觉为白色。

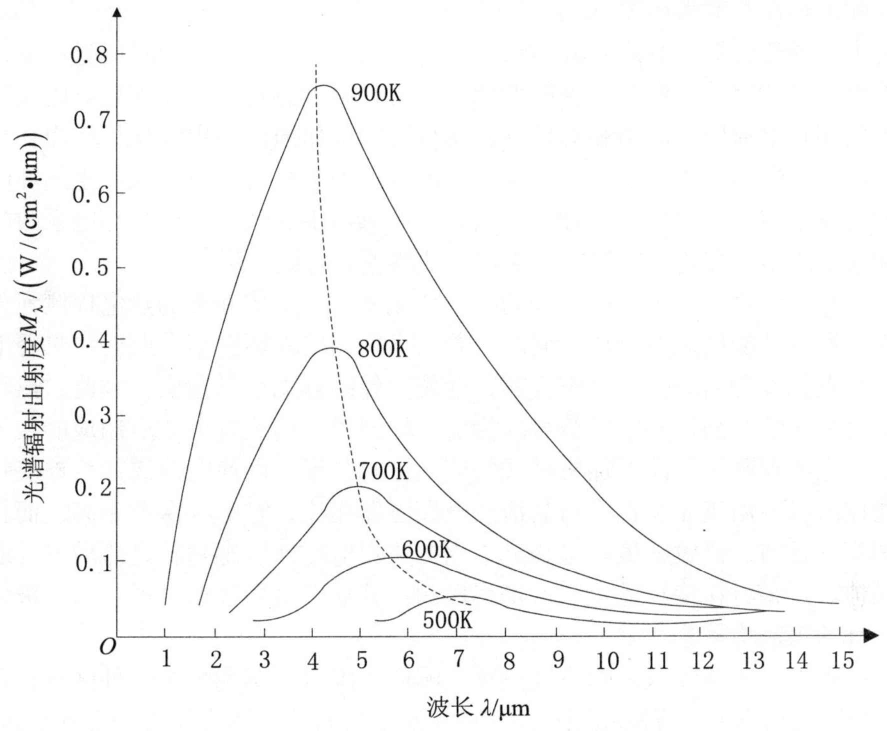

图 11-2　不同温度下黑体辐射出射度随波长的变化曲线

11.2　红外传感器

红外探测器是红外传感器的核心。红外探测器是一种辐射能转换器，主要用于将接收到的红外辐射能转换为便于测量或观察的电能、热能等其他形式的能量。根据能量转换方式，红外探测器可分为热探测器和光电探测器两大类。

1. 热探测器

热探测器原理是利用辐射的热效应，在入射到探测器光敏面的辐射被吸收后，引起响应元的温度升高，响应元材料的某一物理量随之而发生变化。利用不同物理效应可设计出不同类型的热探测器，主要有四类：热释电型、热敏电阻型、热电势型和气体型。其中最常用的有电阻温度效应（热敏电阻）、温差电势效应（热电偶、热电堆）和热释电效应。热电红外探测元件探测并吸收红外辐射使得自身温度升高进而引起有关物理参数发生变化，然后通过测量该物理参数的变化来确定探测器所吸收的红外辐射。

由于各种热探测器都是先将辐射能转化为热并产生温升，而这一过程通常较慢，所以热探测器的时间常数要比光子探测器大得多。热探测器不适合用于快速、高灵敏度的探测。热探测器的最大优点是光谱响应范围较宽且较平坦。利用辐射热效应而引起电阻变化的热探测器为热敏电阻。

热释电红外传感器是利用某些材料的热释电效应来探测红外辐射能量的器件，是主要的热电红外传感器。由于温度的变化，某些材料如热释电晶体和压电陶瓷等会出现结构上的正负电荷中心发生相对位移，使得自发极化强度发生变化，从而在相对的两个面上产生极性相反的束缚电荷，这种现象就称为热释电效应。能产生热释电效应的晶体称为铁电体，又称热电元件，热电红外传感器主要就是采用高热电系数的热敏材料（如锆钛酸铅系陶瓷、钽酸锂、硫酸三甘肽等）制成探测元件。

由于热释电信号正比于器件温升的时间变化率，而不像通常的热电探测元件有热平衡过程，所以其响应速度较快。同时，若当恒定的红外辐射信号照射在热释电传感器上时，因器件温升的时间变化率为零，会使得传感器无信号输出，因此，热释电传感器不适合测量恒定的红外辐射信号。为解决该问题，用热释电效应制成的红外传感器，往往在它的探测元件前面加机械式的周期遮光装置，以使电荷周期性地变化。测量移动物体时可不用遮光装置。与其他热电探测器相比，它不仅探测率高，而且频率响应范围宽。目前，灵敏度最高也是最常用的热释电红外敏感材料是硫酸三甘肽系列水溶性晶体。这种材料特别适用于低功率探测，其缺点是居里温度低、易于极化、不能经受较高的辐射功率等。

热电探测器的主要优点是响应波段宽，响应范围可扩展到整个红外区域，可以在常温下工作，使用方便，应用相当广泛。由于热敏材料的热效应需要一定的平衡时间，所以，热敏电阻型和热电偶型探测器的响应速度慢，响应时间较长。热电型红外探测器一般灵敏度低，响应慢，但有较宽的红外波长响应范围。

2．光电探测器

光电探测器是常用的红外探测器，是利用红外辐射的光电效应原理工作的。它的工作机理是光子与探测器材料直接作用，当入射辐射波的频率大于某一特定频率时，入射辐射波的光子能量被光电元件吸收，从而改变光电元件电子的能量状态，使得其电参数发生改变，经测量电路转变成微弱的电压信号，放大后向外输出。作为特定波长上的光电式传感器，光电红外传感器可分为内光电和外光电传感器两种。而内光电传感器又可分为光电导传感器、光生伏特传感器和光磁电传感器三种。当红外辐射照射在某些半导体材料的表面时，材料表面的电子和空穴将向内扩散，在扩散中若受强磁场的作用，电子和空穴则各偏向一边，因而产生开路电压，这种现象称为光磁电效应。利用此效应制成的红外传感器称为光磁电传感器。外光电式红外传感器要产生外光电效应，要求入射光子具有较高的能量，因此只适宜工作在近红外辐射区域。

光电探测器的响应时间为微秒或纳秒级，光电探测器的光谱响应特性与热探测器完全不同，通常需要制冷至较低温度才能正常工作。

红外传感器的性能参数如下。

（1）灵敏度。当经过调制的红外光照射到传感器的敏感面上时，传感器的输出电压与输入红外辐射功率之比称为灵敏度，也称为电压响应率。

$$R_{\mathrm{V}}=\frac{u_{\mathrm{o}}}{pA_{\mathrm{d}}} \qquad (11\text{-}4)$$

式中：u_{o} 为红外传感器的输出电压，V；p 为照射在红外敏感元件单位面积上的红外辐射功率，$\mathrm{W/cm^2}$；A_{d} 为红外传感器敏感元件的面积，$\mathrm{cm^2}$。

（2）响应波长范围。响应波长范围也称光谱响应，表示传感器的电压响应与入射红外辐射波长之间的关系，一般用曲线表示。由于热电传感器的电压响应率与波长无关，它的曲线为一条平行横坐标（波长）的直线，而光电型传感器的电压响应率曲线是一条随波长变化的曲线。一般将响应率最大值所对应的波长称为峰值波长 λ_{m}，而把响应率下降到响应值的一半所对应的波长称为截止波长 λ_{c}。两个截止波长所围成的光谱区域表示红外传感器使用的波长范围。

（3）噪声等效功率。红外传感器光敏器件的输出电压较低，外界噪声对它的影响很大，因此要用噪声等效功率（Noise Equivalent Power，NEP）参数来衡量红外传感器的性能。噪声等效功率是输出信噪比为 1 时所对应的红外入射功率值，也是红外器件探测到的最小辐射功率，即

$$\mathrm{NEP}=\frac{U_{\mathrm{N}}}{R_{\mathrm{V}}} \qquad (11\text{-}5)$$

式中：U_{N} 为红外传感器输出的噪声电平；R_{V} 为灵敏度（电压响应率）。NEP 值越小，红外传感器越灵敏。

（4）探测率。探测率 D 是噪声等效功率的倒数，即

$$D=\frac{1}{\mathrm{NEP}}=\frac{R_{\mathrm{V}}}{U_{\mathrm{N}}} \qquad (11\text{-}6)$$

红外传感器探测率越高，表明传感器所能探测的最小辐射功率越小，传感器越灵敏。

（5）比探测率。比探测率又称归一化探测率或探测灵敏度。实质上就是当传感器的敏感元件面积为单位面积 A_0，放大器的带宽 Δf 为1Hz时，单位辐射功率所产生的信号电压与噪声电压之比，通常用符号 D^* 表示：

$$D^*=(1/\mathrm{NEP})\sqrt{A_0\Delta f}=D\sqrt{A_0\Delta f}=(R_{\mathrm{V}}/U_{\mathrm{N}})\sqrt{A_0\Delta f} \qquad (11\text{-}7)$$

由式（11-7）可知，比探测率与传感器的敏感元件面积和放大器的带宽无关。在一般情况下，比探测率越高，传感器的灵敏度越高，性能越好。

（6）时间常数。时间常数衡量红外传感器的输出信号随红外辐射变化的速率（响应快慢）。输出信号滞后于红外辐射的时间，称为传感器的时间常数，即

$$\tau = \frac{1}{2\pi f_c} \tag{11-8}$$

式中：f_c为响应率下降到最大值的 0.707 倍（3dB）时的调制频率。

11.2.1 红外传感器的应用

当红外辐射在大气中传播时，由于大气中的气体分子、水蒸气以及固体颗粒、尘埃等物质的吸收和散射作用，会使辐射强度在传输过程中逐渐衰减。大气对红外辐射的吸收，实际上是大气中的水蒸气、二氧化碳、臭氧、氧化氮、甲烷和一氧化碳等具有极性分子的气体有选择地吸收一定波长的红外辐射。而空气中非极性的双原子分子（如 N_2、H_2、O_2）不吸收红外辐射，因而不会造成红外辐射在传输过程中的衰减。由于上述的各种气体分子只对一定波长红外辐射产生吸收，所以就造成了大气对不同波长的红外辐射具有不同的透过率。在大气层中有三个波段的红外辐射透过率高，这三个波段分别在 2~2.6μm、3~5μm、8~14μm 处，统称为“大气窗口”。红外探测器一般都工作在这三个大气窗口内。

红外传感系统主要由以下几部分组成：

（1）待测目标。根据待测目标的红外辐射特性可进行红外系统的设定。

（2）大气衰减。当待测目标的红外辐射通过地球大气层时，由于气体分子和各种气体以及各种溶胶粒的散射和吸收，将使得红外源发出的红外辐射产生衰减。

（3）光学接收器。它接收目标的部分红外辐射并传输给红外传感器，常用的是物镜。

（4）辐射调制器。把来自待测目标的辐射调制成交变的幅射光，提供目标方位信息，并可滤除大面积的干扰信号。又称调制盘或斩波器，它具有多种结构。

（5）红外探测器。这是红外系统的核心。它是利用红外辐射与物质相互作用所呈现出来的物理效应探测红外辐射的传感器，多数情况下是利用这种相互作用所呈现出的电学效应。此类探测器可分为光子探测器和热敏感探测器两大类型。

（6）探测器制冷器。由于某些探测器必须要在低温下工作，所以相应的系统必须有制冷设备。经过制冷，设备可缩短响应时间，提高探测灵敏度。

（7）信号处理系统。将探测的信号进行放大、滤波，并从这些信号中提取出信息。然后将此类信息转化成所需要的形式，输送到控制设备或显示器中。

（8）显示设备。这是红外设备的终端设备。常用的显示设备有示波器、显像管、指示仪器和记录仪等。

依照上面的顺序，红外系统就可以完成相应的物理量的测量。大气对某些特定波长范围的红外光吸收甚少，这些波段的红外光穿透大气层的能力较好，故适用于遥感技术。运用红外热电或光电探测器和光学机械扫描成像技术构成的现代遥测装置，可代替空中照相技术，从空中获取地球环境的各种图像资料。用红外线作媒介来实现某些非电量的测量方法，比可见光作媒介的检测方法更有优势，这主要表现在：①红外线（中、远红外线）不受周围可见光的影响，可昼夜进行测量；②由于待测对象自身辐射红外线，故不必设光源。

许多场合下，不仅需要知道物体表面的平均温度，还需要了解物体的温度分布情况，以便分析、研究物体结构，探测物体内部情况，因此需要采用红外成像技术，将物体的温度分布以图像形式直观地表示出来。常用的红外成像器件有红外变像管、红外摄像管及红外电荷耦合器件，可以组成各种形式的红外摄像仪。

1．红外无损检测

红外无损检测是通过测量热流或热量来鉴定金属或非金属材料质量、探测内部缺陷的方法。对于某些采用 X 射线、超声波等无法探测的局部缺陷，用红外无损探测可取得较好的效果。

红外无损探测分主动式和被动式两类。主动式是人为地在被测物体上注入（或移出）固定热量，探测物体表面热量或热流变化规律，并以此分析判断物体的质量。被动式则是用物体自身的热辐射作为辐射源，探测其辐射的强弱或分布情况，判断物体内部有无缺陷。

（1）焊接缺陷的无损检测。焊口表面起伏不平，采用 X 射线、超声波、涡流等方法难于发现缺陷。红外无损检测则不受表面形状限制，能方便和快速地发现焊接区域的各种缺陷。

若将一交流电压加在焊接区的两端，在焊口上会有交流电流通过。由于电流的集肤效应，靠近表面的电流密度比下层大。由于电流的作用，焊口将产生一定的热量，热量的大小正比于材料的电阻率和电流密度的二次方。在没有缺陷的焊接区内，电流分布是均匀的，各处产生的热量大致相等，焊接区的表面温度分布是均匀的。而存在缺陷的焊接区，由于缺陷（气孔)的电阻很大，使这一区域损耗增加，温度升高。应用红外测温设备即可清楚地测量出热点，由此可断定热点下面存在着焊接缺陷。

采用交流电加热的好处是可通过改变电源频率来控制电流的透入深度。低频电流透入较深，对发现内部深处缺陷有利；高频电流集肤效应强，表面温度特性比较明显。但表面电流密度增加后，材料可能达到饱和状态，它可变更电流沿深度方向分布，使近表面产生的电流密度趋向均匀，给探测造成不利。

（2）焊件内部缺陷探测。有些精密铸件内部非常复杂，采用传统的无损探伤方法不能准确地发现内部缺陷，用红外无损探测就能很方便地解决这些问题。

当用红外无损探测时，只需在铸件内部通以液态氟利昂冷却，使冷却通道内有最好的冷却效果。然后利用红外热像仪快速扫描铸件整个表面，如果通道内有残余型芯或者壁厚不匀，在热图中即可明显地看出。冷却通道畅通，冷却效果良好，热图上显示出一系列均匀的白色条纹；假如通道阻塞，冷却液体受阻，则在阻塞处显示出黑色条纹。

（3）疲劳裂纹探测。探测疲劳裂纹可采用主动探测法。例如用一个点辐射源在飞机或导弹蒙皮表面一个小面积上注入能量，再用红外辐射温度计测量表面温度。由于裂纹附近热量不能很快传输出去，使裂纹附近表面温度很快升高。当辐射源分别移到裂纹两边时，裂纹两边温度都很高。当热源移到裂纹上时，表面温度下降到正常温度。由此便可探测出疲劳裂纹位置。

（4）包装袋封口红外检测。图 11-3 为某包装袋封口质量的红外探测示意图。该系统由热源、传送带、红外传感器及信号处理显示电路 4 部分组成。工作时，传送带把包装袋的封口送往热源和红外传感器之间，传送带匀速前进，热源对封口均匀加热并使其封合，如果当塑料袋封口中夹杂气泡、小颗粒、油腻、空隙起皱等缺陷时，都会妨碍热能的流动而引起温度分布的异常现象。通过温度分布的测量就可判断出缺陷的位置。

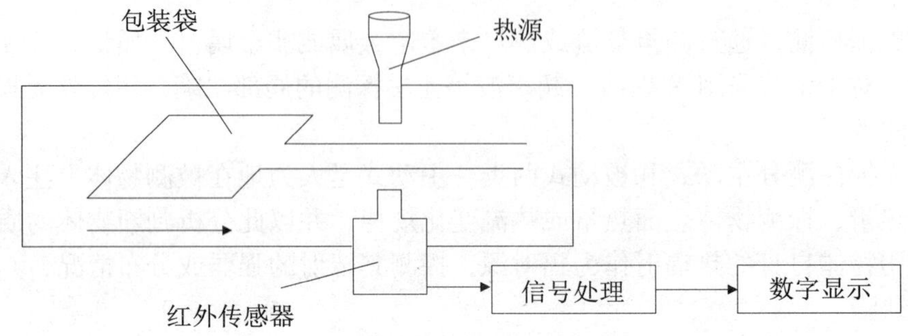

图 11-3　包装袋封口质量的红外检测示意图

与传统依靠物体本身热辐射而对其温度被动成像的探伤技术不同，红外热波技术利用物体因结构或材料不同而导致的热传导特性不同，采用对试件加热的方法用以激发显示表面裂纹、内部损伤和结构异常等，最后用计算机处理热成像仪采集到的图像以达到探伤的目的。

2．红外测温仪

在自然界中，一切温度高于绝对零度的物体都在不停地向周围空间发出红外辐射能量，物体的红外辐射能量的大小与它的温度有着十分密切的关系。因此，通过对物体自身辐射的红外能量的测量，便能准确地测定它的表面温度，这就是红外辐射测温所依据的客观基础。

红外温度计是一种辐射温度计，红外温度计的光学系统和光电检测元件接收的是被测物体产生的红外波长段的辐射能。红外温度计的光电检测元件需用红外检测器，根据温度计中使用的透射和反射镜材料的不同，可透过或反射的红外波长也不同，从而测温范围也不一样，常用光学元件材料适用波长及测温范围见表 11-1。

表 11-1　红外温度计常用光学元件材料及特性

光学元件材料	适用波长/μm	测温范围/℃
光学玻璃、石英	0.76~3.0	≥700
氟化镁、氧化镁	3.0~5.0	100~700
硅、锗	5.0~14.0	≤100

红外传感器一般由光学系统、敏感元件、前置放大器和信号调制器组成。光学系统是红外传感器的重要组成部分。根据传感器中光学系统的结构不同，红外传感器可分为透射式红外传感器和反射式红外传感器。

透射式红外传感器是采用多个组合在一起的透镜将红外辐射聚焦在红外敏感元件上。透射式红外传感器的结构如图 11-4 所示。其光学系统的元件采用红外光学材料，并且根据所探测的红外波长来选择光学材料，不同的红外光波长应选用不同的红外光学材料。在测量 700℃以上的高温时，透过波长为 0.75~3μm 范围内的近红外线，用一般光学玻璃或石英等材料做透镜材料；测量 100~700℃范围的温度时，透过 3~5μm 的中红外线，多用氟化镁、氧化镁等热敏材料；测量 100℃以下的温度透过波长为 5~14μm 的中远红外线，多采用锗、硅、硫化锌等热敏材料。

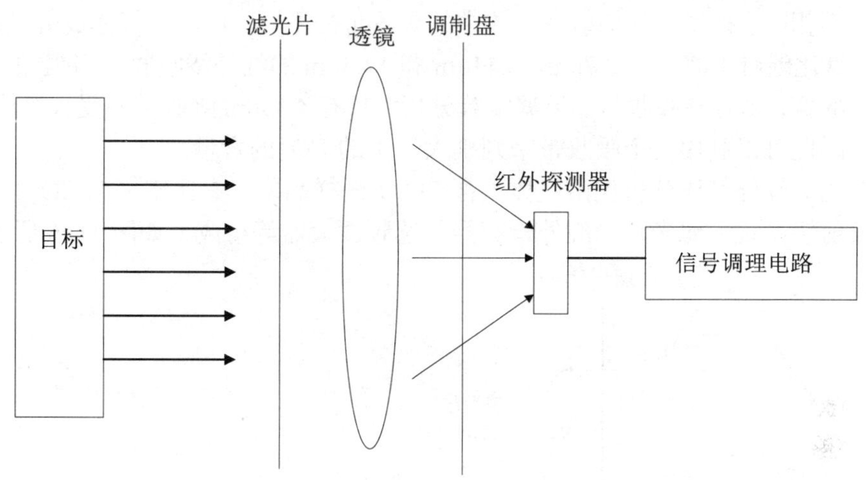

图 11-4　透射式红外传感器的结构

反射式光学系统的红外探测器的结构如图 11-5 所示。它由凹面玻璃反射镜组成，其表面镀金、铝和镍铬等红外波段反射率很高的材料构成反射式光学系统。为了减小像差或使用上的方便，常另加一片次镜，使目标辐射经两次反射聚集到敏感元件上，敏感元件与透镜组合一体，前置放大器接收热电转换后的电信号，并对其进行放大。

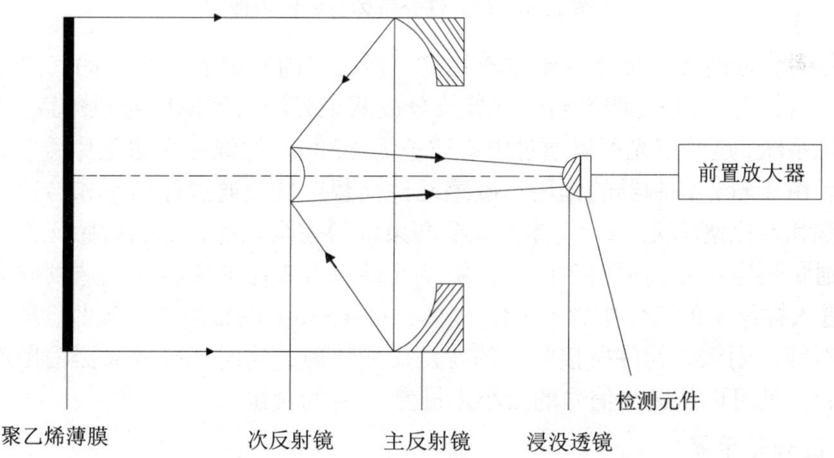

图 11-5 反射式红外传感器的结构

红外测温有以下特点：①测量过程中不影响被测目标的温度分布，可用于对远距离、带电以及其他不能直接接触的物体进行温度测量；②响应速度快，可应用于对高速运动物体进行测量；③灵敏度高，能分辨微小的温度变化；④测温范围宽，能测量−10~1 300℃之间的温度。

3．红外气体分析仪

红外气体分析仪是根据气体对红外线具有选择性吸收的特性来对气体成分进行分析的。许多气体在红外波段都有吸收带，而且因气体不同，吸收带所在的波长和吸收的强弱也不相同，根据红外辐射在气体中的吸收带的不同，可以对气体成分进行分析。例如，二氧化碳对于波长为 2.7μm、4.33μm 和 14.5μm 的红外线吸收相当强烈，并且吸收谱相当的宽，即存在吸收带。根据实验分析，只有 4.33μm 吸收带不受大气中其他成分影响，因此可以利用这个吸收带来判别大气中的 CO_2 的含量。

二氧化碳红外气体分析仪由气体（含 CO_2）的样品室、参比室（无 CO_2）、斩光调制器、反射镜系统、滤光片、红外检测器及选频放大器等组成，如图 11-6 所示。

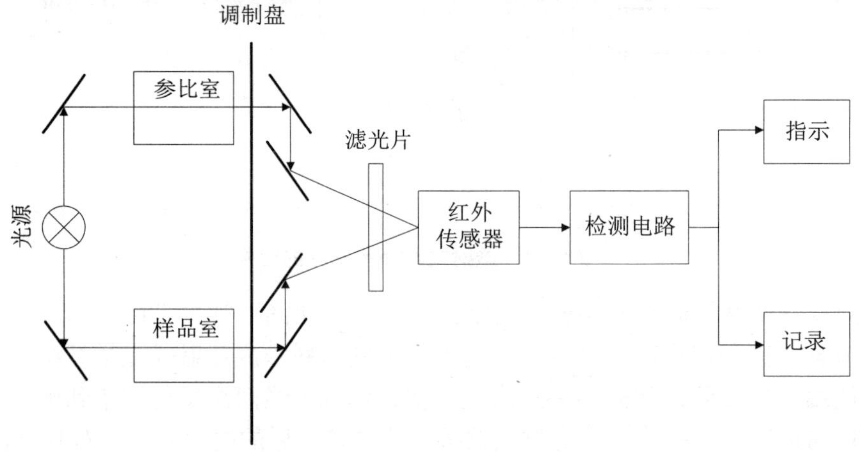

图 11-6　CO_2 红外气体分析仪原理图

测量时，使待测气体连续流过样品室，参比室内充满不含 CO_2 的气体（或 CO_2 含量已知的气体）。红外光源发射的红外线分成两束光经反射镜反射到样品室和参比室，经反射镜系统，这两束光可以通过中心波长为 4.33μm 的红外光滤色片透射到红外敏感元件上。由于斩光调制器的作用，敏感元件交替地接收通过样品室和参比室的辐射。若样品室和参比室均无 CO_2 气体，只要两束辐射完全相等，那么敏感元件所接收到的是一个通量恒定不变的辐射，因此，敏感元件只有直流响应，交流选频放大器输出为零。若进入样品室的气体中含有 CO_2 气体，对 4.33μm 的辐射就有吸收，那么两束辐射的通量不等，则敏感元件所接收到的就是交变辐射，这时选频放大器输出不为零。经过标定后，就可以从输出信号的大小来推测 CO_2 的含量。

4．红外干手器

红外线控制的自动干手器是一种红外线控制的电子开关，其工作原理框图如图

11-7 所示，将红外线发射头和接收头置于干手器的下方，当手伸向干手器的下方时，红外发射头发射的红外信号被反射到接收头，通过信号处理使电热吹风机开启，15s 后自动关闭。如果想继续开启，可在停机后再次将手伸向干手器的下方。

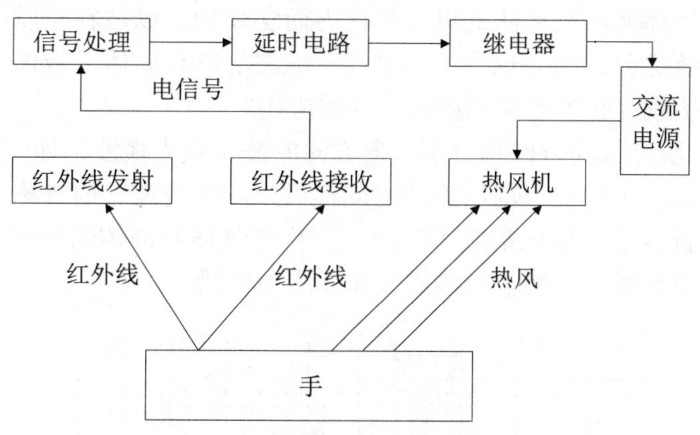

图 11-7　红外自动干手器工作原理框图

11.3　超声波传感器

次声波、声波和超声波都是在弹性介质中传播的机械波，在同一介质中的传播速度相同，它们的主要区别在于频率不同。人们日常所听到的各种声音，是由于各种声源的振动通过空气等弹性介质传播到耳膜，引起耳膜振动，并牵动听觉神经，产生听觉，但并不是任何频率的机械振动都能引起听觉，只有频率在一定范围内的振动才能引起听觉。人们把能引起听觉的机械波称为声波，频率在 20～20 000Hz 之间。频率低于 20Hz 的机械波称为次声波，频率高于 20 000Hz 的机械波称为超声波。超声波检测所用的频率一般在 0.5～15MHz 之间，对钢等金属材料的检测，常用的频率为 1～5MHz。

超声波具有以下特性：

（1）方向性好。超声波是频率很高、波长很短的机械波，超声波像光波一样具有良好的方向性，可以定向发射。

（2）能量高。超声波频率远高于声波，而能量（声强）与频率的二次方成正比，因此超声波的能量远大于声波的能量，1MHz 的超声波的能量相当于 1kHz 的声波的 100 万倍。

（3）能在界面上产生反射、折射和波形转换。在超声波检测中，特别是在超声波脉冲反射法检测中，利用了超声波具有几何声学的一些特点，例如：在介质中直线传播，遇界面产生反射、折射和波形转换等。

（4）穿透能力强。超声波在大多数介质中传播时，传播能量损失小，传播距离大，穿透能力强。在一些金属材料中其穿透能力可达数米，这是其他检测手段所无法比拟的。

由于声源在介质中施力方向与波在介质中传播方向不同，声波波形也不同，通常有以下几种。

（1）纵波。质点振动方向与波的传播方向一致的波，即质点的运动方向同波的运动方向相同或相反，如图 11-8 所示。纵波的传播是由于介质中各体元发生压缩或拉伸的变形，并产生使体元回复原状的纵向弹性力而实现的。纵波在介质中传播时会产生质点的稠密和稀疏部分，因此也称为疏密波。纵波能够在固体、液体和气体中传播。纵波容易激发和接收，在参数检测中有广泛的应用。

（2）横波。质点振动方向垂直于传播方向的波，称为横波，如图 11-9 所示。质点上下振动时可以产生横波，前后振动时同样可以产生横波。前者称为垂直偏振横波（SV 波），后者称为水平偏振横波（SH 波）。由于气体和液体的剪切模量为零，所以横波只能在固体中传播，不能在液体或气体介质中传播。

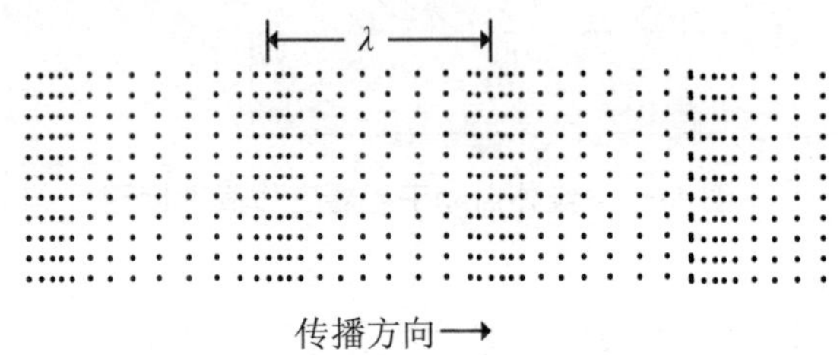

图 11-8 纵波

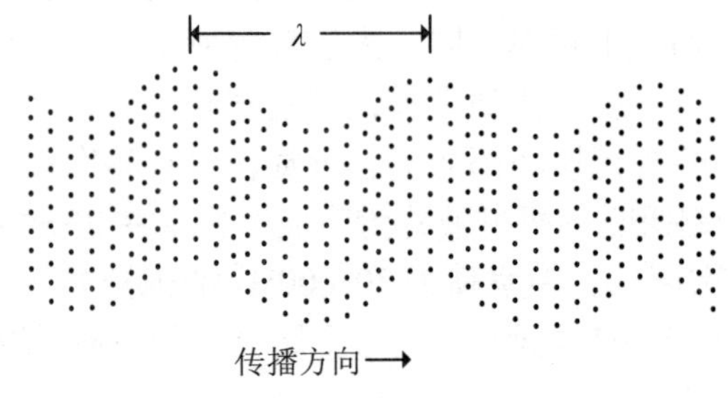

图 11-9 横波

（3）表面波。当介质表面同时受到交变正应力和切应力作用时，产生沿介质表面传播的波，称为表面波。表面波是瑞利 1887 年首先提出来的，因此表面波又称为瑞利波。

当表面波在介质表面传播时，介质表面质点作椭圆振动，椭圆长轴垂直于波的传播方向，短轴平行于波的传播方向。椭圆振动可视为纵向振动与横向振动的合成，即纵波与横波的合成。因此表面波同横波一样只能在固体介质中传播，不能在液体和气体介质中传播。表面波的能量随传播深度增加而迅速减弱。当传播深度超过 2 倍波长时，质点的振幅就已经很小了。因此，一般情况下，表面波检测只能发现距工件表面 2 倍波长深度内的缺陷。

超声波在介质中的传播速度与介质的弹性模量和密度有关。对特定的介质，弹性模量和密度为常数，故声速也是常数。不同的介质，有不同的声速。超声波波形不同时，介质弹性变形的形式不同，声速也不一样。固体介质的弹性模量越大，密度越小，则声速越大。超声波在介质中的传播速度是表征介质声学特性的重要参数。

充满超声波的空间或超声振动所波及的部分介质叫超声场。超声场具有一定的空间大小和形状，描述超声场的特征值（即物理量）主要有声压、声阻抗和声强。

（1）声压。超声场中某一点在某一时刻所具有的压强 p_1 与没有超声波存在时的静态压强 p_0 之差，称为该点的声压，用 p 表示，即 $p = p_1 - p_0$。

当超声波在介质中传播时，介质每一点的声压随时间和振动位移量的不同而变化，也就是说，瞬时声压是时间、距离的函数。在质点的振动过程中，声压是个交变量。因此，通常将声压幅度简称为声压，用符号 P 表示，可以证明，对于无衰减的平面余弦行波来说 $P = \rho cu$，其中 ρ 为介质密度，c 为介质中声速，u 为质点振动速度。

（2）声阻抗 Z。超声场中任一点的声压与与该处质点振动速度之比称为声阻抗，常用 Z 表示：

$$Z = P/u = \rho cu/u = \rho c \tag{11-9}$$

声阻抗的单位为 g/（cm^2 · s）或 kg/（m^2 · s）。

由式（11-9）可知，声阻抗的大小等于介质的密度与波速的乘积。由 $u = P/Z$ 不难看出，在同一声压下，Z 增加，质点的振动速度下降。因此声阻抗 Z 可理解为介质对质点振动的阻碍作用。声阻抗是表征介质声学性质的重要物理量。超声波在两种介质组成的界面上的反射和透射情况与两种介质的声阻抗密切相关。材料的声阻抗与温度有关，一般材料的声阻抗随温度升高而降低，这是因为声阻抗 $Z = \rho c$，而大多数材料的密度和声速随温度增加而减少。

（3）声强。声强表示单位时间内在垂直于声波传播方向的介质单位面积上所通过的声能量，即声波的能流密度。对于简谐波常将一周期中能流密度的平均值作为声强，用符号 I 表示：

$$I = \frac{1}{2}\frac{P^2}{\rho c} \tag{11-10}$$

声强的单位为 $\mathrm{W/m^2}$，同一介质中，声强与声压的二次方成正比。

在生产和科学实验中，声强数量级往往相差悬殊，如引起听觉的声强范围为（10^{-16}～10^{-4}）$\mathrm{W/cm^2}$，最大值与最小值相差 12 个数量级。显然采用绝对量来度量是不方便的，但如果对其比值（相对量）取对数来比较计算，则可大大简化运算。Bel 就是两个同量纲的量之比取对数后的单位。

定义声强级为两个相比较声强的比值，再取以 10 为底的常用对数，以符号 L_P 表示：

$$L_\mathrm{P} = \lg\frac{I_1}{I_2}(\mathrm{Bel}) \tag{11-11}$$

式中：I_1，I_2 分别为两个相比较的声强值。

声强级的单位为 Bel，因为 Bel 的单位比较大，所以工程上应用时将其缩小 90% 后以分贝为单位，用符号 dB 表示。此时式（11-3）可写成

$$L_P = 10\lg\frac{I_1}{I_2}(\text{dB}) \tag{11-12}$$

测量表明，人耳对不同频率的声波，敏感程度是不同的。人耳最敏感的频率区域是1 000～30 000Hz。只要这个频率范围的声强达到 $I_0 = 10^{-12}\,\text{W/m}^2$，就能引起人耳的听觉。声强级就是以人耳能听到的最小声强 I_0 为基准规定的，并把 $I_0 = 10^{-12}\,\text{W/m}^2$ 的声强规定为零级声强，也就是说这时的声强级为 0B（也是 0dB）。当声强由 I_0 加倍为 $2I_0$ 时，人耳感到的声音强弱并没有加倍。只有当声强达到 $10I_0$ 时，人耳感到的声音强弱才增大一倍，这个声强对应的声强级为 1B（10dB）；当声强变为 $100I_0$ 时，人耳感到的声音强弱增大 2 倍，对应的声强级为 2B（20dB）；当声强变为 $1\,000I_0$ 时，人耳感到的声音强弱增大 3 倍，对应的声强级为 3B（30dB），依此类推。人耳能承受的最大声强为 $1\text{W/m}^2 = 10^{12}I_0$，它对应的声强级为 12B（120dB）。

11.3.1 超声波的反射与透射

超声波在异质界面上的反射、透射和折射规律是超声波检测的重要物理基础，当超声波垂直入射于平面界面时，主要考虑超声波能量经界面反射和透射后的重新分配和声压的变化，此时的分配和变化主要决定于界面两边介质的声阻抗。

当声波从介质Ⅰ传播到介质Ⅱ时，在两种介质的分界面上，一部分能量反射回介质Ⅰ，形成反射波，另一部分能量透过分界面进入介质Ⅱ内继续传播，形成折射波，如图 11-10 所示。超声波在产生反射、折射时，遵循几何光学的反射定律和折射定律。反射角与入射角相等，折射角与入射角之间满足以下关系：

$$\frac{\sin a}{\sin\beta} = \frac{c_1}{c_2} \tag{11-13}$$

式中：a 表示入射角；β 表示折射角；c_1，c_2 分别表示两种介质中的声速。

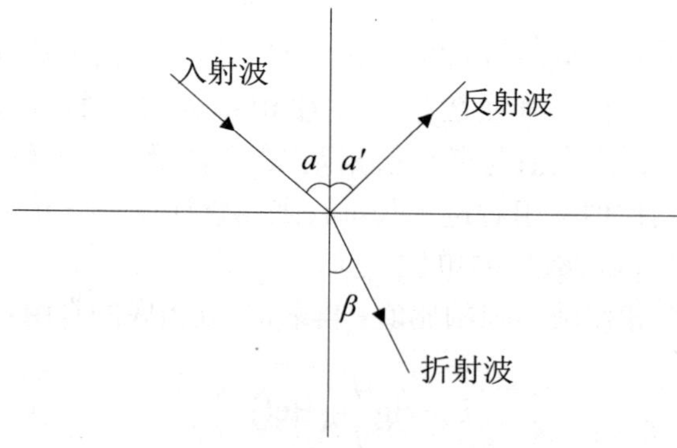

图 11-10　超声波的反射与折射

当超声波垂直入射到声阻抗不同的两种介质的分界面时，入射波能量的一部分进入介质Ⅱ，产生透射波，传播方向和波型均与入射波相同；另一部分能量被界面反射回来，仍在介质Ⅰ中传播，但传播方向相反，称为反射波。为描述入射波能量在透射波和反射波中的分配比例，可分别定义反射系数和透射系数。

声压反射系数为反射波的声压与入射波的声压之比：

$$r=\frac{Z_2-Z_1}{Z_2+Z_1} \tag{11-14}$$

声压透射系数为透射波的声压与入射波的声压之比：

$$t=\frac{2Z_2}{Z_1+Z_2} \tag{11-15}$$

由于声强与声压之间具有以下关系：

$$I=\frac{P^2}{2Z} \tag{11-16}$$

相应地，描述反射波声强与入射波声强之比的声强反射系数可表述为

$$R=\frac{I_{\mathrm{r}}}{I_{\mathrm{o}}}=r^2=\left(\frac{Z_2-Z_1}{Z_2-Z_1}\right)^2 \tag{11-17}$$

描述透射波声强与入射波声强之比的声强透射系数可描述为

$$T=\frac{I_{\mathrm{t}}}{I_{\mathrm{o}}}=\frac{4Z_1Z_2}{\left(Z_1+Z_2\right)^2} \tag{11-18}$$

对式（11-17）和式（11-18）进行分析，可以得到以下结论：

（1）当$Z_2>Z_1$时，$r>0$，入射波声压与反射波声压同相，在界面上合成声压增大；当$Z_2\to\infty$时，$t=2$，透射声压等于 2 倍入射波声压，反射声压振幅达到最大值；而$R=1$，$T=0$，声能全反射。

（2）当$Z_2<Z_1$时，$r<0$，入射波声压与反射波声压反相，在界面上合成声压减小；当$Z_2=0$时，$t=0$，透射声压为 0；而$R=1$，$T=0$，声能仍全发射。

11.3.2 超声波的接收和发射

超声波的激发有两种形式：电气方式和机械方式。电气激发方式包括采用压电型、磁致伸缩型和电动型。机械方式的激发包括采用加尔统笛、液哨和气流旋笛等。不同形式的超声波传感器的原理及内部结构不同。超声波检测用探头的种类很多，根据波形不同分为纵波探头、横波探头、表面波探头与板波探头等。根据晶片数不同分为单晶探头、双晶探头等。目前最为常见的是压电式超声波传感器。

超声波的接收和发射是基于压电效应和逆压电效应，具有压电效应的压电晶体在

受到声波声压的作用时，晶体两端将会产生与声压变化同步的电荷，从而把声波（机械能）转换成电能。反之，如果将交变电压加在晶体两个端面的电极上，沿着晶体厚度方向将产生与所加交变电压同频率的机械振动，向外发射声波，实现了电能与机械能的转换。因此，用作超声发射和接收的压电晶体也称换能器。

换能器的核心是压电片，根据不同的需要，压电片的振动方式有很多，以薄片厚度振动用得最多。由于压电晶体本身较脆，并因各种绝缘、密封、防腐蚀、阻抗匹配及防护不良环境要求，压电元件往往装在一壳体内而构成探头。其振动频率可在几百千赫兹以上，一般采用厚度振动的压电片。

超声换能器除了采用压电材料外，还有磁致伸缩材料。在某些铁磁材料及其合金和某些铁氧体做成的磁性体棒中，若沿某一方向施加磁场，则随着磁场的强弱变化，材料沿这一方向的长度就会发生变化，当施加的交变磁场的频率与该磁性体棒的机械固有频率相等时，磁性体棒就会产生共振，其伸缩量加大，这种现象称为磁致伸缩效应，能产生这种效应的材料称为磁致伸缩材料。利用磁致伸缩效应可用来产生超声波。

超声波直探头用于发射和接收纵波，故又称为纵波探头。直探头主要由压电晶片、保护膜、吸收块、电缆接头和外壳等组成，如图 11-11 所示。

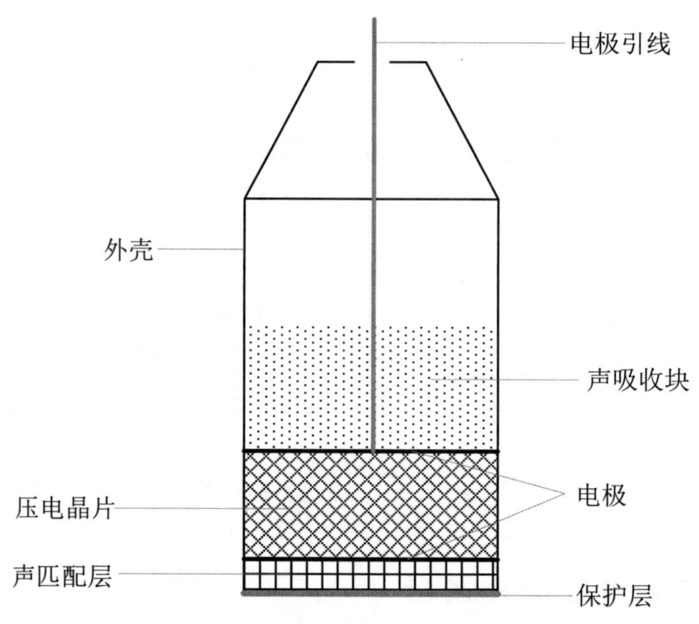

图 11-11　压电式超声波传感器结构

压电晶片的作用是发射和接收超声波，实现电声换能。保护膜的作用是保护压电晶片不致磨损或损坏。保护膜分为硬、软保护膜两类，硬保护膜用于表面较光滑的工件检测，软保护膜可用于表面较粗糙的工件检测。当保护膜的厚度为 $\lambda/4$ 的奇数倍，且保护膜的声阻抗 Z_2 为晶片声阻抗 Z_1 和工件声阻抗 Z_3 的几何平均数（即 $Z_2=\sqrt{Z_1Z_3}$ ）时，超声波全透射。吸收块紧贴压电晶片，对压电晶片的振动起阻尼作用，因此又叫阻尼块。阻尼块使晶片起振后尽快停下来，从而使脉冲宽度变小，分辨力提高。另外，吸收块还可以吸收晶片背面的杂波，提高信噪比。吸收块第三个作用是支撑晶片。吸收块常用环氧树脂加钨粉制成，其声阻抗应尽可能接近压电晶片的声阻抗。外壳的作用在于将各部分组合在一起，并对其起保护作用。一般直探头上标有工作频率和晶片尺寸。

超声探头的频率特性与指向性。超声探头的图形符号表示和等效电路如图 11-12 所示，在等效电路中，R_a 为介电损耗并联漏电阻，C_a 为极间电容，R_g 、C_g 和 L_g 分别为机械共振回路等效电阻、电容和电感。

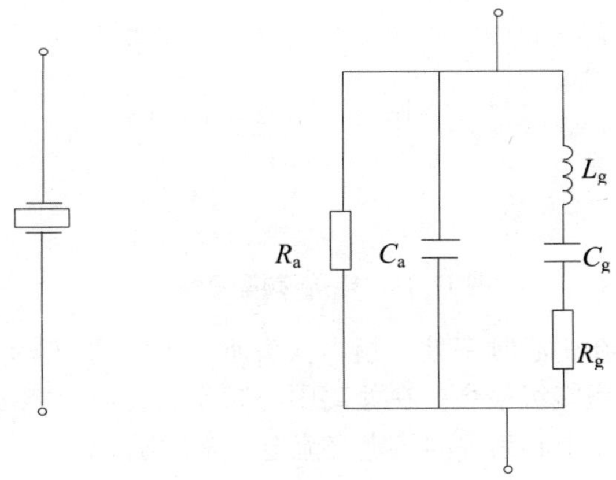

图 11-12　超声探头图形符号和等效电路

由超声探头的等效电路可得其等效阻抗为

$$Z=\frac{1-L_gC_g\omega^2+\mathrm{j}\omega R_gC_g}{\mathrm{j}\omega C_a\left[\left(1+\frac{C_g}{C_a}\right)-L_gC_g\omega^2+\mathrm{j}\omega R_gC_g\right]} \tag{11-19}$$

定义串联谐振频率 ω_a 和并联谐振频率 ω_b 为

$$\omega_a^2=\frac{1}{L_gC_g}\quad,\quad \omega_b^2=\omega_a^2\left(1+\frac{C_g}{C_a}\right) \tag{11-20}$$

则等效阻抗可变换为

$$Z=\frac{1-\frac{\omega^2}{\omega_a^2}+\mathrm{j}\omega R_gC_g}{\mathrm{j}\omega C_a\left(\frac{\omega_b^2-\omega^2}{\omega_a^2}+\mathrm{j}\omega R_gC_g\right)} \tag{11-21}$$

式中：ω_a 是由 $R_gL_gC_g$ 支路决定的串联谐振的共振频率；ω_b 是由 $L_gC_gC_a$ 并联电路决定的并联共振频率。当 $\omega_a<\omega<\omega_b$ 时，呈感性谐振特性；当 $\omega<\omega_a$ 或 $\omega>\omega_b$ 时呈容性谐

振特性，如图 11-13 所示。这种谐振特性是具有高 Q 值的陶瓷振子才有的特性，因此可利用这种特性构成超声传感器特有电路。超声陶瓷元件在低频共振点 ω_a 的阻抗低，发送灵敏度高；在高频共振点 ω_b 的阻抗高，接收灵敏度高。实际上正是利用这种特性，分别做成超声发送器和超声接收器。由于超声陶瓷元件的这种共振特性，即使用方波驱动发送器，通过接收器接收的输出信号也是正弦波信号。

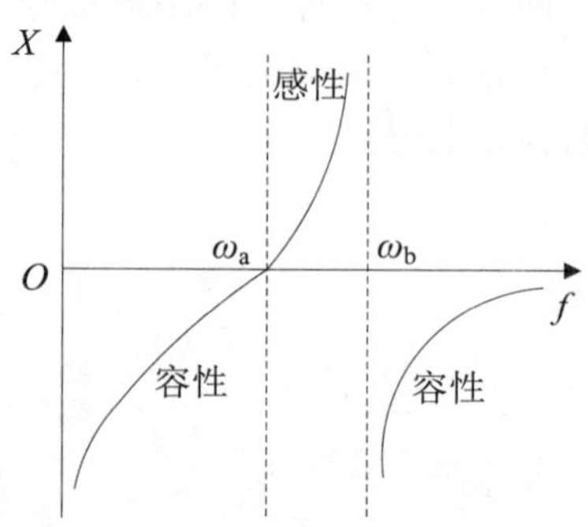

图 11-13　电抗-频率特性

超声波发射传感器在中心频率处，超声探头所产生的超声波信号最强，也就是说在此处所产生的超声声压能级最高。在偏离中心频率后，声压能级迅速衰减。因此，超声波探头要采用工作在中心频率的稳定交流电压来激励。

11.3.3 超声波传感器的应用

1. 超声波液位检测

超声波可以在气体、液体及固体中传播，其传播速度不同，并且在传播过程中有衰减。在空气中衰减较快，而在液体及固体中传播时衰减较小。另外，超声波从一种介质进入另一种介质会存在折射和反射现象。利用超声波的这些特性，可以做成各种超声传感器，配上不同的电路，制成各种超声测量仪器及装置。

超声波在不同介质中的传播速度是不同的，如常温常压下空气中的超声波纵波的速度为 344m/s，自来水中约为 1 430m/s，海水中约为 1 500m/s，钢铁中约为 5 800m/s。超声波纵波在气体中的传播速度最低，液体次之，固体最高。在固体中，纵波、横波及表面波的声速之间有一定的关系。通常可认为横波声速为纵波的一半，表面波声速为横波声速的 90%。在确定的工作条件下，在确定的介质中，其传播速度是确定的。根据这一特性，可采用超声波测量工件的厚度、液体的液位、管道中流体的流速、目标物的距离等。

超声波传感器在实际应用中有两种探头的布置方式：透射式和反射式。在透射式布置方式中，如果介质是固体工件，需要将激发探头和接收探头分别布置在被测工件的两端，可以根据超声波穿过被测工件的时间或声强的衰减来检测工件的厚度或工件内部的特性，这种方式需要在探头与工件的接触面涂抹耦合剂。反射式结构是另一种常见的布置方式，激发探头和接收探头布置在同一侧。传感器工作时激发探头发射超声波，当超声波遇到目标物体后被反射回来，接收探头接收超声波，通过测量超声波从激发到接收的时间 t，从而求出超声波传感器到目标物的距离 H，液位检测原理如图 11-14 所示，计算公式为

$$H = \frac{1}{2}vt \tag{11-22}$$

式中：H 为超声波传感器到目标物的距离；v 为超声波声速；t 为从激发到接收的时间。

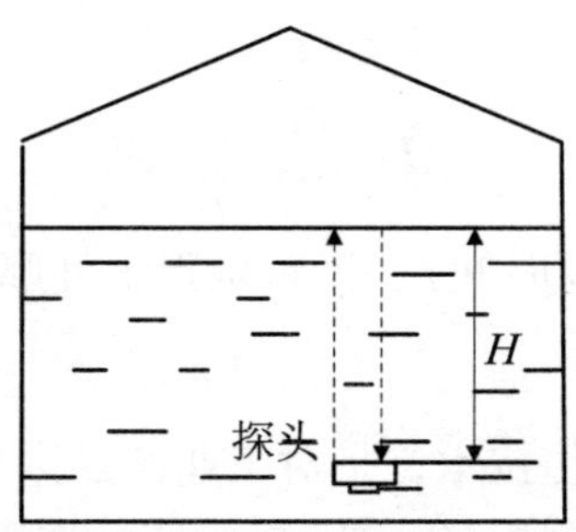

图 11-14　超声液位检测原理

2．超声波测厚仪

工业上许多结构和部件的厚度在非破坏的情况下作精确测量是极为重要的问题，超声波测厚仪能在不损伤设备和零部件的情况下，准确测量钢材、有机材料、管道、涂层厚度，它还能检测设备的腐蚀状况。超声波测厚仪有共振法、干涉法和脉冲反射法等。共振法、干涉法可测厚度为 0.1mm 以上的的材料。这两种方法的测量准确度较高，可达 0.1%，但对被测件的表面光洁度要求较高。脉冲反射法只能测量厚度为 1mm 以上的材料，测量准确度约为 1%，但它对被测件的表面光洁度要求不高，可测量表面略为粗糙的材料。

（1）共振式测厚仪。用频率可变的连续正弦波信号激励压电片，压电片向材料中发射与所加频率相同的超声波，在材料中传播的超声波波长和频率的关系为

$$c = \lambda f \tag{11-23}$$

式中：c 为材料中传播的超声波声速；f 为超声波频率；λ 为超声波波长。

改变激励信号频率，则压电片发射的超声波频率改变，超声波波长也发生改变。当工件的厚度为半波长的整倍数时，则在工件中引起共振，即形成驻波。可得

$$f_n = nf_1 = \frac{nc}{2\delta} \tag{11-24}$$

式中：c 为材料中传播的超声波声速；δ 为工件厚度；n 为整数。

由式（11-24）可看出，任何两个相邻共振频率之差都等于基波频率 f_1，即

$$f_n - f_{n-1} = nf_1 - (n-1)f_1 = f_1 \tag{11-25}$$

因此，当得知厚度共振的两个相邻共振频率时，就可求出厚度为

$$\delta = \frac{c}{2(f_n - f_{n-1})} \tag{11-26}$$

共振法测厚的精度可达0.1%~1%，测厚范围1~100mm，最薄可测0.1mm，对于一定的被测材料来说，通常检测金属厚度的频率范围为0.7~3MHz，测薄试样时也有用到25MHz以上的，对于声波衰减较大的材料，由于共振不明显，相应的测量精度也低些。

（2）脉冲反射式测厚仪。反射式测厚仪从原理上来说是测量超声脉冲在工件中的往返传播时间t，由t可得

$$d = \frac{ct}{2} \tag{11-27}$$

如果声速c已知，测得往返时间t，即可求得工件厚度d。

3．超声波探伤

超声波探伤是一种无损探伤技术，是对工业产品进行无损检测与质量管理的一种十分重要的手段，主要用于检测板材、管材、锻件和焊缝等材料中的缺陷（如裂缝、气孔、夹渣等）。国内外在图像化的超声探伤技术方面取得了显著成就，这种方法被广泛地应用于冶金、机械、造船、化工以及原子核能等许多工业领域。探伤仪面板上有一个荧光屏，通过荧光屏可知工件中是否存在缺陷、缺陷大小及缺陷位置。测试时，探头放在工件上，并在工件上来回移动进行检测，探头发出的超声波以一定的速度向工件内部传播，如果工件中没有缺陷，在超声波传到工件底部才反射，如果工件中有缺陷，一部分超声波在缺陷处反射，另一部分继续传播到工件底部反射，荧光屏上比无缺陷时多了一个脉冲。通过缺陷脉冲在荧光屏上的位置可确定缺陷在工件中的位置，也可以通过缺陷脉冲的幅度高低来判别缺陷的大小。超声波探伤因具有检测灵敏度高、速度快、成本低等优点，受到人们普遍重视，并在生产实践中得到广泛的应用。

超声波可用于无损检测，还可以用于机械加工，例如：加工红宝石、金刚石、陶瓷石英和玻璃等硬度特别高的材料；可以用于焊接，例如：焊接钛、锡等难焊金属。此外，在化学工业上可利用超声波作催化剂，在农业上可利用超声波促进种子发芽，在医学上可利用超声波进行诊断、消毒等。

超声波流量测量仪表可制成非接触及便携式测量仪表，故可解决其他类型仪表所难以测量的强腐蚀性、非导电性、放射性及易燃易爆介质的流量测量问题。此外超声波还用于机械加工、清洗、焊接及声速测量，在医学上进行检查和治疗，在渔业上帮助渔民探测鱼群等。

超声波在介质中传播时其传播速度与介质密度有关，密度越大，传播速度越快。传播速度还受到温度的影响。超声波传播速度随周围环境温度的变化而变化。因此，要精确测量与某个物体之间的距离时，需要考虑被测量物体周围的环境温度，并通过温度补偿的方法加以校正。

超声波传播速度的补偿方法主要有以下几种：

（1）温度补偿。如果声波在被测介质中的传播速度主要随温度而变，声速与温

度的关系为已知，而且假设声波所穿越的介质的温度处处相等，则可以在超声换能器附近安装一个温度传感器，根据已知的声速与温度之间的函数关系，自动进行声速的补偿。

（2）设置校正具。在被测介质中安装两组换能器探头，一组用作测量探头，另一组用作构成声速校正用的探头，校正具上安装有一个超声探头，同时作发射和接收之用，距探头 L_0 处安装一反射板（与反射方向垂直），如图 11-15（a）所示。如果超声脉冲从发射经反射再回到超声探头。经过时间为 t_0，走过的距离为 $2L_0$，就可以得到

$$v_0 = \frac{2L_0}{t_0} \tag{11-28}$$

式中：v_0 为在所传播介质中的实际声速。

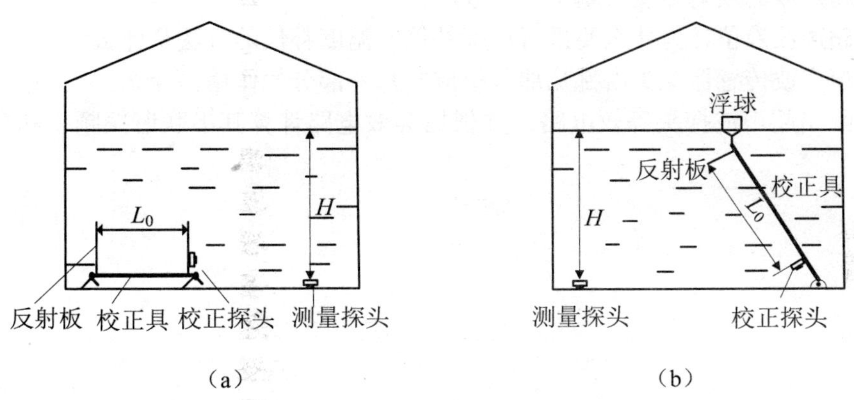

图 11-15　应用校正具检测液位原理

实际上，上述校正是认为 $v = v_0$，即测量段声速与校正声速相同。在很多情况下，这个假设条件不能保证，因为校正具放在容器最低处，由于容器中上下温度场不均匀（存在温度梯度）以及有时介质密度上下层不均匀等，都将与底面声音传播速度有差别。对于气介式，除由于温度不一致外，气体密度的变化也会使 $v \neq v_0$，因此上述安装在固定点的校正具有时还是不能很好地对声速进行校正。

为了解决由于密度、成分、温度分布不均匀产生的一些误差问题，对液介式目前常采用浮臂式校正具，校正具一端固定在液面最低处的可动转轴上，另一端与浮在液面上的浮子相连接，如图 11-15（b）所示。当液面高度变化时，在浮子的带动下，校正具将围绕下边的固定轴转动。应用了上述装置，就使得校正段随液面的变化也在变化，使校正段基本包括了液面不同高度上的温度梯度和密度梯度，通过这种方法求得的声速就非常接近于测量段的实际声速，可得到较高的校正精度。根据介质的特性，校正具可采用固定型的，也可以用活动型的，前者适用于介质的声速各处相同，后者主要用于声速沿高度方向变化的介质。

思考题与习题

1．请说明热释电传感器的工作原理。热释电红外传感器为什么不能检测恒定的红外辐射能量？

2．请比较热电探测器和光电探测器的不同。

3．红外 CO_2 气体分析仪由哪几部分组成？每一部分的作用是什么？说明其工作原理。

4．画出红外干手器的工作电路图，分析电路工作过程。

5．什么是超声波横波？什么是纵波？

6．超声波的发射和接收基于什么效应？

7．超声波液位计为什么要进行温度补偿？温度补偿的方法是什么？

8．超声波传感器探头由哪几部分组成？每一部分的作用是什么？

9．画出超声波探头等效电路，并根据等效电路计算其串联谐振频率和并联谐振频率。

第 12 章　光纤传感器

光纤作为新型的通信介质，已经得到了广泛的发展和应用。随着光纤理论和工艺水平的提高，各式各样的光纤传感器相继问世。如位移、速度、加速度、流量、压力、温度、转动、电压、电流、磁场等各种物理量的检测元件相继得到应用。光纤器件在工业检测中应用日益成熟，这一新技术的影响已十分明显，它作为一类新型的传感器会得到更加广泛的应用。

12.1　光纤传感器的分类

1．光纤传感器按其工作原理分为两大类

（1）功能型光纤传感器。如图 12-1 所示，功能型（传感型）光纤传感器是利用光纤本身的特性把光纤作为敏感元件，被测量对光纤内传输的光进行调制，使传输的光的强度、相位、频率或偏振等特性发生变化，再通过对被调制过的信号进行解调，从而得出被测信号。功能型光纤传感器具有传、感合一的特点，信息的获取和传输都在光纤之中。

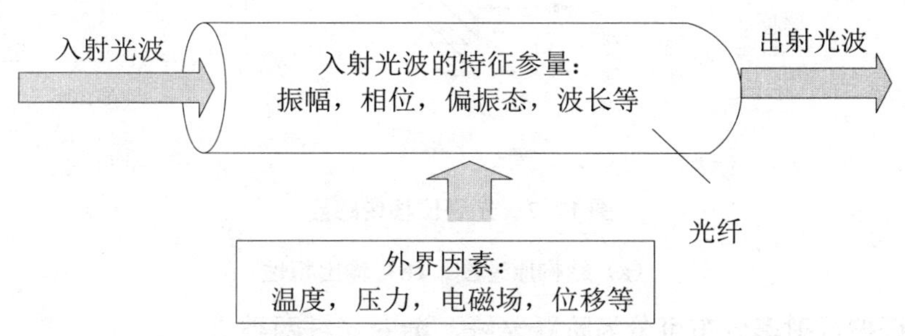

图 12-1　功能型光纤原理示意图

（2）非功能型光纤传感器。非功能型（传光型）光纤传感器是由光纤与其他敏感元件组合而成的传感器，光纤主要作为光的传输介质传输光信号，而利用其他敏感元件感受被测量的变化。如图 12-2（a）所示为某光纤位移传感器的测量原理。被测物在距离光纤端面 d 的位置处，光纤射出的光经被测物反射后，有一部分光线再返回光纤。通过光敏元件测出反射光的强度，就可以知道物体位置的变化，其输出特性如图 12-2（b）所示。为了增加光通量，也可采用光纤束。

光导纤维简称光纤，它是以特殊的工艺拉成的细丝。光纤透明、纤细，虽比头发丝还细，却具有能把光封闭在其中并沿轴向进行传播的特征。

光纤结构：光纤是一多层介质结构的对称圆柱体，主要包括纤芯、包层和涂敷层及套塑。纤芯位于光纤的中心部分，通常由折射率（n_1）较高的介质制作，直径为 5～

100μm；纤芯周围包封一层折射率（n_2）较低的包层，即满足$n_2 < n_1$。纤芯与包层一般由玻璃或石英等透明材料制成，构成一个同心圆的双层结构。光纤具有能将光功率封闭在光纤里面进行传输的功能。光纤按本身的材料组成不同，可分为石英光纤、多组分玻璃光纤和全塑料光纤。石英光纤纤芯材料的主体是二氧化硅，里面掺极微量的其它材料，如二氧化锗、五氧化二磷等。掺杂的作用是提高材料的光折射率，纤芯直径为 5～75μm。包层的材料一般用纯二氧化硅，也有掺极微量的三氧化二硼，最新的方法是掺微量的氟，就是在纯二氧化硅里掺极少量的四氟化硅。掺杂的作用是降低材料的光折射率。这样，光纤纤芯的折射率略高于包层的折射率。两者细微的区别，可保证光主要限制在纤芯里进行传输。包层外面还要涂一种涂料，可用硅铜或丙烯酸盐。涂料的作用是保护光纤不受外来的损害，增加光纤的机械强度。光纤的最外层是外套，它是一种塑料管，也是起保护作用的，不同颜色的塑料管还可以用来区别各条光纤。光纤的导光能力取决于纤芯和包层的光学性能。

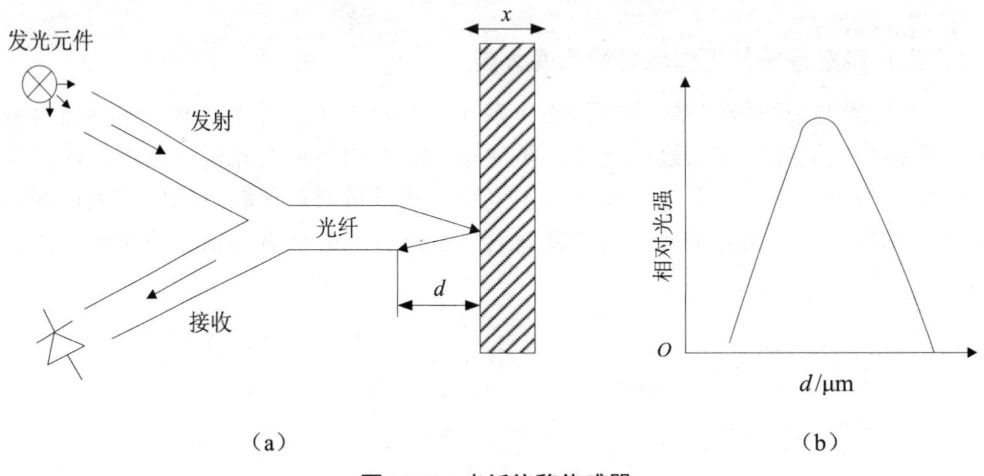

图 12-2　光纤位移传感器

（a）结构原理图；（b）输出特性

2．光纤按折射率分布可分为阶跃光纤、渐变光纤两类

（1）阶跃光纤：阶跃光纤的光纤材料折射率是均匀阶跃的，如图 12-3（a）所示。图中n_1为纤芯的折射率，n_2为包层的折射率，$n_1 > n_2$。

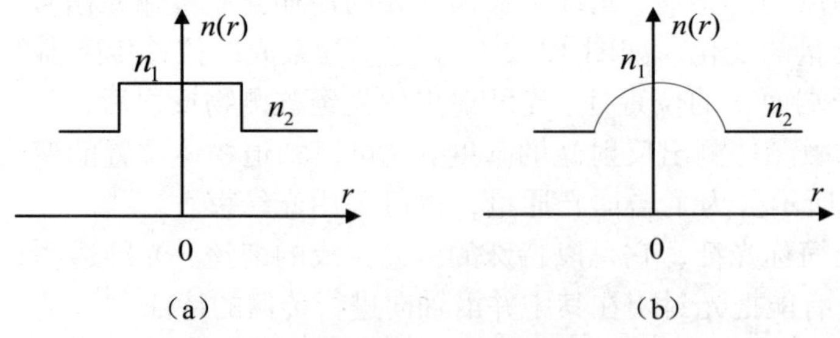

图 12-3　阶跃和渐变光纤折射率

（2）渐变光纤：渐变光纤又称为梯度光纤。这种光纤的折射率在包层部分是均匀

分布的，即 n_2 为一常数；渐变光纤纤芯材料折射率在纤芯的轴心处具有最大值 n_1，折射率沿光纤径向递减，如图 12-3（b）所示。或者说，渐变光纤的纤芯折射率是其半径 r 的函数。

3．光纤按传输模式可分为多模光纤、单模光纤两类

（1）多模光纤：当光纤中传输的模式是多个时，则称为多模光纤。多模光纤纤芯直径有 50μm，加包层和涂敷层后有 150μm。纤芯直径远远大于波长。多模光纤剖面折射率的分布，有阶跃型的，也有渐变型的。前者称为阶跃型多模光纤，后者称为渐变型多模光纤。

（2）单模光纤：当光纤中只传输一个模式的光波时，这种光纤称为单模光纤。单模光纤纤芯直径仅为几微米，加包层和涂敷层后也仅为几十微米到 125μm。纤芯直径接近波长。芯径如此小的光纤，由于工艺上的问题，其折射率的分布只能是均匀的。因此，单模光纤都是阶跃光纤。

12.2　光纤的数值孔径

光的全反射是光纤传输光的物理基础。当光由光密物质入射至光疏物质时发生的折射现象如图 12-4 所示。

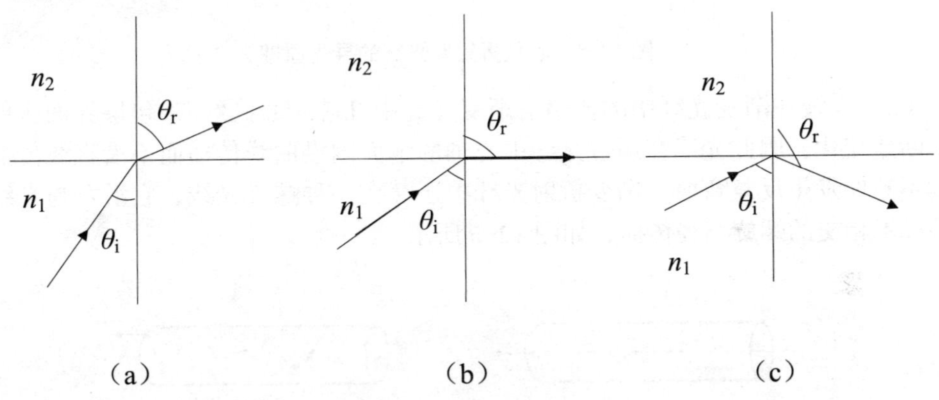

图 12-4　光的折射

（a）折射角大于入射角：$n_1\sin\theta_i = n_2\sin\theta_r$；

（b）临界状态：$\theta_{i0} = \arcsin(n_2/n_1)$；

（c）全反射：$\theta_i > \theta_{i0}$

（1）光线在阶跃光纤中的传播。图 12-5 中 n_1，n_2 分别为纤芯和包层的折射率，n_0 为光纤周围媒质的折射率。要使光能完全限制在光纤内传输，则应使光线在纤芯-包层分界面上的入射角 ψ 大于临界角 ψ_0，即

$$\sin\psi_0 = \frac{n_2}{n_1}, \psi \geqslant \psi_0 = \arcsin\left(\frac{n_2}{n_1}\right) \tag{12-1}$$

临界角 $\theta_0 = 90^\circ - \psi_0$。$\sin\theta_0 = \sqrt{1-\left(\frac{n_2}{n_1}\right)^2}$ 。

再利用 $n_0 \sin\varphi = n_1 \sin\theta$ ，可得

$$n_0 \sin\varphi_0 = n_1 \sin\theta_0 = \sqrt{n_1^2 - n_2^2} \tag{12-2}$$

由此可见，相应于临界角 ψ_0 的入射角 φ_0 ，反映了光纤集光能力的大小，称为孔径角。与此类似，$n_0 \sin\varphi_0$ 则定义为光纤的数值孔径，一般用 NA 表示，即 $\mathrm{NA} = \sqrt{n_1^2 - n_2^2}$ 。n_1 与 n_2 差值似乎越大，光纤的收光效果越好，但实际应用的光纤，其差值是不大的，因而光纤的数值孔径也并不大。这是因为 n_1 与 n_2 差值太大的光纤会产生较为严重的模间色散。

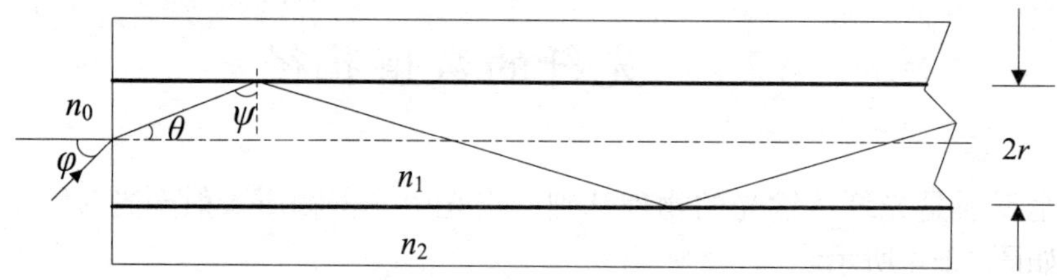

图 12-5　阶跃折射率光纤的导光原理

（2）光线在渐变光纤中的传播。渐变光纤中纤芯中心到纤芯-包层界面折射率连续不断地变化，因此光线在通过光纤中心轴的平面内沿曲线传播而不沿直线传播，并连续不断地发生反复弯曲，渐变折射光纤中还存在一种螺旋光线，它沿着与光纤的中心轴线不相交的螺旋路径传播，如图 12-6 所示。

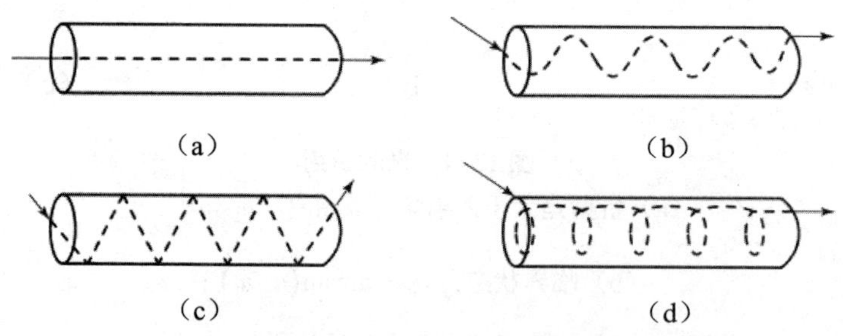

图 12-6　渐变型光纤中传播的典型光线

（a）中心光线；（b）通过中心的子午光线；

（c）通过中心的子午光线；（d）通过中心的螺旋光线

12.3　光纤传感器的调制方式

根据光被调制的原理，光纤传感器也可分为光通量（强度）调制型、光频率调制型、光相位调制型、光波长调制型及偏振态调制型。光纤传感器的核心就是光被外界输入参数的调制，外界信号可能引起光的某些特性（如强度、波长、频率、相位和偏振态等）变化，从而构成强度、波长、频率、相位和偏振态等调制器。

1．光强度调制

强度调制是利用被测量对象的变化引起敏感元件参数的变化，而导致光强度变化来实现敏感测量的传感器。主要应用于测量压力、振动、位移等参数。优点是结构简单、容易实现、成本低。但是易受光源波动和连接器损耗变化等影响。

（1）微小的线位移和角位移调制方法。非功能型光强调制是通过光束位移、遮挡、耦合等方式，使接收光纤的光强变化。这种调制方法使用两根光纤：一根为光的入射光纤，另一根为光被调制后的出射光纤，如图 12-7 所示。

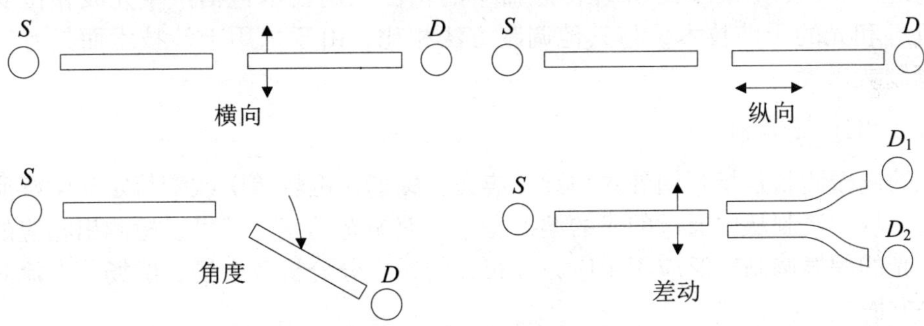

图 12-7　光强小位移调制

（2）微弯损耗光强调制。在压力检测技术中，微压及微差压力的传感技术一直是个难题，若采用光纤传感技术可以获得较好的效果，可以做成光纤压力传感器。它的工作原理是利用光纤的微弯效应，如图 12-8 所示，当光纤发生微小弯曲变形时，传输光的强度衰减，称为微弯损耗效应。

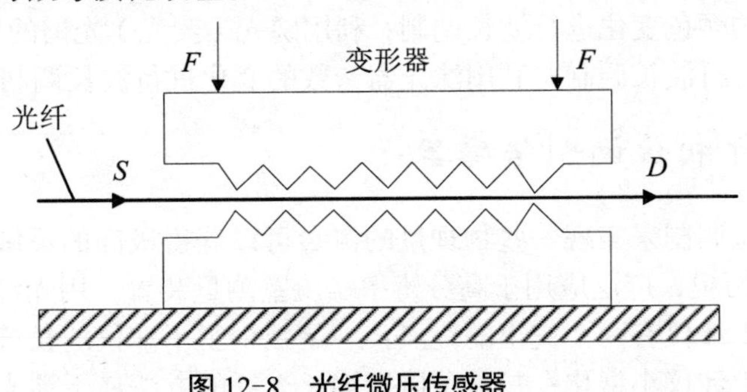

图 12-8　光纤微压传感器

光导纤维夹在两块带机械式齿条的压板中间，当光纤不受力时光线从光纤中穿过，没有能量损失。当压力作用在活动板上时，活动板与固定板的齿板间产生相对微位移，改变了光纤的弯曲程度，从而使传输的光强度发生变化。当外界力增大时，泄漏到包层中的散射光增大，光纤纤芯的输出光强度减小；当外界力减小时，光纤纤芯的输出光强度增强。

加压板使光纤生成许多细小的弯曲变形，可采用激光作光源。这种传感器对低频压力变化特别灵敏，可检测的最小压力为 100μPa。

2．光相位调制

相位调制光纤传感器的原理是：通过被测参数的作用，使光纤内传播的光波相位发生变化，再利用干涉测量技术把相位变化转换为光强度变化，从而检测出待测的物理量。

光纤中光波的相位由光纤波导的物理长度、折射率及其分布、波导横向几何尺寸所决定。一般来说，压力、张力、温度等外界物理量能直接改变上述三个波导参数，产生相位变化，实现光纤的相位调制。但是，目前的各类光探测器都不能感知光波相位的变化，必须采用光的干涉技术将相位变化转变为光强变化，才能实现对外界物理量的检测。因此，光纤传感器中的相位调制技术包括产生光波相位变化的物理机理和光的干涉技术，与其他调制方法相比，由于采用干涉技术而具有很高的相位调制灵敏度。

3．光的偏振调制

光的偏振调制是指利用外界因素（应力、磁场、电场等）改变特定光学媒质的传光特性，从而调制从中通过的光的偏振态，由偏振态的变化就可以检测出相应的外界因素。光的偏振调制广泛应用于应力分布、物质成分分析及电场、磁场、电流测试与控制等方面。

4．光的频率和光的波长调制

利用外界因素改变光的频率或光的波长，通过检测光的频率或光的波长变化来测量外界物质量的原理，称为光的频率和波长调制。

光的频率调制是基于光学的多普勒频移。它指由于观测者和运动目标的相对运动，使观测者接受到的光波频率产生变化的现象，也称多普勒效应。波长的调制方法包括：利用热色物体的颜色变化进行波长调制；利用磷光（荧光）光谱的变化进行波长调制；利用黑体辐射进行波长调制；利用滤光器参数的变化进行波长调制等。

12.3.1 光纤相位调制传感器

利用光相位调制来实现一些物理量的测量可以获得极高的灵敏度，其开发应用已有 100 多年的历史，广泛应用于高分辨率实验室测量装置。用光纤代替自由空间作干涉光路的光纤干涉仪有两个突出的优点：一是减少了干涉仪的长臂安装和校准的固有困难，并可使干涉仪小型化；二是可以用加长光纤的方法使干涉光路对环境参数的响应灵敏度增加。光学干涉仪成为了高机械强度和精密灵活的生产现场使用的仪表。

相位调制光纤传感器的基本传感原理是：通过被测能量场的作用，使光纤内传播的光波相位发生变化，再用干涉测量技术把相位变化转换为光强变化，从而检测出待测的物理量。光纤中光的相位由光纤波导的物理长波、折射率及其分布、波导横向几何尺寸所决定，可以表示为 k_0nL ，其中 k_0 为光在真空中的波数，n 为传播路径上的折射率，L 为传播路径的长度。一般来说，应力、应变、温度等外界物理量能直接改变上述三个波导参数，产生相位变化，实现光纤的相位调制。但是目前各类光探测器都不能敏感光的相位变化，必须采用干涉测量技术，才能实现对外界物理量的检测，光纤干涉仪的工作原理如图 12-9 所示。

光纤相位传感器要求有相应的干涉仪来完成相位检测过程。对于一个相位调制干涉型光纤传感器，敏感光纤和干涉仪缺一不可。敏感光纤完成相位调制任务，干涉仪完成相位-光强的转换任务。

在光波的干涉测量中，传播的光波可能是两束或多束相干光。例如，设有光振幅分别为 A_1 和 A_2 的两个相干光束。如果其中一束光的相位由于某种因素的影响受到调制，则在干涉域中产生干涉。干涉场中各点的光强可表示为

$$A^2 = A_1^{\ 2} + A_2^{\ 2} + 2A_1A_2\cos(\Delta\phi) \tag{12-3}$$

式中：$\Delta\phi$ 是相位调制引起的两相干光之间的相位差。如果检测出干涉光强的变化，则可确定两光束间相位的变化，从而得到待测物理量的大小。

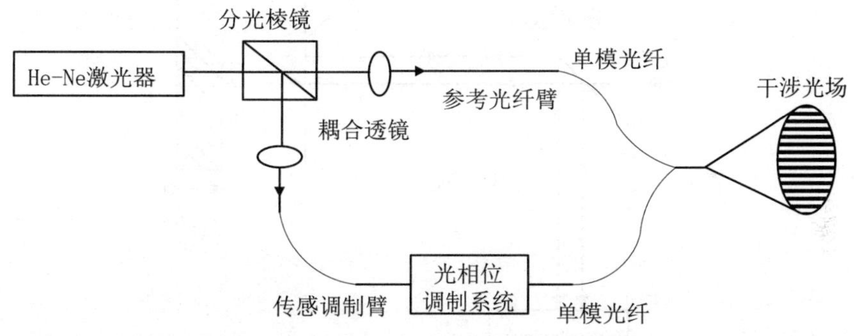

图 12-9　M-Z 光纤干涉仪原理图

作用于光纤上的压力、温度等因素，可以直接引起光纤中光波相位的变化，从而构成相位调制型的光纤声传感器、光纤压力传感器、光纤温度传感器以及光纤转动传感器。例如：利用粘接或涂覆在光纤上的磁致伸缩材料，可以构成光纤磁场传感器；利用涂覆在光纤上的金属薄膜，可以构成光纤电流传感器；利用固定在光纤上的电致伸缩材料，则可构成光纤电压传感器；利用固定在光纤上的质量块，则可构成光纤加速度计。另外，在光纤上镀以特殊的涂层，则可构成作为特定的化学反应或生物作用的光纤化学传感器或光纤生物传感器。例如，在单模光纤上镀以 10μm 厚的钯，就可

构成光纤氢气传感器。

（1）干涉式位移传感器。干涉式的位移传感器是一种双光路干涉仪，在输出端产生的光场强可简单地表示为：$I \propto (1+\cos 2\pi m)$。其中：$m$ 为干涉级数，$m=\Delta l/\lambda$。因此，当外界因素产生相对光程差 l 或相对光程延时，以及传播光频率或光波长发生变化时，都将引起两臂中的光相位或干涉条纹 m 的变化，即干涉条纹的移动对应于被测物理量的变化。

外施力可以直接导致传感臂光纤长度、直径以及折射率发生变化。为了改善光纤对压力的传感灵敏度，通常在包层外再涂覆一层特殊材料。传感臂上的涂覆材料具有增敏特性，而参考光纤涂覆材料对传感量具有去敏特性，这样可以有效提高检测信噪比。当光纤表面涂覆对其他物理量敏感的材料（如磁致伸缩材料、铝导电膜和压电材料等）时，就可以实现对其他物理量（如磁场、电流、电压等）的检测。

（2）光纤振动传感器。光纤振动传感器常用于现场监测，测量的频率范围为20~200Hz，测量的振幅为数微米到几十纳米。

图 12-10 为检测垂直振动分量的传感器原理。可以看出，要检测的振动分量引起反射点 P 运动，从而使两激光束之间产生相关的相位调制。激光束通过分束器、光纤入射到振动体上的一点，反射光作为信号光束，经过同一光学系统被引入到探测器。参考光束是从部分透射面 R 上反射产生的。在实际系统中，是用光纤输出端面作为 R 面。由图 12-10 可以看到信号光束只受到垂直振动分量的调制，由于振动体使反射点靠近或远离光纤，从而改变了信号光束的光路长度，相应改变了信号光束的光路长度，也改变了信号光和参考光的相对相位，产生了相位调制。

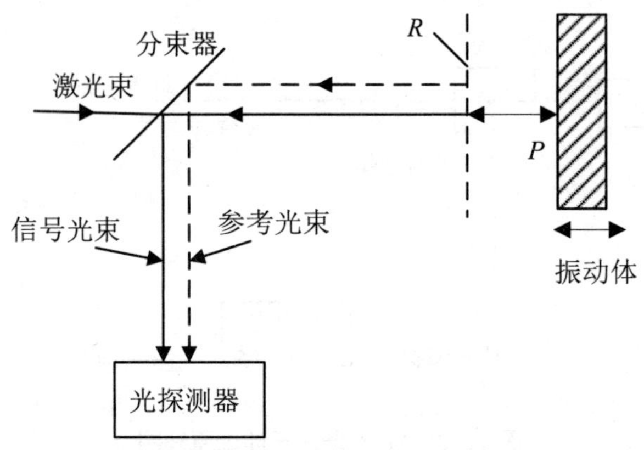

图 12-10　垂直振动分量传感器原理

（3）磁场传感器。光纤干涉仪利用磁致伸缩材料所产生的变形引起的相位变化，可以实现对磁场的测量，构成高灵敏度的光纤磁场传感器。以马赫-泽德尔干涉仪为例，在 MT 干涉仪中用被覆或粘合有磁致伸缩材料的光纤作为测量臂。在被测磁场作用下，被覆材料会产生磁致伸缩现象，相应地测量臂上的光纤会产生纵向应变、横向应变和体应变。其中纵向应变会引起光程的改变从而产生相移。通过鉴相技术，检测出相位的变化，即可获得被测磁场强度。

12.3.2 光纤温度传感器

大量的物理参数可以引起材料的折射率变化，温度和压力最为典型。光纤的纤芯材料和包层材料的折射率温度系数不同，在某一特定温度时，纤芯和包层的折射率相等，光纤就失去了光导的作用。利用这种原理可制成温度报警系统。由于光纤的传输特性是逐渐变化的，所以光导完全截止所处的温度可以是非常准确的。合理的选用纤芯和包层材料，可以设计成高温或低温的报警系统。利用这种原理制成的测温系统有液化天然气存储罐及环境防火报警系统等。

利用液体光纤方法也可以进行温度检测。这种检测装置是一种利用透明液体的折射率与温度有关的光纤传感器，其感温段是利用透明液体作为纤芯或包层的原理而制成的。

采用一段对温度敏感的液芯光纤，嵌入普通的多模光纤中并与其串接。光纤中的透明芯液折射率对温度很敏感，这种芯液和装它的毛细管构成了数值孔径随温度变化的液芯光纤。在某温度 T_1 时，液体和玻璃管具有相同的折射率，数值孔径为零。另一温度 T_2 时，液体的折射率较高，这时，液芯光芯就具有与普通光纤相同的数值孔径。在 T_1~T_2 的温度范围内，液芯光纤的数值孔径连续地从零变化到普通光纤的数值孔径。利用这种现象的温度传感效应，液芯光纤就可以作敏感元件。

此外，还有一种装置是一根有一段无包层的光纤，浸在透明的起包层作用的液体中组成，其液体的折射率随温度的变化而变化。当温度从 T_1' 变化到 T_2' 时，液体的折射率由等于纤芯的折射率变化到等于包层的折射率值。用温度相关液体作包层的这段光纤芯构成了光导，其数值孔径在 $T_1' \sim T_2'$ 的温度范围内从零变化到原来非液体外包层时光纤的最大值。

光纤辐射测温技术在检测和控制领域得到广泛的重视和应用，光导纤维温度传感器体积小、可弯曲，并具有很强的抗电磁干扰能力，因此可以用它作为辐射测温元件，用以解决特殊场合的测温问题。

温度为 T 的物体对外辐射的能量 E 可用普朗克定律描述，即

$$E(\lambda,T)=\varepsilon_{\mathrm{T}}C_1\lambda^{-5}\left(e^{\frac{C_2}{\lambda T}}-1\right)^{-1} \qquad (12\text{-}4)$$

式中：ε_{T} 为物体在温度 T 下的辐射率（也称“黑度系数”）；λ 为辐射波长；C_1 为第一辐射常数，$C_1=3.741\,832\times10^{-16}\,\mathrm{W\cdot m^2}$；$C_2$ 为第二辐射常数，$C_2=1.438\,786\times10^{-2}\,\mathrm{m\cdot K}$。

按上述公式，对已知发射率 ε_{T} 的物体，测量选定波长或波段的光谱辐射能量，即可确定它的表面温度。光纤单波长温度计由光路系统和电路系统两部分组成，其组成框图如图 12-11 所示。

被测辐射能量由探头中的物镜会聚，用滤色镜限制工作光谱范围后经传光束送到探测器，由探测器把光强信号变换成电信号，经过线性化、V/I 转换、A/D 转换，就能在数字表上读出温度，为保持仪器的测量精度和稳定性，将探测器、滤色镜和前置放大器置于恒温器中，以减少外界环境因素的影响。

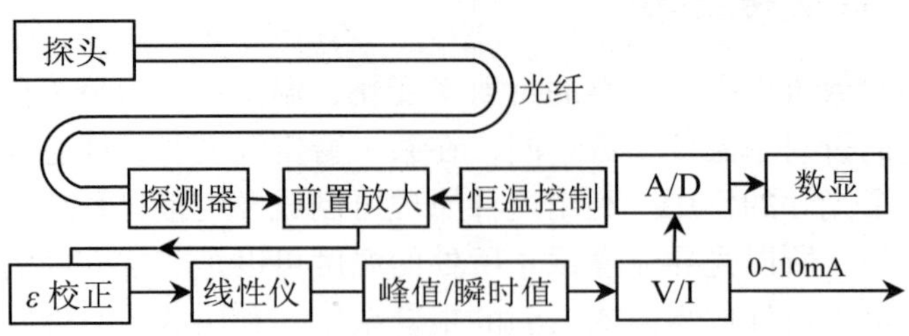

图 12-11　单波长光纤温度计组成框图

辐射温度计的主要优点是可进行非接触测量，可测运动物体的瞬间温度，响应速度快，没有一般温度计的热平衡时间，可用于高温检测。光纤辐射温度计在冶金、窑炉、高频淬火、涡轮发电机、电站、油库等方面获得广泛的应用。

12.3.3 光纤流量计

光纤式流量计、流速计等广泛应用于化学工业、机械工业、医疗领域，污染检测以及控制等方面。可以实现对易燃、易爆、空间狭窄和具有强腐蚀性的气体、液体流速进行检测，光纤流量计具有特殊的优越性。

流量、流速传感检测技术中常用的是光纤涡轮流量计、光纤多普勒流量计等。这种传感器大多采用光强反射和频率调制型原理。

（1）光纤涡轮流量计。工作原理：光纤涡轮流量计工作原理是涡轮叶片上贴一小块具有高反射率的薄片或镀有一层反射膜。探头内的光源通过光纤把光线照射到涡轮叶片上。每当反射片通过光纤入射口径时，光被反射回来，由另一光纤接收反射光信号并使其照射到光电元件上，变为电脉冲，然后送到频率变换器和计数器，便可知道涡轮叶片的转数和转速，从而测出流体的流速和流量。

（2）光纤激光多普勒流量计。当光源与探测器处于相对运动状态时，探测器所接收到的光波频率与静止状态相比将会发生改变，即出现频移；当光源与探测器处于相对静止时，探测器接收到的是经相对于光源或探测器运动的物体反射或散射回来的光波，则同样会出现光波频移，这种现象称为光学多普勒效应。

当光源相对于探测器运动时，如图 12-12（a）所示，v 为光源相对于探测器的运动速度，探测器接收到的光波频率为

$$f = f_0\left(1+\frac{v}{c}\cos\theta\right) \tag{12-5}$$

式中：f_0 为光源相对于静止观察者所辐射的光频率；v 为光源相对于探测器的运动速度大小；θ 为光源的运动方向与光波辐射方向的夹角；c 为光速。

频移量为

$$\Delta f = f - f_0 = f_0\frac{v}{c}\cos\theta \tag{12-6}$$

当 $\theta<\pi/2$ 时，光源与探测器之间相互靠近，$\Delta f>0$，即频移量为正；当 $\theta>\pi/2$

时，光源与探测器之间相互远离，$\Delta f < 0$，即频移量为负。

当光源与探测器处于相对静止时，而相对于光源（或探测器）运动的物体将光波散射（或反射）到探测器，如图 12-12（b）所示。

这时可以分两步来考虑，首先考虑光源和散射体，由于它们的相对运动，散射体感受的光波频率为

$$f_1 = f_0\left(1+\frac{v}{c}\cos\theta_1\right) \tag{12-7}$$

而当散射体将频率为 f_1 的光波散射向探测器时，散射体成为光源，这时探测器接收到的光波频率为

$$f_2 = f_1\left(1+\frac{v}{c}\cos\theta_2\right) \tag{12-8}$$

根据式（12-7）和式（12-8），可得

$$f_2 = f_0\left(1+\frac{v}{c}\cos\theta_1\right)\left(1+\frac{v}{c}\cos\theta_2\right) \tag{12-9}$$

忽略 $(v/c)^2$ 项，则有

$$f_2 \approx f_0\left(1+\frac{v}{c}\cos\theta_1+\frac{v}{c}\cos\theta_2\right) \tag{12-10}$$

因此探测器接收的光波频移为

$$\Delta f \approx f_2 - f_0 = f_0\frac{v}{c}\left(\cos\theta_1+\cos\theta_2\right) \tag{12-11}$$

式中：θ_1 为散射体运动速度方向与入射光方向间夹角；θ_2 为散射体运动速度方向与散射光方向间夹角。

从式（12-6）和式（12-11）可以看出，光源或散射体的运动速度与多普勒频移量 Δf 之间成线性关系，测量出 Δf 值即可得到光源或散射体运动速度。在实际测量装置中，通常采用图 12-12（b）的配置结构，即光源和探测器均固定不动，而散射体就是需要测量其运动速度的物体，在测量流体流速时，散射体即为流体中天然或人为加入的微小颗粒，颗粒的运动速度即为流体流速。

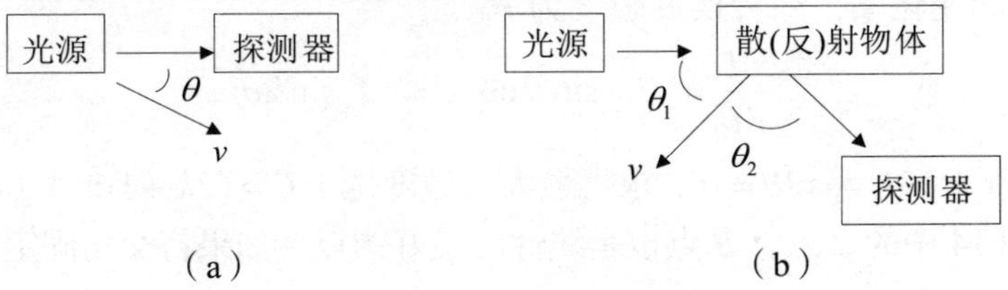

图 12-12　光学多普勒效应

（a）光源运动；（b）物体运动

12.3.4 光纤磁场传感器

磁光（法拉第）效应：置于磁场中的物体，受磁场作用后其光学特性发生变化的现象称为磁光效应。磁光效应的典型例子就是法拉第效应，它说明当平面偏振光通过带磁性的物体时，其偏振光面将发生偏转的一种物理现象。其偏转程度可由下式表示为

$$\theta = \mathrm{V}HL \tag{12-12}$$

式中：θ 为法拉第偏转角；L 为带磁物体长度；H 为外加磁场；V 为费尔德常数，它与磁光材料种类、入射光波长、环境温度有关。

法拉第效应就是当一束线偏振光通过位于磁场中的介质时，其偏振面发生旋转的现象，如图 12-13 所示。法拉第效应揭示了磁与光之间的联系，如果 θ 能够被检测出，则可测得磁场强度。

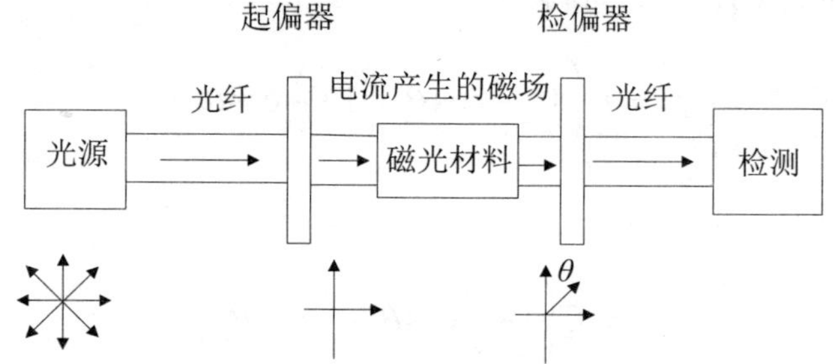

图 12-13 法拉第效应测磁场原理

根据光学上的马吕斯定律，起偏器的射入光强 I_o 与检偏器的射出光强 I 之间有如下关系：

$$I = I_o \cos^2 \theta \tag{12-13}$$

I 与 θ 之间的对应关系曲线如图 12-14 所示，由于 θ 角不能直接精确检出，而是通过光强的变化来反映，所以当根据式（12-13）进行 θ-I 转换时，要考虑到起偏器和检偏器的透光轴相交成多少角度，即 θ 的偏置位置为多少，才能得到最大的转换灵敏度和最佳线性度。

光强对 θ 的变化率，即转换灵敏度为

$$\frac{\mathrm{d}I}{\mathrm{d}\theta} = -2I_o \sin\theta\cos\theta = -I_o \sin 2\theta \tag{12-14}$$

令 $(\mathrm{d}I / \mathrm{d}\theta)' = -2I_o \cos 2\theta = 0$，求得最大灵敏度位于 $\theta = (2k+1)\pi/4$（k 为整数）的那些点，如图 12-14 中的 B 点，B 点也是线性度最好的点。如果将交角固定在 45°，则有

$$I = I_o \cos^2(45° + \theta) = \frac{1}{2} I_o (1 - \sin 2\theta) \tag{12-15}$$

光纤法拉第传感器其磁场敏感元件不是利用光纤自身，而是用其他材料制成的，如利用玻璃制成的法拉第盒作为敏感元件。光纤法拉第传感器灵敏度高、稳定性好，可以有效地应用于实际高压电力系统中。

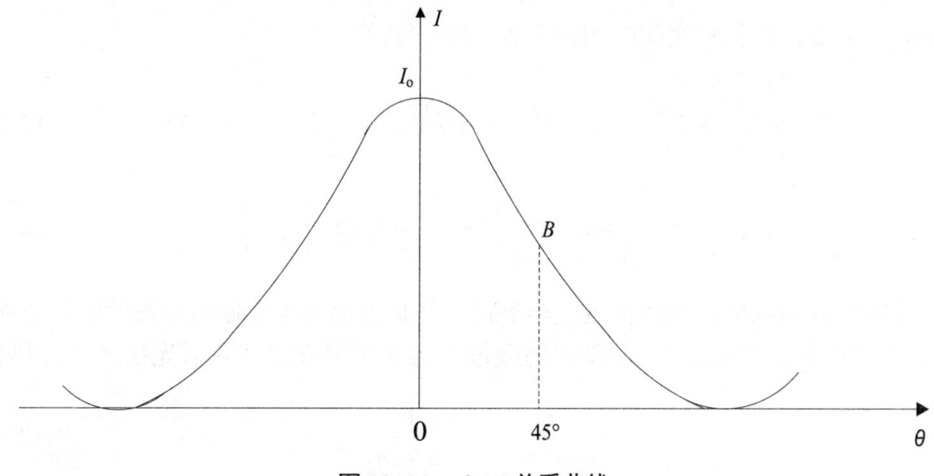

图 12-14　$\theta-I$ 关系曲线

12.3.5 光纤电压传感器

电光强度调制有两种结构，即纵向电光调制与横向电光调制。纵向电光调制结构中，外加电场与光传播方向一致；而在横向电光调制结构中，外加电场与光传播方向垂直。

图 12-15 为 KDP 晶体纵向电光强度调制的典型结构。单轴电光晶体（KDP）置于两块成正交的偏振片之间，偏振片的偏振方向分别与 x、y 轴平行。在电光晶体上沿 z 轴方向施加电压 V，由电光效应产生的感应双折射轴 x', y' 分别与 x, y 轴成 45° 角。x' 轴称为快轴，y' 轴称为慢轴。入射到晶体的在 x 方向上的线偏振光电矢量振幅为 E，进入晶体后，则被分解为沿 x' 和 y' 方向的两个分量，其电矢量振幅都变为 $E/\sqrt{2}$，且相位相等。通过长度为 L 的晶体后，沿 x' 和 y' 方向振动的二线偏振光之间产生的相位差为

$$\delta=\frac{2\pi}{\lambda}n_0^3\gamma_{63}V \tag{12-16}$$

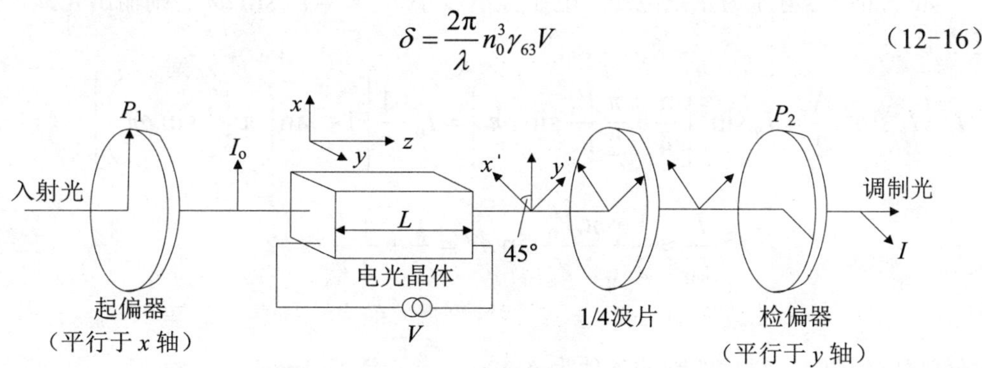

图 12-15　纵向电光强度调制

式中，n_0为晶体在未加电场之前的折射率；γ_{63}为单轴晶体的线性电光系数。

通过与 y 轴平行的偏振片检偏后产生的光振幅分别为$E_{x'y}$，$E_{y'y}$，则有

$E_{x'y}=E_{y'y}=E/2$，其相互之间的相位差为$\delta+\pi$，则有

$$E'^2=E_{x'y}^2+E_{y'y}^2+2E_{x'y}E_{y'y}\cos(\delta+\pi)=\frac{1}{2}E^2(1-\cos\delta) \quad (12\text{-}17)$$

$$I=E'^2\sin^2\frac{\delta}{2}=I_0\sin^2\frac{\pi n_0{}^3\gamma_{63}V}{\lambda}=I_0\sin^2\left(\frac{\pi}{2}\times\frac{V}{V_\pi}\right) \quad (12\text{-}18)$$

可见输出光强随外加电压而变，如果把信号加在晶体上，输出光强就随信号而变，此时光信号就被电压所调制。调制器的透过率T为出射光强与入射光强之比，则有

$$T=\frac{I}{I_0}=\sin^2\left(\frac{\pi}{2}\frac{V}{V_\pi}\right) \quad (12\text{-}19)$$

由式 12-19 可知，光强透过率与外加电压 V 的关系是非线性的。如果调制器工作在非线性区域，则调制光信号将发生畸变。

为了获得线性调制，就必须改变调制器的工作点，使其工作在线性区。电光强度调制曲线如图 12-16 所示。由图容易得到，可以引入$\pi/2$的相移，使调制器的电压偏置在$T=50\%$的工作点上。改变调制器工作点的方法有两种：①在调制器上施加额外的$V_{\lambda/4}$偏压；②在调制器的光路上插入一个 1/4 波片，其快慢轴与晶体主轴x成 45°角，使得x',y'方向的分量产生$\pi/2$的固定相位差。

因而$E_{x'y}$，$E_{y'y}$相互之间的相位差为$\delta+\pi+\frac{\pi}{4}$，则有

$$E'^2=\frac{1}{2}E^2\left[1-\cos\left(\delta+\frac{\pi}{4}\right)\right] \quad (12\text{-}20)$$

如外加信号电压为正弦电压（电压幅值较小），$V=V_0\sin\omega t$，则输出光强近似为正弦形：

$$I=I_0\sin^2\frac{\Delta}{2}=I_0\sin^2\left[\frac{\pi}{4}+\frac{\pi}{2}\frac{V_0}{V_\pi}\sin\omega t\right]=I_0\cdot\frac{1}{2}\left[1+\sin\left(\pi\frac{V_0}{V_\pi}\sin\omega t\right)\right] \quad (12\text{-}21)$$

$$\frac{I}{I_0}\approx\frac{1}{2}+\frac{\pi}{2}\frac{V_0}{V_\pi}\sin\omega t=\frac{1}{2}+\frac{\pi}{2}\frac{V}{V_\pi} \quad (12\text{-}22)$$

显然为线性调制，线性调制的条件为$\Delta\varphi_{\max}=\pi\frac{V_{\max}}{V_\pi}\leqslant 1rad$。

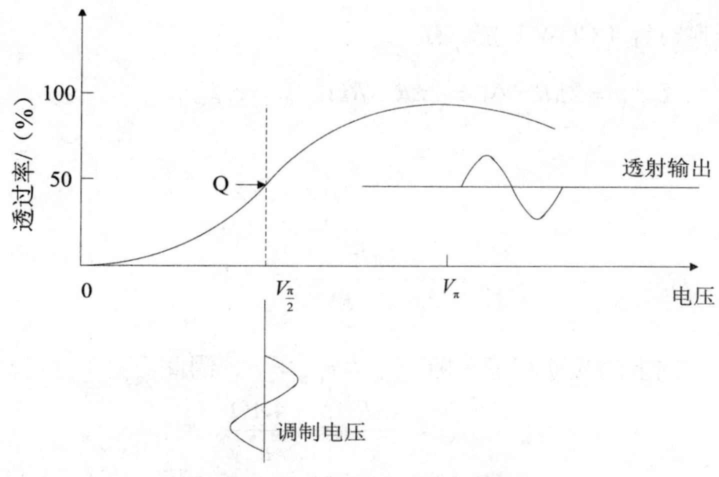

图 12-16　电光强度调制特性

12.3.6 光纤转速传感器

精确测量转动状态在许多领域内都是非常重要的。例如在飞机、导弹、空间飞行器、轮船的惯性导航系统中，一个非常重要的部件就是转动传感器。在不同应用中，对转动量测量精度的要求是不同的，例如，飞机导航的精度要求为 0.01~0.001°/h，这相当于地球自转角速度（$15°/h \approx 7.3 \times 10^{-5}$rad/s）的千分之一；在大地测量中要求精确确定地球的经度和维度，需要更高的精度（7.5×10^{-11}rad/s）。早期采用的转动传感器是机械的惯性陀螺。激光问世后开始利用萨格奈克（Sagnac）效应研制激光陀螺，经过 20 多年的努力，激光陀螺已经达到了惯性陀螺的性能指标要求，并在飞机、导弹等导航系统中采用。激光陀螺的主要问题是在低速测量时会出现频率锁定现象，失去灵敏度。为此，要采用机械颤抖等复杂技术来加以克服，这不仅增加了质量，而且增加了成本，使可靠性下降。20 世纪 70 年代低损耗单模光纤的出现，使得光纤陀螺的研究受到极大的关注。这是因为基于萨格奈克效应工作的光纤陀螺没有锁定现象，而且增加光纤环路长度可极大地提高测量灵敏度，体积小，质量轻，安全可靠，成本低廉。

萨格奈克效应可以用图 12-17 所示的半径为 R 的圆环光路来说明：两束光从圆环光路上某一位置“1”向相反的两个方向同时发出，分别以光速 c 传播。若环路静止，则两束光经过一周距离 $2\pi R$ 后，同时回到位置“1”，两束光之间没有相位差；若圆环以角速度 Ω 顺时针（CW）转动，光从“1”出发顺时针传播回到原处所需的时间为 t_{CW}，由于环路旋转，在 t_{CW} 时间内，转过角度为 Ωt_{CW}（即“1”移动到“1'”），所以对 CW 光束来说，光传播圆环一周走过的光程 L_{CW} 实际变为

$$L_{\mathrm{CW}} = 2\pi R + \Delta L = 2\pi R + R\Omega t_{\mathrm{CW}} = c_{\mathrm{CW}} t_{\mathrm{CW}} \quad (12\text{-}23)$$

所以

$$t_{\mathrm{CW}} = \frac{2\pi R}{c_{\mathrm{CW}} - R\Omega} \quad (12\text{-}24)$$

同理，对于逆时针（CCW）光，有

$$L_{\mathrm{CCW}} = 2\pi R - \Delta L = 2\pi R - R\Omega t_{\mathrm{CCW}} = c_{\mathrm{CCW}} t_{\mathrm{CCW}} \tag{12-25}$$

所以

$$t_{\mathrm{CCW}} = \frac{2\pi R}{c_{\mathrm{CCW}} + R\Omega} \tag{12-26}$$

因为真空中两个方向上的光速相等，即 $c_{\mathrm{CCW}} = c_{\mathrm{CW}} = c$，因此

$$\Delta t = t_{\mathrm{CW}} - t_{\mathrm{CCW}} \approx \frac{4\pi R^2 \Omega}{c^2} = \frac{4A\Omega}{c^2} \tag{12-27}$$

式中：A 为光回路面积。相应的相移为

$$\Delta\phi = \frac{8\pi A\Omega}{c\lambda} \tag{12-28}$$

式中：λ 为真空中光波长。

光沿着圆周在两个相反方向上传播所形成的光程差 ΔL 可以用下式表示：

$$\Delta L = 4A\Omega/c \tag{12-29}$$

式中：A 为光回路面积；c 为光在真空中的传播速度。

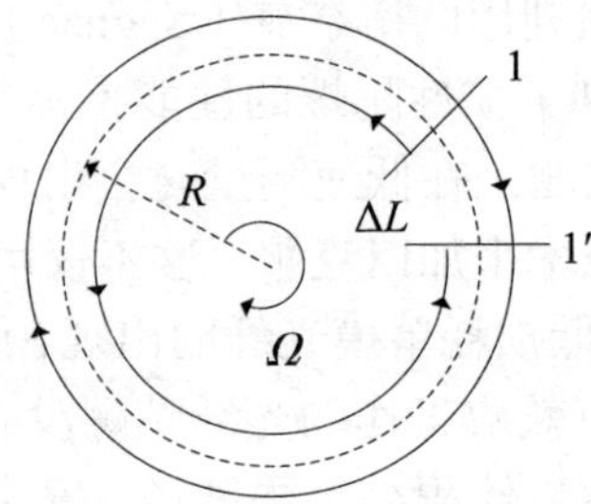

图 12-17　萨格奈克效应原理

在介质环路时，考虑到介质中光速的相对论增量，同样有上述结果。这表明萨格奈克相移与介质特性无关，介质中萨格奈克相移和光程差与真空中相同。如果光回路由 N 匝光纤绕成，则

$$\Delta\phi = \frac{8\pi AN\Omega}{c\lambda} \tag{12-30}$$

$$\Delta t = \frac{4AN\Omega}{c^2} \tag{12-31}$$

若光纤总长度为 l，光纤圆圈直径为 D，则式（12-30）可改写为

$$\Delta\phi = \frac{2\pi l D\Omega}{c\lambda} \tag{12-32}$$

式（12-32）表明，在一定Ω下，萨格奈克相移只与闭合回路的长度及其半径有关，因此，为了响应低速，希望有大的l及D。用增加匝数 N 的方法可以有效提高灵敏度，这也使做成体积很小的高灵敏度传感器成为可能。

最简单的光纤陀螺原理如图 12-18 所示。激光通过 50%分束器分成两束，耦合进光纤回路的两端，经过光纤线圈后，由分束器重新组合，一组射向激光器 L，一组射向探测器 D。两束光会合后发生干涉，产生干涉条纹。当陀螺静止时，干涉条纹不动；当陀螺转动时，由于萨格奈克效应，产生相差，干涉条纹移动，$\Delta\phi$通常很小，例如，当光回路面积为 110cm^2、圈数为 100、λ=0.63 μm、转速为 1rad/s 时，$\Delta\phi=1.3$rad 。

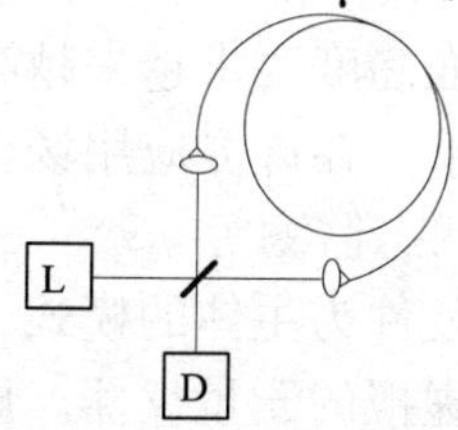

图 12-18　光纤陀螺原理

为了获得高灵敏特性，对于光路轨道形状一定（D=常值）的情况下，可以通过适当地增加光纤圈数，即增加l值来提高相位与角速度的比值$\Delta\phi/\Omega$，但不能无限增加光纤长度。因为光纤具有一定损耗，同时还受到陀螺几何尺寸的限制，所以通常取光纤长为数千米为宜，并且应视具体情况而定。为了光纤陀螺具有高灵敏度特性，必须保证系统光路具有理想的互易特性，即当陀螺处于静止状态时，沿光路互为反向的二路光束间不存在任何形式的相位差。

由干涉原理知，干涉仪所探测到的光的功率为

$$P_{\mathrm{D}}=\frac{1}{2}P_0(1+\cos\Delta\phi) \tag{12-33}$$

式中：P_0为输入的光功率；$\Delta\phi$为按式（12-32）得到的非互易性引起的相移。从式中可见，对于慢转动$\Delta\phi$很小，检测灵敏度很低。为此，必须对检测信号加一个相位偏置。一种最简单的方法是在光纤陀螺中加一个$\pi/2$非互易相位偏置，以使它工作在最大斜率点上，这种方法可以提高对$\Delta\phi$变化的光强变化输出，其缺点是要求偏置相位十分稳定，而且要求对激光器发光强度的波动进行补偿。

思考题与习题

1．什么是多普勒效应？请说明光纤激光多普勒流量计检测流体流速的工作原理。
2．什么是磁光效应？请说明光纤磁场（电流）传感器的工作原理。
3．什么是萨格奈克效应？请说明光纤转速传感器的工作原理。
4．什么是阶跃光纤？什么是渐变光纤？
5．什么是功能型光纤传感器？什么是非功能型光纤传感器？
6．说明光纤由哪几部分组成，并分析其导光原理。

第13章　软测量技术

13.1　基本原理

目前仍存在不少无法或难以直接用检测仪表进行有效测量的重要过程参数。同时，随着现代工业的发展，仪表测量准确度要求越来越高，传统单一参数的静态或稳态集总式测量已不能满足工业应用要求。在许多应用场合，还需要综合运用所获得的各种测量信息才能实现有效的控制或状态监测等。

虚拟仪器突破了传统仪器以硬件为主体的模式，使用者操作具有测试软件的电子计算机进行测量，犹如操作一台虚拟的测量仪器。虚拟仪器是计算机技术与仪器技术深层次结合产生的仪器仪表全新概念。它通过计算机硬件资源、仪器仪表测控硬件与数据分析、过程通信及图形用户界面的软件之间的有效结合，实现仪器功能，是一种功能意义上的而非物理意义上的仪器仪表概念。

软测量、软传感器、软仪表等概念与虚拟仪器仪表一样：其共同特点都是用计算机软件来取代传统仪器中硬件功能。软测量方法与软传感器技术本质上是一致的，即在测量中不存在直接的物理传感器或仪器实体，而是利用其他由物理传感器实体得到的信息，通过数学模型计算手段得到所需检测信息的一种功能实体。

一般解决工业过程的测量要求的途径有两条：一是沿用传统的检测技术发展思路，通过研制新型的测量仪表以硬件形式实现参数的直接在线测量；二是采用间接测量的思路，利用易于获取的其他测量信息通过计算来实现被测量的估计（例如工程上采用孔板流量计、温度和压力等易于获取的测量信息，依据合适的流量测量模型来实现目前难以直接获取的蒸汽质量流量的测量）。

软测量技术的理论根源是20世纪70年代Brosillow提出的推断控制。推断控制的基本思想是利用过程中比较容易测量的辅助变量，通过构造推断估计器来估计主导变量并克服扰动和测量噪声对过程主导变量的影响。估计器的设计是根据某种最优准则，选择一组既与主导变量有密切关系，又容易测量的辅助变量，通过构造某种数学关系，实现对主导变量的在线估计，软测量技术体现了估计器的特点。

软测量技术也称为软仪表技术，其检测原理为：利用易测的变量（常称为辅助变量或二次变量），依据这些易测变量与难以直接测量的待测变量（常称为主导变量）之间的数学关系（软测量模型），通过各种数学计算和估计方法，利用计算机软件实现对待测变量的测量。

相对于传统的检测技术发展思路，软测量技术构成的软仪表是以目前可有效获取的测量信息为基础的，其核心是以实现参数测量为目的的各种计算机软件，可方便地根据被测对象特性的变化进行修正和改进，因此软仪表易于实现，且在通用性、灵活性和成本等方面具有优势。由于软仪表可以像常规检测仪表一样提供过程信息并具有自身的优势，所以自 20 世纪 80 年代软测量技术被提出以来，已在许多实际工业装置上得到了成功的应用。软测量概念首先产生于工业过程的实际需要，是目前过程控制行业中令人瞩目的技术，无论工业过程的控制、优化还是检测，都离不开对过程主导变量的检测。软测量技术根据间接测量的思路，利用易于获取的其他测量信息，通过计算来实现对被测变量的估计。该技术不仅应用于系统控制变量或扰动不可测的场合，以实现过程的复杂控制，而且已渗透到需要实现难测参数在线测量的各个工业领域。软测量技术已成为目前检测领域和控制领域的研究热点。

软测量技术对于难以测量或暂时不能用单独仪表进行测量的被测变量，选择另外一种或几种容易测量的变量，构造这些辅助变量与主导变量之间的某种数学关系，使用数学处理方法代替单独的仪表，通过各种数学计算和估计方法，实现对待测过程变量的测量，图 13-1 为软测量系统组成的基本框架结构。

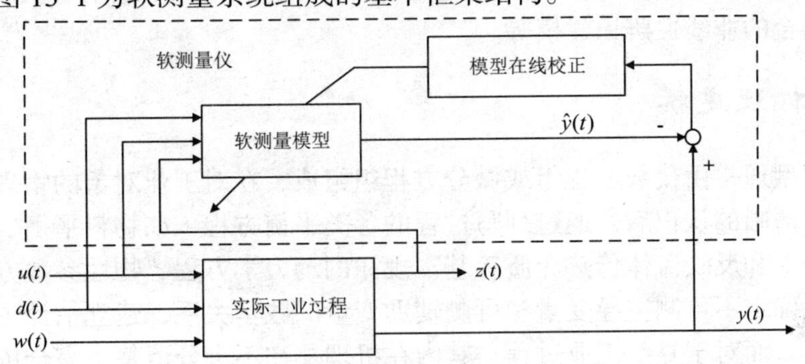

图 13-1　软测量仪基本结构原理

实际工业对象的输入变量通常分为 3 类：可测可操作的控制向量 $u(t)$、可测不可控的扰动向量 $d(t)$ 与不可测不可控的扰动向量 $w(t)$；输出变量包括：待估计的系统输出向量 $y(t)$ 与可测的辅助输出向量 $z(t)$。软测量的任务是依据各种可以测量得到的信息 $u(t)$、$z(t)$ 和 $d(t)$，去推断估计不能（或不易）直接测量的关键系统输出量 $y(t)$。尽管近年来研究人员提出了基于对象动态数学模型对系统输出 $y(t)$ 进行估计的方法，但因实际过程的复杂性与强非线性，要建立对象的动态数学模型非常困难。因而，在现有的软策略系统中，绝大多数采用稳态数学模型，即软测量仪表输出可表示为

$$\hat{y}(t)=f(z(t),u(t),d(t),\theta) \tag{13-1}$$

式中：$\hat{y}(t)$ 为系统输出 $y(t)$ 的软测量估计值；θ 为模型参数。

软测量技术概括起来主要包括以下 3 部分内容：

（1）根据某种最优化原则研究建立软测量数学模型的方法，这是软测量技术的核心；

（2）模型实时运算的工程实施技术，这是软测量技术的关键，包括辅助变量的选择、现场数据的采集和处理、软测量模型结构的选择、模型参数的估计、软测量模型的现场实施技术等；

（3）模型自校正技术，这是因为即使初始建立的软测量模型很精确，但由于过程

工况与原料性质等因素的不确定性变化，必须引入模型的在线更新校正功能（也称软测量模型的自学习），这是提高软测量准确度的有效方法，主要包括在线自校正和模型的离线更新技术等。

13.2 软测量系统建模方法

从软测量仪表结构可以看出，软测量技术的核心是建立对象的软测量数学模型，数学模型的好坏，将直接关系到软测量仪表的计算结果。软测量技术按其建模方法可分为机理建模和非机理建模即基于过程数据建模。建模方法包括机理建模、回归分析、状态估计、模式识别、人工神经网络、模糊数学、相关分析以及采用模糊逻辑与神经网络二者结合的非线性辨识建模等。

13.2.1 机理建模

机理模型通常由代数方程组或微分方程组组成，在对工业对象的物理、化学过程获得了全面清晰的认识后，通过列写过程的各类平衡方程（如物料平衡、能量平衡、动量平衡等）和反映流体传热介质等基本规律的动力学方程、物性参数方程和设备特性方程等，确定不可测主导变量和可测辅助变量的数学关系，建立估计主导变量的精确数学模型。而对于复杂工业过程，其内在机理往往不十分清楚，完全依赖机理分析建模比较困难，通常要用其他建模方法，结合机理知识构造软仪表。单纯的机理建模应用很少。

13.2.2 回归分析

回归分析是一种经典的建模方法，不需要建立复杂的数学模型，只要在收集到的大量易测变量数据的基础上，运用统计方法将这些数据中隐含的对象信息浓缩和提取，从而建立主导变量和辅助变量之间的数学模型。根据采用的数学方法不同，可以将回归分析方法分为线性回归和非线性回归。线性回归方法的实质是将对象进行了线性化处理，算式简单、物理意义明确，当然对测量误差比较敏感。当对象的非线性特性比较显著或操作点变动范围较大时，此时用线性回归方法建立的模型精度就会明显下降，应考虑选用非线性回归方法。

回归分析研究的主要对象是客观事物变量间的关系，它是建立在对客观事物进行大量实验和观察的基础上，用来寻找隐藏在那些看上去是不确定的现象中的统计规律性的统计方法。回归分析方法是通过建立统计模型研究变量间相互关系的密切程度、结构状态、模型预测的一种有力的工具。

回归分析就是建立一个数学方程来反映变量之间具体的相互依存关系，并最终通过给定的自变量数值来估计或预测因变量可能的数值。该数学方程称为回归模型。回归分析的主要内容和步骤如下，首先通过对问题的分析判断，将变量分为自变量和因变量，一般情况下，自变量表示原因，因变量表示结果；其次，设法找出合适的数学方程式（即回归模型）描述变量间的关系；接着要估计模型的参数，得出样本回归方程。由于涉及的变量具有不确定性，之后还要对回归模型进行统计检验，当检验通过后，就可以应用回归模型预测和控制了。

回归方程获得后，一般需要对回归方程和回归系数进行显著性检验以评价回归方程线性拟合的品质和自变量对因变量的影响。常用的显著性检验的方法有相关系数法、F 检验法和 t 检验法等。由于在多元回归分析中，自变量的恰当选择是确保获得有效回归方程的关键。自变量选择得不好，不但影响回归函数的质量，也常常抵消具有显著作用的自变量在回归分析中的作用，因此剔除回归分析中作用不显著的自变量具有非常重要的意义。

回归分析是一种基于最小二乘原理的数据处理方法，最小二乘估计是一种经典的估计方法，最早的应用可以追朔到 18 世纪，大约在 1795 年，由高斯在他著名的星体运动轨道预报研究工作中提出。最小二乘估计的基本原理是让实际观测值与基于估计模型的预测值之间的偏差的二次方和最小，由此得名“最小二乘”。

1．最小二乘法参数估计

设系统的差分方程为：

$$A(z^{-1})y(k)=B(z^{-1})u(k)+\xi(k) \tag{13-2}$$

$A(z^{-1})$和 $B(z^{-1})$如下式所示

$$\begin{cases} A(z^{-1})=1+a_1z^{-1}+a_2z^{-2}+\cdots+a_{n_a}z^{-n_a} \\ B(z^{-1})=b_1z^{-1}+b_2z^{-2}+\cdots+b_{n_b}z^{-n_b} \end{cases} \tag{13-3}$$

式中，$y(k)$ 和 $u(k)$ 是过程的输入输出量；$\xi(k)$ 是白噪声信号；所要解决的问题是如何利用过程的输入-输出数据，确定多项式 $A(z^{-1})$ 和 $B(z^{-1})$ 的系数。

将差分方程写成最小二乘格式：

$$y(k)=\psi^{\mathrm{T}}(k)\theta+\xi(k) \tag{13-4}$$

式中

$$\begin{cases} \psi^{\mathrm{T}}(k)=[-y(k-1),\cdots,-y(k-n_a),u(k-1),\cdots,u(k-n_b)] \\ \theta=[a_1,a_2,\cdots,a_{n_a},b_1,b_2,\cdots,b_{n_b}]^{\mathrm{T}} \end{cases}$$

取

$$Y=\begin{bmatrix} y(1) \\ y(2) \\ \vdots \\ y(N) \end{bmatrix},\quad \xi=\begin{bmatrix} \xi(1) \\ \xi(2) \\ \vdots \\ \xi(N) \end{bmatrix}$$

$$\boldsymbol{\Phi}=\begin{bmatrix}\boldsymbol{\psi}_1^T\\ \boldsymbol{\psi}_2^T\\ \vdots\\ \boldsymbol{\psi}_N^T\end{bmatrix}=\begin{bmatrix}-y(0) & \cdots & -y(1-n_a) & u(0) & \cdots & u(1-n_b)\\ -y(1) & \cdots & -y(2-n_a) & u(1) & \cdots & u(2-n_b)\\ & \vdots & & & & \\ -y(N-1) & \cdots & -y(N-n_a) & u(N-1) & \cdots & u(N-n_b)\end{bmatrix}$$

则有

$$Y=\boldsymbol{\Phi}\boldsymbol{\theta}+\xi \tag{13-5}$$

系统的最小二乘辨识结果为

$$\hat{\boldsymbol{\theta}}=(\boldsymbol{\Phi}^{\mathrm{T}}\boldsymbol{\Phi})^{-1}\boldsymbol{\Phi}^{\mathrm{T}}Y \tag{13-6}$$

在最小二乘法中，矩阵 $\boldsymbol{\Phi}^{\mathrm{T}}\boldsymbol{\Phi}$ 的阶数越大，所包含的信息量就越多，系统参数估计的精度就越高。为了获得满意的辨识结果，矩阵 $\boldsymbol{\Phi}^{\mathrm{T}}\boldsymbol{\Phi}$ 的阶数常常取得相当大。这样，在用式（13-6）计算系统参数的估计值 $\hat{\theta}$ 时，矩阵求逆的计算量很大，对计算机造成一定的负担。较为实用的方法是最小二乘递推算法，即把参数估计化成递推计算的形式，这样便于实现在线辨识。

2．最小二乘递推算法

最小二乘递推算法不需要对矩阵求逆，在不降低辨识精度的前提下，可以使辨识速度有较大提高。最小二乘递推算法主要用于在线辨识以实现实时控制。

递推算法的基本思想可以表示成：当前参数估计值 $\hat{\theta}(k)$ =上一时刻估计值 $\hat{\theta}(k-1)$+修正项，当前参数估计值是在上一时刻估计值的基础上修正而得来的。最小二乘法的递推算法与一次完成算法相比，可以减少计算量和存储量，能够实现在线辨识。

设已获得的观测数据长度为 N，即 $Y_{\mathrm{N}}=\boldsymbol{\Phi}_{\mathrm{N}}\boldsymbol{\theta}+\xi_{\mathrm{N}}$，用 $\hat{\boldsymbol{\theta}}_{\mathrm{N}}$ 表示 $\boldsymbol{\theta}$ 的最小二乘估计，则 $\hat{\boldsymbol{\theta}}_{\mathrm{N}}=(\boldsymbol{\Phi}_{\mathrm{N}}^{\mathrm{T}}\boldsymbol{\Phi}_{\mathrm{N}})^{-1}\boldsymbol{\Phi}_{\mathrm{N}}^{\mathrm{T}}Y_{\mathrm{N}}$。令 $P_{\mathrm{N}}=(\boldsymbol{\Phi}_{\mathrm{N}}^{\mathrm{T}}\boldsymbol{\Phi}_{\mathrm{N}})^{-1}$，

则

$$\hat{\boldsymbol{\theta}}_{\mathrm{N}}=P_{\mathrm{N}}\boldsymbol{\Phi}_{\mathrm{N}}^{\mathrm{T}}Y_{\mathrm{N}} \tag{13-7}$$

如果再获得 1 组新的观测值 $u(N+1)$ 和 $y(N+1)$，则又增加 1 个方程

$$y_{\mathrm{N+1}}=\boldsymbol{\psi}_{\mathrm{N+1}}^{\mathrm{T}}\boldsymbol{\theta}+\xi_{\mathrm{N+1}} \tag{13-8}$$

式中

$$y_{\mathrm{N+1}}=y(N+1),\ \xi_{\mathrm{N+1}}=\xi(N+1)$$

$$\boldsymbol{\psi}_{\mathrm{N+1}}^{\mathrm{T}}=[-y(N)\cdots-y(N-n_a+1)\quad u(N)\cdots u(N-n_b+1)]$$

将 Y_{N} 与 $y_{\mathrm{N+1}}$ 的表达式合并，并写成分块矩阵形式，可得

$$\begin{bmatrix} Y_N \\ \cdots\cdots \\ y_{N+1} \end{bmatrix} = \begin{bmatrix} \Phi_N \\ \cdots\cdots \\ \psi_{N+1}^T \end{bmatrix} \theta + \begin{bmatrix} \xi_N \\ \cdots\cdots \\ \xi_{N+1} \end{bmatrix} \tag{13-9}$$

根据上式可得到新的参数估计值

$$\hat{\theta}_{N+1} = \left\{ \begin{bmatrix} \Phi_N \\ \cdots\cdots \\ \psi_{N+1}^T \end{bmatrix}^T \begin{bmatrix} \Phi_N \\ \cdots\cdots \\ \psi_{N+1}^T \end{bmatrix} \right\}^{-1} \begin{bmatrix} \Phi_N \\ \cdots\cdots \\ \psi_{N+1}^T \end{bmatrix}^T \begin{bmatrix} Y_N \\ \cdots\cdots \\ y_{N+1} \end{bmatrix} =$$

$$P_{N+1} \begin{bmatrix} \Phi_N \\ \cdots\cdots \\ \psi_{N+1}^T \end{bmatrix}^T \begin{bmatrix} Y_N \\ \cdots\cdots \\ y_{N+1} \end{bmatrix} = P_{N+1}(\Phi_N^T Y_N + \psi_{N+1} y_{N+1}) \tag{13-10}$$

式中

$$P_{N+1} = \left\{ \begin{bmatrix} \Phi_N \\ \cdots\cdots \\ \psi_{N+1}^T \end{bmatrix}^T \begin{bmatrix} \Phi_N \\ \cdots\cdots \\ \psi_{N+1}^T \end{bmatrix} \right\}^{-1} = (\Phi_N^T \Phi_N + \psi_{N+1} \psi_{N+1}^T)^{-1}$$

$$= (P_N^{-1} + \psi_{N+1} \psi_{N+1}^T)^{-1}$$

矩阵求逆引理 设 A 为 $n \times n$ 矩阵，B 和 C 为 $n \times m$ 矩阵，并且 A，$A + BC^T$ 和 $I + C^T A^{-1} B$ 都是非奇异矩阵，则有矩阵恒等式

$$(A + BC^T)^{-1} = A^{-1} - A^{-1} B (I + C^T A^{-1} B)^{-1} C^T A^{-1} \tag{13-11}$$

设 $A = P_N$，$B = \psi_{N+1}$，$C^T = \psi_{N+1}^T$，根据式（13-11）则有

$$(P_N^{-1} + \psi_{N+1} \psi_{N+1}^T)^{-1} = P_N - P_N \psi_{N+1} (I + \psi_{N+1}^T P_N \psi_{N+1})^{-1} \psi_{N+1}^T P_N \tag{13-12}$$

于是得到 P_{N+1} 和 P_N 的递推关系式

$$P_{N+1} = P_N - P_N \psi_{N+1} (I + \psi_{N+1}^T P_N \psi_{N+1})^{-1} \psi_{N+1}^T P_N \tag{13-13}$$

由于 $\psi_{N+1}^T P_N \psi_{N+1}$ 为标量，因而上式可写为

$$P_{N+1} = P_N - P_N \psi_{N+1} (1 + \psi_{N+1}^T P_N \psi_{N+1})^{-1} \psi_{N+1}^T P_N \tag{13-14}$$

应用矩阵求逆引理之后，把求 $(2n+1) \times (2n+1)$ 矩阵的逆阵转变为求标量 $1 + \psi_{N+1}^T P_N \psi_{N+1}$ 的倒数，大幅度地减少了计算工作量。同时又得到了 P_{N+1} 与 P_N 之间的较简单的递推关系式。

由式（13-7）和式（13-10）得

$$\begin{aligned} \hat{\theta}_{N+1} &= P_{N+1}(\Phi_N^T Y_N + \psi_{N+1} y_{N+1}) \\ &= P_{N+1}[\Phi_N^T \Phi_N (\Phi_N^T \Phi_N)^{-1} \Phi_N^T Y_N + \psi_{N+1} y_{N+1}] = P_{N+1}(P_N^{-1} \hat{\theta}_N + \psi_{N+1} y_{N+1}) \end{aligned} \tag{13-15}$$

将式（13-14）代入（13-15）得

$$\hat{\theta}_{N+1}=[P_N-P_N\psi_{N+1}(1+\psi_{N+1}^T P_N\psi_{N+1})^{-1}\psi_{N+1}^T P_N](P_N^{-1}\hat{\theta}_N+\psi_{N+1}y_{N+1})= \\ \hat{\theta}_N-P_N\psi_{N+1}(1+\psi_{N+1}^T P_N\psi_{N+1})^{-1}\psi_{N+1}^T\hat{\theta}_N+P_N\psi_{N+1}y_{N+1}- \\ P_N\psi_{N+1}(1+\psi_{N+1}^T P_N\psi_{N+1})^{-1}\psi_{N+1}^T P_N\psi_{N+1}y_{N+1} \tag{13-16}$$

上式的最后 2 项为

$$P_N\psi_{N+1}y_{N+1}-P_N\psi_{N+1}(1+\psi_{N+1}^T P_N\psi_{N+1})^{-1}\psi_{N+1}^T P_N\psi_{N+1}y_{N+1}= \\ P_N\psi_{N+1}(1+\psi_{N+1}^T P_N\psi_{N+1})^{-1}(1+\psi_{N+1}^T P_N\psi_{N+1})y_{N+1}- \\ P_N\psi_{N+1}(1+\psi_{N+1}^T P_N\psi_{N+1})^{-1}\psi_{N+1}^T P_N\psi_{N+1}y_{N+1}= \\ P_N\psi_{N+1}(1+\psi_{N+1}^T P_N\psi_{N+1})^{-1}y_{N+1} \tag{13-17}$$

则式（13-16）又可写为

$$\hat{\theta}_{N+1}=\hat{\theta}_N+P_N\psi_{N+1}(1+\psi_{N+1}^T P_N\psi_{N+1})^{-1}(y_{N+1}-\psi_{N+1}^T\hat{\theta}_N) \tag{13-18}$$

可得出递推最小二乘法辨识公式为

$$\hat{\theta}_{N+1}=\hat{\theta}_N+K_{N+1}(y_{N+1}-\psi_{N+1}^T\hat{\theta}_N) \tag{13-19}$$

$$K_{N+1}=P_N\psi_{N+1}(1+\psi_{N+1}^T P_N\psi_{N+1})^{-1} \tag{13-20}$$

$$P_{N+1}=P_N-P_N\psi_{N+1}\left(1+\psi_{N+1}^T P_N\psi_{N+1}\right)^{-1}\psi_{N+1}^T P_N \tag{13-21}$$

为了进行递推计算，需要求出 P_N 和 $\hat{\theta}_N$ 的初值 P_0 和 $\hat{\theta}_0$，有 2 种给出初值的方法。

（1）设 $N_0(N_0>n)$ 为 N 的初始值，则根据 $\hat{\theta}_N=(\Phi_N^T\Phi_N)^{-1}\Phi_N^T Y_N$ 和式 $P_N=(\Phi_N^T\Phi_N)^{-1}$ 可算出初值

$$P_{N_0}=(\Phi_{N_0}^T\Phi_{N_0})^{-1},\quad \hat{\theta}_{N_0}=P_{N_0}\Phi_{N_0}^T Y_{N_0}$$

（2）假定 $\hat{\theta}_0=0$，$P_0=c^2 I$，c 是充分大的常数，I 为 $n\times n$ 单位矩阵，则经过若干次递推之后能得到较好的参数估计。当 c 充分大时，递推最小二乘法的解与非递推最小二乘法的解相同。

13.2.3 状态估计

状态估计是根据可获取的量测数据估算动态系统内部状态的方法。对系统的输入和输出进行量测而得到的数据只能反映系统的外部特性，而系统的动态规律需要用内部状态变量来描述。因此状态估计对于了解和控制一个系统具有重要意义。

在确定性情形下，线性系统状态估计的主要方法有状态观测器，只有系统能观测

部分的状态才能重构，而且能以任意快的速度重构，但在具体实现时则受到噪声、灵敏度等因素的限制。在系统的装置或其观测通道有随机噪声干扰时，则必须用统计估计方法来处理。状态估计中所应用的方法属于统计学中的估计理论。在实际工作中，我们常常希望在统计相关数据的基础上估计系统的状态，而这些数据提供的信息可能不足以准确地确定系统的状态。要确定一种估计，它是所有过去的观测值的线性函数，这种估计使传送的实际信号和此信号的估计之间的误差的某个准则函数为最小。

状态估计问题研究的历史相当长。1942 年，维纳提出了线性滤波问题，但是不能用于时变线性系统、非线性系统的状态估计。维纳滤波不是一种递推的方法，需要处理全部历史数据，而且不适用于非平稳随机过程的情形。1960 年，卡尔曼修正了维纳的定义，使得成为特别适合于由许多实际问题的需要所生成的状态空间问题表达方式，即卡尔曼滤波器。卡尔曼滤波是一种递推的方法，它只需实时地不断对新获取的数据进行运算，迭代地改进原有估计，使计算量大为减少。这种方法还可处理非平稳随机过程的情形，适于用数字计算机在线工作，卡尔曼滤波器可以广泛地应用于自动控制的各个领域，如随机控制、工业过程建模、故障检测与诊断等。

卡尔曼滤波与维纳滤波一样，都是解决线性滤波问题的方法，并且都是以均方误差最小为准则的，在信号平稳条件下两者的稳态结果是一致的。但是，维纳滤波原理上有明显的不足，它是根据全部过去观测值和当前观测值来估计信号的当前值，实时处理不太适用，其解的形式是系统的传递函数或单位脉冲响应。卡尔曼滤波是用当前一个估计值和最近的一个观测值来估计信号的当前值，它的解形式是状态变量值。维纳滤波只适用于平稳随机过程，卡尔曼滤波是用状态方程和递推方法进行估计的，因而，卡尔曼滤波对信号的平稳性和非时变性并无要求。设计维纳滤波器时，要求已知信号与噪声的相关函数，设计卡尔曼滤波器时，则要求已知状态方程和量测方程。

卡尔曼滤波器的工作过程包括两个阶段：预测与更新。在预测阶段，滤波器使用上一状态的估计，作出对当前状态的估计。在更新阶段，滤波器利用当前状态的观测值优化在预测阶段获得的状态预测值，以获得一个更精确的新状态估计值。

1．**线性连续系统卡尔曼滤波器**

假设一系统的状态空间模型为

$$\dot{x}(t)=F(t)x(t)+G(t)w(t) \tag{13-22}$$

式中：$E\{w(t)\}=0$，$\mathrm{cov}\{w(t),w(\tau)\}=Q(t)\delta(t-\tau)$，$E\{x(t_0)\}=\overline{x}_0$，$\mathrm{var}\{x(t_0)\}=P_0$，$\mathrm{cov}\{x(t),w(\tau)\}=0,\tau>t,$ δ 为冲激函数。
状态向量的观测值为

$$z(t)=H(t)x(t)+v(t) \tag{13-23}$$

测量噪声 $v(t)$满足：$E\{v(t)\}=0$，$\mathrm{cov}\{v(t),v(\tau)\}=R(t)\delta(t-\tau)$，$\mathrm{cov}\{v(t),w(\tau)\}=0$，$\mathrm{cov}\{v(t),x(\tau)\}=0$，$\delta$ 为冲激函数。
滤波器的方程为

$$\dot{\hat{x}}(t)=F(t)\hat{x}(t)+K(t)[z(t)-H(t)\hat{x}(t)] \tag{13-24}$$

式中：卡尔曼增益为$K(t)=P(t)H^{\mathrm{T}}(t)R^{-1}(t)$，$z(t)-H(t)\hat{x}(t)$为新息过程。估计误差的方差为

$$\begin{aligned}\dot{P}(t)=&F(t)P(t)+P(t)F^{\mathrm{T}}(t)+G(t)Q(t)G^{\mathrm{T}}(t)\\&-\mathrm{P}(t)H^{\mathrm{T}}(t)\mathrm{R}^{-1}(t)H(t)P(t)\end{aligned} \tag{13-25}$$

初始条件为

$$\hat{x}(t_0)=E\{x(t_0)\}=\overline{x}_0\text{，}\ P(t_0)=\mathrm{var}\{x(t_0)-\hat{x}(t_0)\}=\mathrm{var}\{x(t_0)\}=P_0$$

连续系统的卡尔曼滤波器如图 13-2 所示。

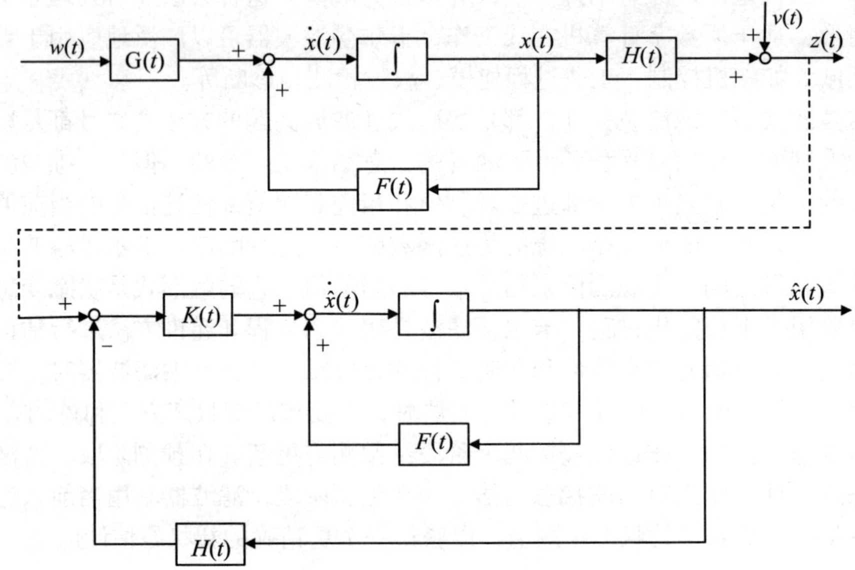

图 13-2　连续系统卡尔曼滤波图

【例题 13-1】考虑系统的状态方程为：$\dot{x}(t)=0, E\{x(0)\}=1, \mathrm{var}\{x(0)\}=10$，观测方程为：$z(t)=2x(t)+v(t),\ E\{v(t)\}=0,\ \mathrm{cov}\{v(t),v(\tau)\}=\delta(t-\tau)$。试确定最佳最小误差方差的滤波器，以便根据测量值$z(t)$来确定$x(t)$。

解：首先确定$F=G=0$，$H=2$，$R=1$，$P(0)=10$

求解估计误差方差方程式：$\dot{P}=-4P^2(t),\ P(0)=10$

解得　　$P(t)=\dfrac{10}{1+40t},\ K(t)=\dfrac{20}{1+40t}$

滤波器方程变为：　$\dot{\hat{x}}(t)=\dfrac{20}{1+40t}[z(t)-2\hat{x}(t)],\quad \hat{x}(0)=1$

2. 线性离散系统的最优状态估计

在实际问题中，一般来讲，系统中观测向量的维数总是小于系统状态向量的维数。这主要基于两点：首先，系统的状态变量通常没有明确的物理意义，无法直接通过仪器设备获得；其次，即使能够直接观测，考虑到经济效益和系统的简化，一般在可能的条件下，观测量也应尽量减少。同时考虑到系统运行中存在各种干扰和噪声。提出了如何消除干扰和噪声，利用系统输出确定系统状态，以实现状态反馈控制的问题。

离散系统状态空间模型如下所示：

$$x_{k} = \phi_{k,k-1}x_{k-1} + \Gamma_{k-1}w_{k-1} \tag{13-26}$$

$$z_{k} = H_{k}x_{k} + v_{k} \tag{13-27}$$

式（13-26）为系统状态方程，式（13-27）为观测方程。其中，$x_k \in R^n$ 为 k 时刻的状态向量，$\phi_{k,k-1} \in R^{n\times n}$ 为一步转移矩阵，把 k-1 时刻的状态转移到 k 时刻的状态；$w_{k-1} \in R^l$ 为模型噪声；$\Gamma_{k-1} \in R^{n\times l}$；$z_k \in R^m$为$k$时刻的观测向量，$m \leqslant n$; $v_k \in R^m$ 为观测噪声；$H_k \in R^{m\times n}$ 为已知观测矩阵。

对噪声模型 w_k 和观测噪声 v_k 作如下假设：

（1）状态噪声和观测噪声均为白噪声，且互不相关

$$E(w_k) = 0, \operatorname{cov}(w_k, w_j) = E(w_k w_j^{\mathrm{T}}) = Q_k \delta_{kj}$$

$$E(v_k) = 0, \operatorname{cov}(v_k, v_j) = E(v_k v_j^{\mathrm{T}}) = R_k \delta_{kj}$$

$$\operatorname{cov}(w_k, v_j) = E(w_k v_j^{\mathrm{T}}) = 0$$

（2）系统的初始状态 x_0 与噪声系列$\{w_k\}$，$\{v_k\}$均不相关，即

$$\operatorname{cov}(x_0, w_k) = 0,\quad \operatorname{cov}(x_0, v_k) = 0,\ E(x_0) = \mu_0$$
$$D(x_0) = E[(x_0 - \mu_0)(x_0 - \mu_0)^{\mathrm{T}}] = P_0$$

则第 k 时刻的最优估计为

$$\hat{x}_k = E(x_k \mid z_{k-1}) + K_k \tilde{z}_k = \phi_{k,k-1}\hat{x}_{k-1} + K_k[z_k - H_k\phi_{k,k-1}\hat{x}_{k-1}] \tag{13-28}$$

式中

$$K_k = E[\tilde{x}_{k|k-1}\tilde{z}_{k|k-1}^{\mathrm{T}}][\mathrm{E}(\tilde{z}_{k|k-1}\tilde{z}_{k|k-1}^{\mathrm{T}})]^{-1}$$

$$\tilde{x}_{k|k-1} = x_k - \hat{x}_{k|k-1} = x_k - \phi_{k,k-1}\hat{x}_{k-1}$$

$$\tilde{z}_{k|k-1} = z_k - \hat{z}_{k|k-1} = z_k - H_k\phi_{k,k-1}\hat{z}_{k-1}$$

由于

$$E[\tilde{x}_{k|k-1}\tilde{z}_{k|k-1}^{\mathrm{T}}] = P_{k|k-1}H_k^{\mathrm{T}} \tag{13-29}$$

$$E[\tilde{z}_{k|k-1}\tilde{z}_{k|k-1}^{T}]=H_{k}P_{k|k-1}H_{k}^{T}+R_{k} \tag{13-30}$$

式中 $P_{k|k-1}=E[\tilde{x}_{k|k-1}\tilde{x}_{k|k-1}^{T}]$，由此得 $K_{k}=P_{k|k-1}H_{k}^{T}[H_{k}P_{k|k-1}H_{k}^{T}+R_{k}]^{-1}$

$$\begin{aligned}P_{k|k-1}&=E[x_{k}-\hat{x}_{k|k-1}][x_{k}-\hat{x}_{k|k-1}]^{T}\\&=E(\phi_{k,k-1}x_{k-1}+\Gamma_{k-1}w_{k-1}-\phi_{k,k-1}\hat{x}_{k-1})(\phi_{k,k-1}x_{k-1}+\Gamma_{k-1}w_{k-1}-\phi_{k,k-1}\hat{x}_{k-1})^{T}\\&=\phi_{k,k-1}P_{k-1}\phi_{k,k-1}^{T}+\Gamma_{k-1}Q_{k-1}\Gamma_{k-1}^{T}\end{aligned} \tag{13-31}$$

式中

$$P_{k-1}=E[x_{k-1}-\hat{x}_{k-1}][x_{k-1}-\hat{x}_{k-1}]^{T}$$

可得

$$\begin{aligned}P_{k}&=E[x_{k}-\hat{x}_{k}][x_{k}-\hat{x}_{k}]^{T}\\&=E[x_{k}-\hat{x}_{k|k-1}-K_{k}(x_{k}-H_{k}\hat{x}_{k|k-1})][x_{k}-\hat{x}_{k|k-1}-K_{k}(x_{k}-H_{k}\hat{x}_{k|k-1})]^{T}\\&=(I-K_{k}H_{k})P_{k|k-1}\end{aligned} \tag{13-32}$$

卡尔曼滤波算式可归纳如下

$$\hat{x}_{k}=\phi_{k,k-1}\hat{x}_{k-1}+K_{k}[z_{k}-H_{k}\phi_{k,k-1}\hat{x}_{k-1}] \tag{13-33}$$

$$K_{k}=P_{k|k-1}H_{k}^{T}[H_{k}P_{k|k-1}H_{k}^{T}+R_{k}]^{-1} \tag{13-34}$$

$$P_{k|k-1}=\phi_{k,k-1}P_{k-1}\phi_{k,k-1}^{T}+\Gamma_{k-1}Q_{k-1}\Gamma_{k-1}^{T} \tag{13-35}$$

$$P_{k}=(I-K_{k}H_{k})P_{k|k-1} \tag{13-36}$$

当 $P_{0},\hat{x}_{0},\phi_{k,k-1},H_{k},\Gamma_{k},R_{k},Q_{k}$ 为已知时，可以根据观测值递推估计出系统状态变量：$\hat{x}_{1},\hat{x}_{2},\cdots\hat{x}_{k}$。

不管是维纳滤波还是卡尔曼滤波，这些方法都只适用于线性系统，而且需要对被估计过程有充分的认识。对于非线性系统或对动态系统特性不完全了解的复杂估计问题，还需要深入研究。工程上可用一些近似计算方法来处理，常见的有基于局部线性化思想的广义卡尔曼滤波器、贝叶斯或极大后验估值器和可以根据滤波过程的历史知识自动修改参数的自适应滤波或预报技术等。

13.2.4 神经网络

基于人工神经网络的软测量是近年来研究很多、发展很快和应用范围很广泛的一种软测量技术。由于人工神经网络具有自学习、联想记忆、自适应和非线性逼近等功能，基于人工神经网络的软测量可在不具备对象的先验知识的条件下根据对象的输入输出数据直接建模（将辅助变量作为人工神经网络的输入，而主导变量则作为网络的输出，通过网络的学习来实现软测量建模），并能适用于高度非线性和严重不确定性系统，因此该方法为解决复杂系统过程参数的软测量问题提供了一条有效途径。

人工神经网络是在现代神经生物学研究基础上提出的模拟生物过程，反映人脑某些特性的一种计算结构。它不是人脑神经系统的真实描写，而只是它的某种抽象、简化和模拟。在人工神经网络中，神经元是处理单元，有时从网络的观点出发常把它称为“节点”。人工神经元是对生物神经元的一种形式化描述，它对生物神经元的信息处理过程进行抽象，并用数学语言予以描述。

一般地，人工神经元模型如图 13-3 所示，它是一个多输入单输出的非线性阈值器件，假定 x_1，x_2,…，x_n 表示某一神经元的 n 个输入；w_{ji} 表示第 j 个神经元与第 i 个神经元的突触连接强度，其值称为权值，权值的正负模拟了生物神经元中突触的兴奋和抑制，其大小则代表了突触的不同连接强度。

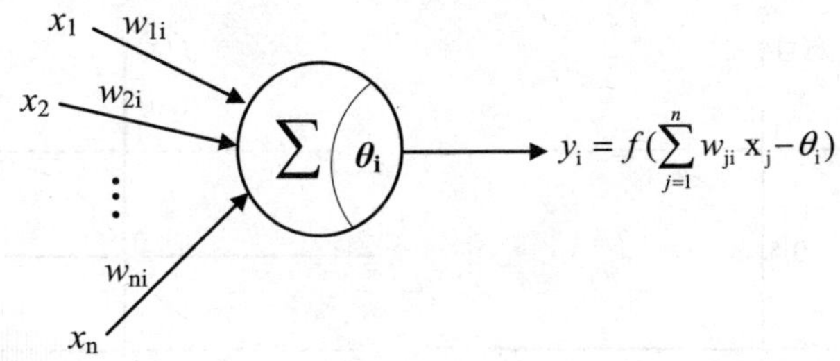

图 13-3　人工神经元模型

A_i 表示第 i 个神经元的输入总和，θ_i 表示第 i 个神经元的阈值，只有当其输入总和超过阈值时，神经元才被激活而发放脉冲，否则神经元不会产生输出信号。y_i 表示第 i 个神经元的输出，则输出 y_i 可表示为：

$$y_i = f(A_i) \tag{13-37}$$

$$A_i = \sum_{j=1}^{n} w_{ji} x_j - \theta_i \tag{13-38}$$

式中，$f(A_i)$ 是表示神经元输入输出关系的函数，称为作用函数或传递函数，常用的激活函数有以下几种形式。

（1）阈值型函数（见图 13-4（a）（b））。

当 y_i 取 0 或 1 时，$f(x)$ 为图 13-4（a）所示的阶跃函数，计算式为

$$f(x)=\begin{cases}1 & x \geqslant 0 \\ 0 & x<0\end{cases} \tag{13-39}$$

当 y_i 取−1 或 1 时，$f(x)$ 为图 13-4（b）所示的阶跃函数，计算式为

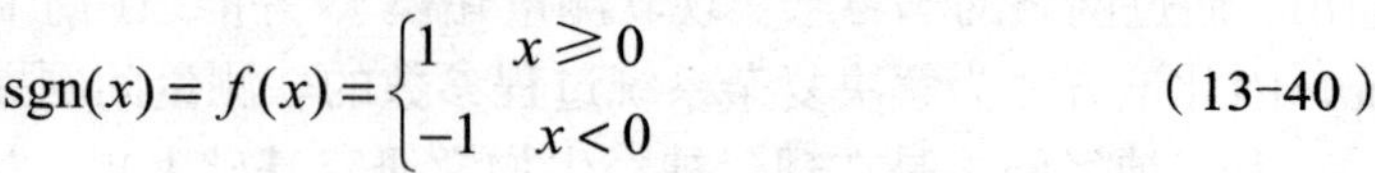

$$\operatorname{sgn}(x)=f(x)=\begin{cases}1 & x\geqslant 0\\ -1 & x<0\end{cases} \tag{13-40}$$

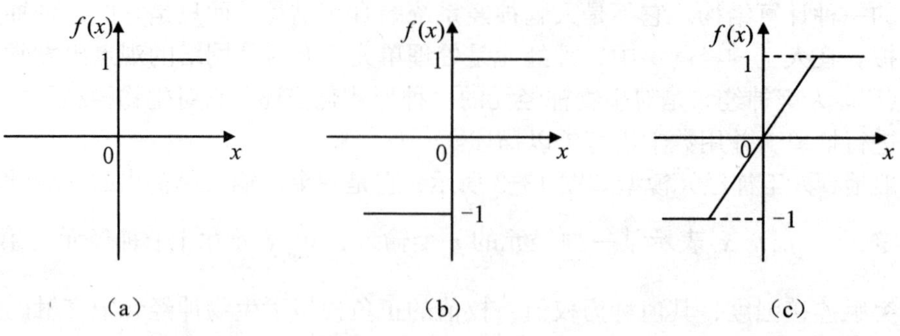

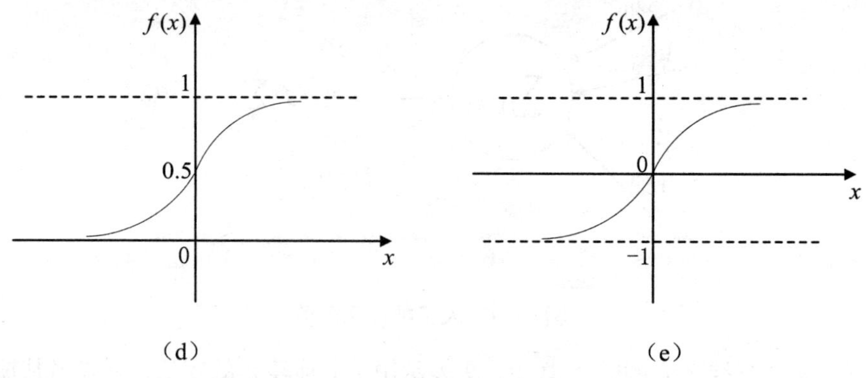

图 13-4　神经元的变换函数

（a）阶跃函数；（b） sgn 函数；（c）饱和型函数；

（d）单极性 S 型函数；（e）双极性 S 型函数

（2）饱和型函数（见图 13-4（c））。

$$f(x)=\begin{cases}1 & x\geqslant \dfrac{1}{k}\\ kx & -\dfrac{1}{k}\leqslant x<\dfrac{1}{k}\\ -1 & x<-\dfrac{1}{k}\end{cases} \tag{13-41}$$

（3）非线性变换函数（见图 13-4（d），13-4（e））。非线性变换函数为实数域 R 到[0,1]闭集的非减连续函数，代表了状态连续型神经元模型。最常用的非线性变换函数是单极性的 Sigmoid 函数曲线，简称 S 型函数，其特点是函数本身及其导数都是连续的，因而在处理上十分方便。单极性 S 型函数定义如下

$$f(x)=\frac{1}{1+e^{-x}} \tag{13-42}$$

有时也采用双极性 S 型函数（双曲正切）等形式

$$f(x)=\frac{2}{1+e^{-x}}-1=\frac{1-e^{-x}}{1+e^{-x}} \tag{13-43}$$

人工神经网络就是通过对人脑的基本单元即神经细胞的建模和连接，来探索模拟人脑神经系统功能的模型，其任务是构造具有学习、联想、记忆和模式识别等智能信息处理功能的人工系统。

人工神经网络的功能特性由其连接的拓扑结构和突触连接强度，即连接权值决定。神经网络的全体连接权值可用一个矩阵 W 表示，它的整体反映了神经网络对于所解决问题的知识存储。神经网络能够通过对样本的学习训练，不断改变网络的连接权值以及拓扑结构，以使网络的输出不断地接近期望的输出。这一过程称为神经网络的学习或训练，其本质是可变权值的动态调整。神经网络的学习方式在神经网络研究中具有重要地位。改变权值的规则称为学习规则或学习算法（亦称训练规则或训练算法）。大量神经元集体进行权值调整时，网络会呈现出“智能”特性，其中有意义的信息就分布地存储在调节后的权值矩阵中。

神经网络的学习算法很多，根据一种广泛采用的分类算法，可将神经网络的学习算法归纳为有导师学习和无导师学习。有导师学习也称为有监督学习，这种学习模式采用的是纠错规则。在学习训练过程中需要不断地给网络成对提供一个输入模式和一个期望网络正确输出的模式，称为“教师信号”。将神经网络的实际输出同期望输出进行比较，当网络的输出与期望的教师信号不符时，根据误差的方向和大小按一定的规则调整权值，以使下一步网络的输出更接近期望结果。对于有导师学习，网络在能执行工作任务之前必须先经过学习，当网络对于各种给定的输入均能产生所期望的输出时，即认为网络已经在导师的训练下学会了训练数据集中包含的知识和规则，可以用来进行工作了。

BP 神经网络是典型的有教师学习算法网络。从结构上看，BP 网络是典型的多层感知器，它不仅有输入层神经元、输出层神经元，而且有一层或多层隐含层神经元，层与层之间采用全互连方式。其中神经元的激活函数均为非线性可微函数，通常采用 S 型函数。图 13-5 显示了一个典型的三层 BP 网络。

采用 BP 算法的多层感知器是至今为止应用最广泛的神经网络，在多层感知器的应用中，以图 13-5 所示的单隐层网络的应用最为普遍。一般习惯将单隐层感知器称为三层感知器，所谓三层包含了输入层、隐层和输出层。

三层感知器中，输入向量为 $X=(x_1, x_2,\ldots, x_{\rm n})^{\rm T}$，图 13-5 中 $x_0=-1$ 是为隐层神经元引入阈值而设置的，隐层输出向量为 $Y=(y_1, y_2,\ldots,y_{\rm j},\ldots, y_{\rm m})^{\rm T}$，图中 $y_0=-1$ 是为输出层神经元引入阈值而设置的；输出层输出向量为 $O=(o_1, o_2,\ldots, o_{\rm k},\ldots, o_{\rm p})^{\rm T}$；期望输出向量为 $d=(d_1, d_2,\ldots, d_{\rm k},\ldots,d_{\rm p})^{\rm T}$。输入层到隐层之间的权值矩阵用 V 表示，$V=(V_1, V_2,\ldots, V_{\rm j},\ldots, V_{\rm m})$，其中列向量 $V_{\rm j}$ 为隐层第 j 个神经元对应的权向量；隐层到输出层之间的权值矩阵用 W 表示，$W=(W_1, W_2,\ldots, W_{\rm k},\ldots, W_{\rm p})$，其中列向量 $W_{\rm k}$ 为

输出层第 k 个神经元对应的权向量。

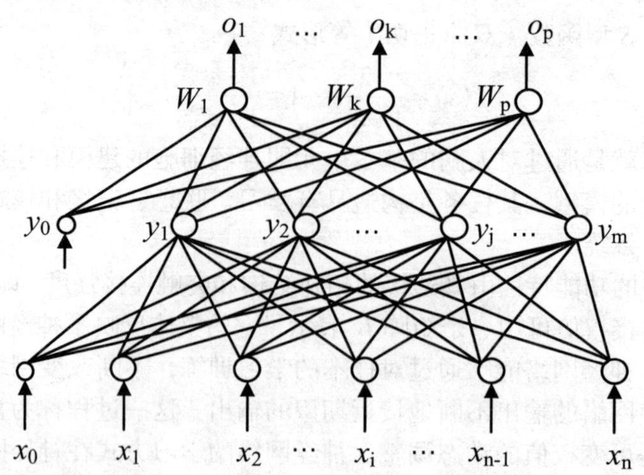

图 13-5　三层 BP 网络

对于输出层，有

$$o_k = f(net_k) \qquad k=1,2,\cdots,p \tag{13-44}$$

$$net_k = \sum_{j=0}^{m} w_{jk} y_j \quad k=1,2,\cdots,p \tag{13-45}$$

对于隐层，有

$$y_j = f(net_j) \qquad j=1,2,\cdots,m \tag{13-46}$$

$$net_j = \sum_{i=0}^{n} v_{ij} x_i \qquad j=1,2,\cdots,m \tag{13-47}$$

式（13-44）和式（13-46）中，变换函数 $f(x)$ 均为单极性 Sigmoid 函数，根据应用需要，也可以采用双极性 S 函数。

输入层、隐含层和输出层输入输出公式共同构成了三层感知器的数学模型。

很明显，网络输入误差是各层权值的函数，因此调整权值可改变误差 E。显然，调整权值的原则是使误差不断地减小，因此应使权值的调整量与误差的梯度下降成正比，即

$$\Delta w_{jk} = -\eta \frac{\partial E}{\partial w_{jk}} \qquad j=0,1,2,\cdots,m;\quad k=1,2,\cdots,p \tag{13-48}$$

$$\Delta v_{ij} = -\eta \frac{\partial E}{\partial v_{ij}} \qquad i=0,1,2,\cdots,n;\quad j=1,2,\cdots,m \tag{13-49}$$

式中负号表示梯度下降，常数$\eta \in (0,1)$表示比例系数，在训练中反映了学习速率。可以看出 BP 算法属于δ学习规则类，这类算法常被称为误差的梯度下降（Gradient Descent）算法。

BP 算法的基本思想是，学习过程由信号的正向传播与误差的反向传播两个过程组成。正向传播时，输入样本从输入层传入，经各隐层逐层处理后，传向输出层。若输出层的实际输出与期望的输出（教师信号）不符，则转入误差的反向传播阶段。误差反传是将输出误差以某种形式通过隐层向输入层逐层反传，并将误差分摊给各层的所有单元，从而获得各层单元的误差信号，此误差信号即作为修正各单元权值的依据。这种信号正向传播与误差反向传播的各层权值调整过程，是周而复始地进行的。权值不断调整的过程，也就是网络的学习训练过程。此过程一直进行到网络输出的误差减少到可接受的程度，或进行到预先设定的学习次数为止。

目前在实际应用中有两种权值调整方法。在标准 BP 算法中，每输入一个样本，都要回传误差并调整权值，这种对每个样本轮训的权值调整方法又称为单样本训练。由于单样本训练只针对每个样本产生的误差进行调整，难免顾此失彼，使整个训练的次数增加，导致收敛速度过慢。另一种方法是在所有样本输入之后，计算网络的总误差。然后根据总误差计算各层的误差信号并调整权值，这种累积误差的批处理方式称为批训练或周期训练。由于批训练遵循了以减小全局误差为目标的原则，因而可以保证总误差向减小方向变化。在样本数较多时，批训练比单样本训练时的收敛速度快。

BP 模型及其算法是神经网络研究中的重要内容之一。BP 网络在本质上是一种输入到输出的映射，它能够学习大量的输入与输出之间的映射关系，而不需要任何输入和输出之间的精确的数学表达式，只要用已知的模式对 BP 网络加以训练，网络就具有输入输出之间的的映射能力。

BP 网络训练后将所提取的样本对中的非线性映射关系存储在权值矩阵中，在其后的工作阶段，当向网络输入训练时未曾见过的非样本数据时，网络也能完成由输入空间向输出空间的正确映射。这种能力称为 BP 网络的泛化能力，它是衡量多层感知器性能优劣的一个重要方面 s。

BP 网络具备一定的容错能力，允许输入样本中带有较大的误差甚至个别错误。因为对权矩阵的调整过程也是从大量的样本对中提取统计特性的过程，反映正确规律的知识来自全体样本，个别样本中的误差不能左右对权矩阵的调整。

BP 网络已广泛用于模式匹配、分类、识别和自动控制等应用领域。但是 BP 模型及其算法还存在一些不足，归纳起来有：

学习算法的收敛速度较慢，所以它通常只能用于离线的模式识别问题。

（1）BP 算法是一种梯度下降法，所以整个学习过程是一个非线性优化过程，有可能产生局部极小值，使学习结果变差，即得不到全局极小值。

（2）中间层个数及中间层的神经元数的选取缺乏理论上的指导，通常只能根据经验来选取。

为了加快学习过程，提出了一些改进的方法。例如在学习过程中动态地改变学习系数的大小，开始时可以较大，以加快收敛过程，随着学习的深入逐渐减小，避免产生振荡。在权值更新中增加动量因子也是加快学习过程的一种方法。

神经网络是一种信息处理系统，它通过对连续的或间断式的输入作状态响应而进行信息处理。神经网络不需要设计任何数学模型，可以处理模糊的、非线性的、含有噪声的数据。它基本上类似黑箱理论，即只根据输入数据和输出数据来建立模型，网络的统计信息储存在数量巨大的神经网矩阵内，可以反映十分复杂的关系。神经网络模型精度受某些重要训练参数的影响，这些参数包括允许误差、隐层神经元的数目和初始权值的分布。允许误差通过限制神经网络的输出精度决定网络的质量。

人工神经网络的功能和它的种种优点使得基于该技术的软测量是目前备受关注的研究热点，具有巨大的潜力和广阔的工业实际应用前景。在某些场合（尤其是对象为高度复杂和非线性系统时），基于人工神经网络的软测量可能是唯一的选择。然而，在实际应用中网络学习训练样本的数量和质量、学习算法、网络的拓扑结构和类型等的选择对所构成软仪表的性能都有重大影响。

13.3 软测量系统实施技术

1. 辅助变量选择

辅助变量或称二次变量的选择分为数量、类型和检测点的选择。辅助变量的选择一般是根据工艺机理分析（如物料、能量平衡关系），在可测变量集中，初步选择所有与被估计变量有关的原始辅助变量，这些变量中部分可能是相关变量。在此基础上进行精选，确定最终的辅助变量个数。

辅助变量数量的下限是被估计的变量数，然而最优数量的确定目前并无统一的结论。应首先从系统的自由度出发，确定辅助变量的最小数量，再结合具体过程的特点适当增加，以更好地处理动态性质等问题。一般是依据对过程机理的了解，在原始辅助变量中，找出相关的变量，选择响应灵敏、测量精度高的变量为最终的辅助变量。更为有效的方法是主元分析法，即利用现场的历史数据作统计分析计算，将原始辅助变量与被测变量的关联度排序，实现变量精选。

2. 输入数据预处理

软仪表是根据过程测量数据经过数值计算实现软测量的，其性能很大程度上依赖于所获过程测量数据的准确性和有效性，为了保证这一点，一方面，在数据采集时，要注意数据的信息量，均匀分配采样点，尽量拓宽数据的涵盖范围，减少信息重叠，避免某一方面信息冗余，否则会影响最终建模的质量。另一方面，对采集来的数据进行适当处理，因为现场采集的数据必然会受到不同程度环境噪声的影响而存在误差，所以对软测量数据的处理是软测量技术实际应用中的一个重要方面。测量数据处理包括测量误差处理和测量数据变换。

在实际应用中，过程数据是来自现场的，受测量仪表精度、可靠性和现场测量环境等因素的影响，不可避免地要带来各种各样的测量误差，采用低精度或是少的测量数据可能导致软仪表测量性能的大幅度下降，严重时甚至导致软仪表的失败。因此测量数据的误差处理对于保证软仪表的正常可靠运行是非常重要的。测量数据的误差可分为随机误差和粗大误差两大类。

随机误差是受随机因素（如操作过程的微小扰动和测量信号的噪声等）的影响，一般不可避免，但符合一定统计规律，可采用数字滤波方法来消除，例如算术平均滤波、中值滤波和阻尼滤波、智能滤波等。粗大误差将大大影响软测量的在线运行精度，因此及时发现、剔除和校正这类数据是误差处理的首要任务。

测量数据变换不仅影响模型的精度和非线性映射能力，而且对数值算法的运行效果也有重要作用。测量数据的变换包括标度、转换和权函数 3 方面。实际过程所测量数据可能有不同的工程单位，各变量的大小也可能相差几个数量集，直接使用原始测量数据进行计算可能丢失信息和引起数值计算的不稳定，因此需采用合适的因子对数据进行标度变换，以改善算法的精度和计算稳定性。转换包含对数据的直接转换和寻找新的变量替换原变量两个方面，通过对数据转换，可有效地降低非线性特性。而权函数则可实现对变量动态特性的补偿。

3. 模型校正技术

由于过程的时变性，软测量模型的在线校正是必要的。尤其对于复杂工业过程，很难想象软测量模型能够不做任何改变。在软仪表的使用过程中，随着对象特性的变化和工作点的漂移，需要对软仪表进行校正以适应新的工况。

对软测量模型进行在线校正一般采用下列两种方法之一，即定时校正和满足一定条件时校正。定时校正是指软测量模型在线运行一段时间后，用积累的新样本采用某一算法对软测量模型进行校正，以得到更适合于新情况的软测量模型。满足一定条件时校正则是指以现有的软测量模型来实现被估计量的在线软测量，并将这些软测量值和相应的取样分析数据进行比较，若误差小于某一阈值，则仍采用该软测量模型；否则，用累积的新样本对软测量模型进行在线校正。

基于人工神经网络的软测量是近年来研究最多、发展很快和应用范围很广泛的一种软测量技术。由于人工神经网络具有自学习、联想记忆、自适应和非线性逼近等功能，基于人工神经网络的软测量可在不具备对象的先验知识的条件下根据对象的输入输出数据直接建模（将辅助变量作为人工神经网络的输入，而主导变量则作为网络的输出，通过网络的学习来实现软测量建模），并能适用于高度非线性和严重不确定性系统，所以该方法为解决复杂系统过程参数的软测量问题提供了一条有效途径。

采用人工神经网络进行软测量建模主要有两种形式：一种是利用人工神经网络直接建模，用网络来代替常规的数学模型描述辅助变量和主导变量间的关系，完成由可测信息空间到主导变量的映射，实现软测量，如图 13-6（a）所示；另一种是与常规模型相结合，用人工神经网络来估计常规模型的模型参数并进而实现软测量，如图 13-6（b）所示。

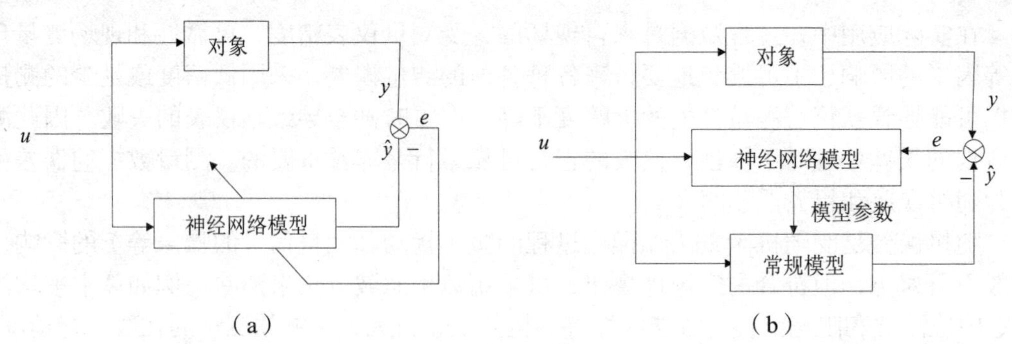

图 13-6　基于神经网络的软测量

人工神经网络的功能和它的种种优点使得基于该技术的软测量是目前备受关注的研究热点，具有巨大的潜力和广阔的工业实际应用前景。在某些场合（尤其是对象为高度复杂和非线性系统时），基于人工神经网络的软测量可能是唯一的选择。但是需要指出的是，该软测量技术不是万能的。在实际应用中网络学习样本的数量和质量、学习算法、网络的拓扑结构和类型等的选择对所构成软仪表的性能都有较大影响。

思考题与习题

1. 什么是软测量技术？优点是什么？
2. 建立系统数学模型的方法有哪些？
3. 常见的神经元输出函数有哪些？
4. 为什么要对软测量系统模型进行校正？
5. 简述 BP 神经网络进行系统建模的步骤。

参考文献

[1] 张宏建，黄志尧．自动检测技术与装置（第三版）．北京：化学工业出版社，2018．
[2] 胡向东．现代检测技术与系统．北京：机械工业出版社，2015．
[3] 金伟．现代检测技术（第 3 版）．北京：北京邮电大学出版社，2012．
[4] 蔡萍．现代检测技术．北京：机械工业出版社，2016．
[5] 周杏鹏．现代检测技术．北京：高等教育出版社，2004．
[6] 徐洁．检测技术与仪器．北京：清华大学出版社，2004．
[7] 常健生．检测与转换技术．北京：机械工业出版社，2004．
[8] 王庆有．光电技术．北京：电子工业出版社，2005．
[9] 陶红艳，余成波．传感器与现代检测技术．北京：清华大学出版社，2009．
[10] 徐科军．传感器与检测技术（第 3 版）．北京：电子工业出版社，2012．
[11] 费业泰．误差理论与数据处理（第 6 版）．北京：机械工业出版社，2010．
[12] 刘存，李晖．现代检测技术．北京：机械工业出版社，2005．
[13] 贾伯年，俞朴．传感器技术．南京：东南大学出版社，1996．
[15] 单成祥．传感器的理论与设计基础及其应用．北京：国防工业出版社，1999．
[16] 张靖，刘少强．检测技术与系统设计．北京：中国电力出版社，2002．
[17] 刘君华．智能传感器系统（第二版）．西安：西安电子科技大学出版社，2010．
[18] 程军．传感器及实用检测技术．西安：西安电子科技大学出版社，2011．
[19] 王化祥，张淑英．传感器原理及应用（第 3 版）．天津：天津大学出版社，2007．
[20] 海涛．现代检测技术．重庆：重庆大学出版社，2011．
[21] 顾幸生，刘漫丹．现代控制理论及应用．上海：华东理工大学出版社，2008．
[22] 万升云．超声波检测技术及应用．北京：机械工业出版社，2017．
[23] 姜树杰．传感器应用技术．天津大学出版社，2010．
[24] 张嗣瀛，高立群．现代控制理论．北京：清华大学出版社，2017．
[25] 杨小丽，光电子技术基础．北京邮电大学出版社，2005．
[26] 吴朝霞，齐世清．现代检测技术．北京邮电大学出版社，2018．
[27] 刘光定．传感器与检测技术．重庆大学出版社，2016．
[28] 孙圣和．光纤测量与传感技术．哈尔滨工业大学出版社，2000．
[29] 陈海燕，罗江华．激光原理与技术．武汉：武汉大学出版社，2011．

参考文献